Organic Synthesis
State of the Art 2011–2013

Organic Synthesis
State of the Art 2011–2013

Douglass F. Taber

and

Tristan Lambert

OXFORD
UNIVERSITY PRESS

Oxford University Press is a department of the University of Oxford.
It furthers the University's objective of excellence in research, scholarship,
and education by publishing worldwide.

Oxford   New York
Auckland   Cape Town   Dar es Salaam   Hong Kong   Karachi
Kuala Lumpur   Madrid   Melbourne   Mexico City   Nairobi
New Delhi   Shanghai   Taipei   Toronto

With offices in
Argentina   Austria   Brazil   Chile   Czech Republic   France   Greece
Guatemala   Hungary   Italy   Japan   Poland   Portugal   Singapore
South Korea   Switzerland   Thailand   Turkey   Ukraine   Vietnam

Oxford is a registered trademark of Oxford University Press
in the UK and certain other countries.

Published in the United States of America by
Oxford University Press
198 Madison Avenue, New York, NY 10016

© Oxford University Press 2015

All rights reserved. No part of this publication may be reproduced, stored in
a retrieval system, or transmitted, in any form or by any means, without the prior
permission in writing of Oxford University Press, or as expressly permitted by law,
by license, or under terms agreed with the appropriate reproduction rights organization.
Inquiries concerning reproduction outside the scope of the above should be sent to the
Rights Department, Oxford University Press, at the address above.

You must not circulate this work in any other form
and you must impose this same condition on any acquirer.

Library of Congress Cataloging-in-Publication Data
Taber, D. F. (Douglass F.), 1948–
Organic synthesis : state of the art 2011–2013 / Douglass F. Taber and Tristan Lambert.
pages cm
Includes bibliographical references and index.
ISBN 978–0–19–020079–4 (alk. paper)
1. Organic compounds—Synthesis—Research.   I. Lambert, Tristan.   II. Title.
QD262.T286 2014
547'.2—dc23
2014014223

1 3 5 7 9 8 6 4 2
Printed in the United States of America
on acid-free paper

Contents

Preface		xi

Organic Functional Group Interconversion and Protection

1.	Functional Group Transformations	2
2.	Functional Group Interconversion	4
3.	Functional Group Interconversion	6
4.	Functional Group Interconversion	8
5.	Reduction and Oxidation	10
6.	Functional Group Oxidation and Reduction	12
7.	Functional Group Oxidation	14
8.	Functional Group Reduction	16
9.	Functional Group Protection	18
10.	Functional Group Protection	20
11.	Functional Group Protection	22
12.	Functional Group Protection	24

Flow Methods

13.	Development of Flow Reactions	26
14.	Flow Chemistry	28
15.	Flow Chemistry	30

C–H Functionalization

16.	C–H Functionalization: The Ono/Kato/Dairi Synthesis of Fusiocca-1,10(14)-diene-3,8β,16-triol	32
17.	C–H Functionalization	34
18.	C–H Functionalization: The Hatakeyama Synthesis of (−)-Kaitocephalin	36
19.	C–H Functionalization	38
20.	Natural Product Synthesis by C–H Functionalization: (±)-Allokainic Acid (Wee), (−)-Cameroonan-7α-ol (Taber), (+)-Lithospermic Acid (Yu), (−)-Manabacanine (Kroutil), Streptorubin B, and Metacycloprodigiosin (Challis)	40
21.	Natural Product Synthesis by C–H Functionalization: (−)-Zampanolide (Ghosh), Muraymycin D2 (Ichikawa), (+)-Sundiversifolide (Iwabuchi), (+)-Przewalskin B (Zhang/Tu), Artemisinin (Wu)	42

Carbon–Carbon Bond Construction

22. Carbon–Carbon Bond Formation: The Bergman Synthesis of (+)-Fuligocandin B — 44
23. Carbon–Carbon Bond Formation: The Petrov Synthesis of Combretastatin A-4 — 46
24. Carbon–Carbon Bond Construction: The Baran Synthesis of (+)-Chromazonarol — 48
25. Carbon–Carbon Bond Construction — 50
26. Reactions Involving Carbon–Carbon Bond Cleavage — 52

Reactions of Alkenes

27. Reactions of Alkenes: The RajanBabu Synthesis of Pseudopterosin G-J Aglycone Dimethyl Ether — 54
28. Reactions of Alkenes — 56
29. Reactions of Alkenes — 58
30. Synthesis and Reactions of Alkenes — 60
31. Advances in Alkene Metathesis: The Kobayashi Synthesis of (+)-TMC-151C — 62

Enantioselective Construction of Acyclic Stereogenic Centers

32. Enantioselective Synthesis of Alcohols and Amines: The Ichikawa Synthesis of (+)-Geranyllinaloisocyanide — 64
33. Enantioselective Synthesis of Alcohols and Amines: The Fujii/Ohno Synthesis of (+)-Lysergic Acid — 66
34. Asymmetric C–Heteroatom Bond Formation — 68
35. Construction of Single Stereocenters — 70
36. Enantioselective Construction of Alkylated Centers: The Shishido Synthesis of (+)-Helianane — 72
37. Enantioselective Synthesis of Alkylated Centers: The Fukuyama Synthesis of (–)-Histrionicotoxin — 74
38. Asymmetric C–C Bond Formation — 76
39. Arrays of Stereogenic Centers: The Davies Synthesis of Acosamine — 78
40. Construction of Alkylated Stereocenters: The Deng Synthesis of (–)-Isoacanthodoral — 80
41. Arrays of Stereogenic Centers: The Barker Synthesis of (+)-Galbelgin — 82
42. Arrays of Stereogenic Centers: The Carbery Synthesis of Mycestericin G — 84
43. Construction of Stereochemical Arrays — 86

Construction of C–O Rings

44. Stereoselective C–O Ring Construction: The Keck Synthesis of Bryostatin 1 — 88
45. C–O Ring Construction: The Georg Synthesis of Oximidine II — 90

46. C–O Ring Construction: The Reisman Synthesis of (–)-Acetylaranotin 92
47. C–O Ring Formation 94
48. C–O Ring Construction: (+)-Varitriol (Liu), (+)-Isatisine A (Panek), (+)-Herboxidiene/GEX1A (Ghosh), (–)-Englerin A (Chain), Platensimycin (Lear/Wright) 96
49. C–O Natural Products: (–)-Hybridalactone (Fürstner), (+)-Anthecotulide (Hodgson), (–)-Kumausallene (Tang), (±)-Communiol E (Kobayashi), (–)-Exiguolide (Scheidt), Cyanolide A (Rychnovsky) 98
50. C–O Containing Natural Products 100
51. Total Synthesis of C–O Ring-Containing Natural Products 102

Construction of C–N Rings

52. C–N Ring Construction: The Harrity Synthesis of Quinolizidine (–)-217A 104
53. New Methods for C–N Ring Construction 106
54. C–N Ring Construction: The Fujii/Ohno Synthesis of (–)-Quinocarcin 108
55. C–N Ring Construction: The Hoye Synthesis of (±)-Leuconolactam 110
56. Alkaloid Synthesis: (–)-α-Kainic Acid (Cohen), Hyacinthacine A2 (Fox), (–)-Agelastatin A (Hamada), (+)-Luciduline (Barbe), (+)-Lunarine (Fan), (–)-Runanine (Herzon) 112
57. Alkaloid Synthesis: Indolizidine 207A (Shenvi), (–)-Acetylaranotin (Reisman), Flinderole A (May), Isohaouamine B (Trauner), (–)-Strychnine (MacMillan) 114
58. Alkaloid Synthesis: (+)-Deoxoprosopinine (Krishna), Alkaloid (–)-205B (Micalizio), FR901483 (Huang), (+)-Ibophyllidine (Kwon), (–)-Lycoposerramine-S (Fukuyama), (±)-Crinine (Lautens) 116
59. Alkaloid Synthesis: Lycoposerramine Z (Bonjoch), Esermethole (Shishido), Goniomitine (Zhu), Grandisine (Taylor), Reserpine (Jacobsen) 118

Substituted Benzene Derivatives

60. Substituted Benzenes: The Reddy Synthesis of Isofregenedadiol 120
61. Substituted Benzenes: The Alvarez-Manzaneda Synthesis of (–)-Akaol A 122
62. Substituted Benzenes: The Subba Reddy Synthesis of 7-Desmethoxyfusarentin 124
63. Substituted Benzenes: The Gu Synthesis of Rhazinal 126

Heteroaromatic Derivatives

64. Heteroaromatic Construction: The Sperry Synthesis of (+)-Terreusinone 128
65. Heteroaromatic Construction: The Sato Synthesis of (–)-Herbindole 130
66. Advances in Heterocyclic Aromatic Construction 132
67. Synthesis of Heteroaromatics 134

Organocatalyzed C–C Ring Construction

68. Organocatalytic Carbocyclic Construction: The You Synthesis of (–)-Mesembrine — 136
69. Organocatalyzed Carbocyclic Construction: (+)-Roseophilin (Flynn) and (+)-Galbulin (Hong) — 138
70. Organocatalytic C–C Ring Construction: Prostaglandin F2α (Aggarwal) — 140
71. Organocatalyzed C–C Ring Construction: The Hayashi Synthesis of PGE1 Me Ester — 142

Metal-Mediated C–C Ring Construction

72. Metal-Mediated Carbocyclic Construction: The Chen Synthesis of Ageliferin — 144
73. Metal-Mediated Carbocyclic Construction: The Whitby Synthesis of (+)-Mucosin — 146
74. Metal-Mediated C–C Ring Construction: (+)-Shiromool (Baran) — 148
75. Metal-Mediated Ring Construction: The Hoveyda Synthesis of (–)-Nakadomarin A — 150

Intermolecular and Intramolecular Diels-Alder Reactions

76. Intramolecular Diels-Alder Cycloaddition: 7-Isocyanoamphilecta-11(20),15-diene (Miyaoka), (–)-Scabronine G (Kanoh), Basiliolide B (Stoltz), Hirsutellone B (Uchiro), Echinopine A (Chen) — 152
77. Diels-Alder Cycloaddition: Fawcettimine (Williams), Apiosporic Acid (Helmchen), Marginatone (Abad-Somovilla), Okilactomycin (Hoye), Vinigrol (Barriault), Plakotenin (Bihlmeier/Klopper) — 154
78. Diels-Alder Cycloaddition: Defucogilvocarcin V (Bodwell), (+)-Carrisone (Danishefsky), (+)-Fusarisetin A (Theodorakis), 9β-Presilphiperfolan-1α-ol (Stoltz), 7-Isocyano-11(20),14-epiamphilectadiene (Shenvi) — 156
79. Diels-Alder Cycloaddition: (+)-Armillarivin (Banwell), Gelsemiol (Gademann), (+)-Frullanolide (Liao), Myceliothermophin A (Uchiro), Peribysin E (Reddy), Caribenol A (Li/Yang) — 158

Stereocontrolled C–C Ring Construction

80. Chloranthalactone (Liu), Rumphellaone A (Kuwahara), Lactiflorin (Bach), Echinosporin (Hale), Harveynone (Taylor), (6,7-deoxy)-Yuanhuapin (Wender) — 160
81. Other Methods for C–C Ring Construction: The Liang Synthesis of Echinopine B — 162

Classics in Total Synthesis

82. The Reisman Synthesis of (+)-Salvileucalin B — 164

83.	The Theodorakis Synthesis of (–)-Jiadifenolide	166
84.	The Yamashita/Hirama Synthesis of Cortistatin A	168
85.	The Reisman Synthesis of (–)-Maoecrystal Z	170
86.	The Tan/Chen/Yang Synthesis of Schindilactone A	172
87.	The Garg Synthesis of (–)-N-Methylwelwitindolinone C	174
88.	The Krische Synthesis of Bryostatin 7	176
89.	The Fukuyama Synthesis of Gelsemoxonine	178
90.	The Carreira Synthesis of (+)-Daphmanidin E	180
91.	The Qin Synthesis of (+)-Gelsemine	182
92.	The Carreira Synthesis of Indoxamycin B	184
93.	The Nicolaou/Li Synthesis of Tubingensin A	186
94.	The Thomson Synthesis of (–)-GB17	188
95.	The Li Synthesis of (–)-Fusarisetin A	190
96.	The Carreira Synthesis of (–)-Dendrobine	192
97.	The Vanderwal Synthesis of Echinopine B	194
98.	The Dixon Synthesis of Manzamine A	196
99.	The Williams Synthesis of (–)-Khayasin	198
100.	The Kuwahara Synthesis of Paspalinine	200
101.	The Ma Synthesis of Gracilamine	202
102.	The Carreira Synthesis of (±)-Gelsemoxonine	204
103.	The Evans Synthesis of (–)-Nakadomarin A	206
104.	The Procter Synthesis of (+)-Pleuromutilin	208
105.	The Harran Synthesis of (+)-Roseophilin	210

Author Index	213
Reaction Index	237

Preface

This volume is made up of the weekly *Organic Highlights* published online (http://www.organic-chemistry.org) in 2012 and 2013 and arranged by topic. These columns are still available online, with active links to the journal articles cited. This volume also includes a cumulated subject/transformation index for all five volumes in this series, going back to 2003. The leading references in these volumes together provide a thorough and easily used guide to modern organic synthesis.

This project originated with a discussion of the challenge of updating the class reference work *Comprehensive Organic Transformations: A Guide to Functional Group Preparations* by Richard C. Larock (2nd. edition; Wiley-VCH, 1999). Our objective was to provide immediate awareness of important new developments in organic synthesis, and at the same time to develop a readily accessible reference work. We were able to go far beyond functional group transformation, adding ring construction and control of relative and absolute configuration. The popularity of both the website (3500 subscribers worldwide) and of the previous volumes in this series attests to the success of this approach.

I often consult these volumes myself in my day-to-day work of teaching and research. These five volumes together (and the later biennial volumes that will follow) are a valuable resource that should be on the bookshelf of every practicing organic synthesis chemist.

Douglass F. Taber
Philadelphia, PA
March 5, 2014

Organic Synthesis
State of the Art 2011–2013

1. Functional Group Transformations

Douglass F. Taber
May 14, 2012

MARK GANDELMAN OF the Technion–Israel Institute of Technology devised (*Adv. Synth. Catal.* **2011**, *353*, 1438) a protocol for the decarboxylative conversion of an acid **1** to the iodide **3**. Doug E. Frantz of the University of Texas, San Antonio effected (*Angew. Chem. Int. Ed.* **2011**, *50*, 6128) conversion of a β-keto ester **4** to the diene **5** by way of the vinyl triflate.

Pei Nian Liu of the East China University of Science and Technology and Chak Po Lau of the Hong Kong Polytechnic University (*Adv. Synth. Catal.* **2011**, *353*, 275) and Robert G. Bergman and Kenneth N. Raymond of the University of California, Berkeley (*J. Am. Chem. Soc.* **2011**, *133*, 11964) described new Ru catalysts for the isomerization of an allylic alcohol **6** to the ketone **7**. Xiaodong Shi of West Virginia University optimized (*Adv. Synth. Catal.* **2011**, *353*, 2584) a gold catalyst for the rearrangement of a propargylic ester **8** to the enone **9**.

Xue-Yuan Liu of Lanzhou University used (*Adv. Synth. Catal.* **2011**, *353*, 3157) a Cu catalyst to add the chloramine **11** to the alkyne **10** to give **12**. Kasi Pitchumani of Madurai Kamaraj University converted (*Org. Lett.* **2011**, *13*, 5728) the alkyne **13** into the α-amino amide **15** by reaction with the nitrone **14**.

Katsuhiko Tomooka of Kyushu University effected (*J. Am. Chem. Soc.* **2011**, *133*, 20712) hydrosilylation of the propargylic ether **16** to the alcohol **17**. Matthew J. Cook of Queen's University Belfast (*Chem. Commun.* **2011**, *47*, 11104) and Anna M. Costa and Jaume Vilarrasa of the Universitat de Barcelona (*Org. Lett.* **2011**, *13*, 4934) improved the conversion of an alkenyl silane **18** to the iodide **19**.

Vinay Girijavallabhan of Merck/Kenilworth developed (*J. Org. Chem.* **2011**, *76*, 6442) a Co catalyst for the Markovnikov addition of sulfide to an alkene **20**. Hojat Veisi of Payame Noor University oxidized (*Synlett* **2011**, 2315) the thiol **22** directly to the sulfonyl chloride **23**. Nicholas M. Leonard of Abbott Laboratories prepared (*J. Org. Chem.* **2011**, *76*, 9169) the chromatography-stable O-Su ester **25** from the corresponding acid **24**. Diego J. Ramón of the Universidad de Alicante coupled (*J. Org. Chem.* **2011**, *76*, 5547) the alcohol **26** with a sulfonamide to give the protected amine **27**.

Whereas short (up to about 40) oligopeptides are readily prepared by bead-based synthesis, longer oligopeptides and proteins are prepared by convergent coupling of the oligopeptides so prepared using thioester-based native chemical ligation. Some C-terminal amino acids, however, including proline, do not work well. Thomas Durek of the University of Queensland showed (*Angew. Chem. Int. Ed.* **2011**, *50*, 12042) that the *selenyl* ester **29** participated more efficiently.

2. Functional Group Interconversion
Tristan H. Lambert
October 22, 2012

CHAOZHONG LI OF the Shanghai Institute of Organic Chemistry reported (*J. Am. Chem. Soc.* **2012**, *134*, 10401) the silver nitrate catalyzed decarboxylative fluorination of carboxylic acids, which shows interesting chemoselectivity in substrates such as **1**. A related decarboxylative chlorination was also reported by Li (*J. Am. Chem. Soc.* **2012**, *134*, 4258). Masahito Ochiai at the University of Tokushima has developed (*Chem. Commun.* **2012**, *48*, 982) an iodobenzene-catalyzed Hofmann rearrangement (e.g., **3** to **4**) that proceeds via hypervalent iodine intermediates.

The dehydrating agent T3P (propylphosphonic anhydride), an increasingly popular reagent for acylation chemistry, has been used (*Tetrahedron Lett.* **2012**, *53*, 1406) by Vommina Sureshbabu at Bangalore University to convert amino or peptide acids such as **5** to the corresponding thioacids with sodium sulfide. Jianqing Li and co-workers at Bristol-Myers Squibb have shown (*Org. Lett.* **2012**, *14*, 214) that trimethylaluminum, which has long been known to effect the direct amidation of esters, can also achieve the direct coupling of acids and amines, such as in the preparation of amide **8**.

The propensity of severely hindered 2,2,6,6-tetramethylpiperidine (TMP) amides such as **9** to undergo solvolysis at room temperature has been shown (*Angew. Chem. Int. Ed.* **2012**, *51*, 548) by Guy Lloyd-Jones and Kevin Booker-Milburn at the University of Bristol. The reaction proceeds by way of the ketene and is enabled by sterically induced destabilization of the usual conformation that allows conjugation of the nitrogen lone pair with the carbonyl. Matthias Beller at Universität Rostock has found (*Angew. Chem. Int. Ed.* **2012**, *51*, 3905) that primary amides may be transamidated via copper(II) catalysis. The conditions are mild enough that an epimerization-prone amide such as **11** undergoes no observable racemization during conversion to amide **13**.

A photochemical transamidation has been achieved (*Chem. Sci.* **2012**, *3*, 405) by Christian Bochet at the University of Fribourg that utilizes 385-nm light to activate a dinitroindoline amide in the presence of amines such as **15**, which produces the amide **16**. Notably, photochemical cleavage of the Ddz protecting group occurs at a shorter wavelength of 300 nm. A fundamentally orthogonal approach to amide synthesis has been developed (*Angew. Chem. Int. Ed* **2012**, *51*, 5683) by Gary Molander at the University of Pennsylvania and Jeff Bode at the ETH-Zürich, which utilizes acyltrifluoroborates such as **17** and *O*-benzoyl hydroxylamines (e.g., **18**) as coupling partners. The procedure is rapid and mild and remarkably occurs in aqueous *t*-BuOH.

Yoshito Kishi at Harvard University reported (*Org. Lett.* **2012**, *14*, 2262) an optimized procedure for the conversion of *m*-fluorophenylsulfones to the corresponding alcohols, a process utilized toward the synthesis of a building block of the complex molecule E7389 (cf. **20** to **21**). A catalytic Appel reaction for alcohol chlorodehydration has been achieved (*J. Org. Chem.* **2011**, *76*, 6749) by Ross Denton at the University of Nottingham. Whereas catalytic triphenylphosphine oxide in the presence of oxalyl chloride leads to chloride products, the addition of LiBr to this mixture produces alkyl bromides, such as **23**. The team of Takashi Ohshima at Kyushu University and Kazushi Mashima at Osaka University has accomplished (*Angew. Chem. Int. Ed.* **2012**, *51*, 150) the first direct amination of allylic alcohols with ammonia using platinum catalysis (e.g., **24** to **25**), while Magnus Rueping at RWTH Aachen University reported (*Org. Lett.* **2012**, *14*, 768) a silver-catalyzed azidation of allylic alcohols (e.g., **26** to **27**).

An unusual copper-catalyzed rearrangement of *O*-propargylic alkylaldoximes to generate oxiranyl *N*-alkenylimines (e.g., **28** to **29**) has been disclosed (*Org. Lett.* **2012**, *14*, 206) by Itaru Nakamura at Tohoku University. Xiaodong Shi at West Virginia University found (*J. Am. Chem. Soc.* **2012**, *134*, 9012) that a triazole gold complex efficiently effects the hydration of propargylic acetates without epimerization, as in the conversion of **30** to **31**. Evidence in support of the requirement of silver ions for the catalytic activity of other gold complexes was provided, demonstrating an important "silver effect" in gold(I) catalysis.

3. Functional Group Interconversion

Tristan H. Lambert
May 13, 2013

GLENN M. SAMMIS AT the University of British Columbia reported (*Angew. Chem. Int. Ed.* **2012**, *51*, 10804) the photofluorodecarboxylation of aryloxyacids such as **1** using Selectfluor **2**. Jean-François Paquin at the Université Laval found (*Org. Lett.* **2012**, *14*, 5428) that the halogenation of alcohols (e.g., **4** to **5**) could be achieved with [Et$_2$NSF$_2$]BF$_4$ (XtalFluor-E) in the presence of the appropriate tetraethylammonium halide. A method for the reductive bromination of carboxylic acid **6** to bromide **7** was developed (*Org. Lett.* **2012**, *14*, 4842) by Norio Sakai at the Tokyo University of Science. Professor Sakai also reported (*Org. Lett.* **2012**, *14*, 4366) a related method for the reductive coupling of acid **8** with octanethiol to produce thioether **9**.

The esterification of primary alcohols in water-containing solvent was achieved (*Org. Lett.* **2012**, *14*, 4910) by Michio Kurosu at the University of Tennessee Health Science Center using the reagent **11**, such as in the conversion of alcohol **10** to produce **12** in high yield. Hosahudya N. Gopi discovered (*Chem. Commun.* **2012**, *48*, 7085) that the conversion of thioacid **13** to amide **14** was rapidly promoted by CuSO$_4$.

A ruthenium-catalyzed dehydrative amidation procedure using azides and alcohols, such as the reaction of **15** with phenylethanol to produce **16**, was reported (*Org. Lett.* **2012**, *14*, 6028) by Soon Hyeok Hong at Seoul National University. An alternative oxidative amidation was developed (*Tetrahedron Lett.* **2012**, *53*, 6479) by Chengjian Zhu at Nanjing University and the Shanghai Institute of Organic Chemistry who utilized catalytic tetrabutylammonium iodide and disubstituted formamides to convert alcohols such as **17** to amides **18**.

A redox catalysis strategy was developed (*Angew. Chem. Int. Ed.* **2012**, *51*, 12036) by Brandon L. Ashfeld at Notre Dame for the triphenylphosphine-catalyzed Staudinger ligation of carboxylic acid **19** to furnish amide **20**. For direct catalytic amidation of carboxylic acids and amines such as in the conversion of **21** to **23**, Dennis G. Hall at the University of Alberta reported (*J. Org. Chem.* **2012**, *77*, 8386) that the boronic acid **22** was a highly effective catalyst that operated at room temperature.

Mark R. Biscoe at the City College of New York developed (*J. Org. Chem.* **2012**, *77*, 6629) a broadly functional group-tolerant procedure to convert alkyl bromides such as **24** to the corresponding pinacol boranes. Meanwhile, the conversion of alkyl bromides to olefins (e.g. **26** to **27**) via palladium-catalyzed dehydrohalogenation was developed (*J. Am. Chem. Soc.* **2012**, *134*, 14232) by Gregory C. Fu at Caltech.

A remarkably simple and chemoselective method for the direct conversion of aldehyde **28** to nitrile **30** using *O*-(diphenylphosphinyl)hydroxylamine **29** was developed (*J. Org. Chem.* **2012**, *77*, 9334) by Michael H. Nantz at the University of Louisville. Finally, zirconocene dichloride was found (*Chem. Commun.* **2012**, *48*, 11626) by Jonathan M.J. Williams at the University of Bath to be an effective transamidation catalyst, which operated even in the context of the acetal-containing substrate **31**.

4. Functional Group Interconversion

Tristan H. Lambert
October 28, 2013

DAVID MILSTEIN AT the Weizmann Institute of Science reported (*Angew. Chem. Int. Ed.* **2013**, *52*, 6269) the unusual deamination of amine **1** to alcohol **3** catalyzed by ruthenium complex **2**. In the reverse sense, Qing Xu at Wenzhou University found (*Adv. Synth. Cat.* **2013**, *355*, 73) that the conversion of benzyl alcohol (**4**) to sulfonamide **5** was catalyzed by benzaldehyde and catalytic potassium carbonate.

Gold(I) catalysis was utilized (*Chem. Commun.* **2013**, *49*, 4262) by Ai-Lan Lee at Heriot-Watt University for the direct etherification of allylic alcohol **6** with isopropanol to produce **7**. Tobias Ritter at Harvard demonstrated (*J. Am. Chem. Soc.* **2013**, *135*, 2470) that the reagent PhenoFluor (**9**) developed in his laboratory displays astonishing selectivity for the late-stage deoxyfluorination of complex alcohols and polyols, including glucopyranoside **8** to produce **10**.

A Mitsunobu protocol for the conversion of alcohol **11** to ester **13** using catalytic amounts of the hydrazide **12** and iron(II) phthalocyanine was developed (*Angew. Chem. Int. Ed.* **2013**, *52*, 4613) by Tsuyoshi Taniguchi at Kanazawa University. We reported (*Org. Lett.* **2013**, *15*, 38) a Mitsunobu-like inversion of alcohol **14** to mesylate **16** catalyzed by diphenylcyclopropenone **15**.

Domingo Gomez Pardo and Janine Cossy at ESPCI Paris Tech found (*Org. Lett.* **2013**, *15*, 902) that the reagent XtalFluor-E (**18**) was effective for the coupling of N-Boc proline (**17**) and phenylglycine ethyl ester (**19**) without epimerization to furnish the dipeptide **20**. The conversion of primary amide **21** to secondary amide **23** via cross-coupling with boronic acid **22** was reported (*Org. Lett.* **2013**, *15*, 2314) by Donald A. Watson at the University of Delaware.

Catalysis of the Lossen rearrangement of hydroxamide **24** to carbamate **26** using *N*-methylimidazole (**25**), which helped to minimize side products, was reported (*Org. Lett.* **2013**, *15*, 602) by Scott J. Miller at Yale University. Keiji Maruoka at Kyoto University demonstrated (*Angew. Chem. Int. Ed.* **2013**, *52*, 5532) that propionaldehyde (**27**) could be converted under simple conditions to *N*-Boc aminal **28**, which served as a convenient source for the *in situ* generation of the corresponding highly useful *N*-Boc imine.

A convenient method for the conversion of alcohol **29** to nitrile **30** via dehydrogenative catalysis in the presence of ammonia was reported (*Org. Lett.* **2013**, *15*, 1850) by Yong Huang at Peking University. An exceptionally novel synthesis of nitrile **32** via the silver-catalyzed nitrogenation of alkyne **31** was developed (*Angew. Chem. Int. Ed.* **2013**, *52*, 6677) by Ning Jiao at Peking University.

A simple procedure for the conversion of unsaturated carboxylic acid **33** to nitrostyrene **34** using *t*-butylnitrite in the presence of TEMPO and air was disclosed (*Chem. Commun.* **2013**, *49*, 5286) by Debabrata Maiti at the Indian Institute of Technology Bombay. Finally, silver-catalyzed decarboxylative fluorination was achieved (*Org. Lett.* **2013**, *15*, 2648) in the conversion of difluoroacid **35** to trifluoromethylanisole **37** by the team of Sajinder K. Luthra at GE Healthcare at Amersham, Jan Passchier at Imanova, Ltd., Olof Solin at the University of Turku and Åbo Akademi University, and Véronique Gouverneur at the University of Oxford.

5. Reduction and Oxidation

Douglass F. Taber
May 21, 2012

CRAIG M. WILLIAMS OF the University of Queensland and John Tsanaktsidis of CSIRO Victoria decarboxylated (*Org. Lett.* **2011**, *13*, 1944) the acid **1** to the hydrocarbon **2** by coupling the crude acid chloride, formed in $CHCl_3$, with **3** while irradiating with a tungsten bulb. In a related development, David C. Harrowven of the University of Southampton showed (*Chem. Commun.* **2011**, *46*, 6335, not illustrated) that tin residues can be removed from a reaction mixture by passage through silica gel containing 10% K_2CO_3.

Sangho Koo of Myong Ji University selectively removed (*Org. Lett.* **2011**, *13*, 2682) the allylic oxygen of **5**, leaving the other protected alcohol. Donald Poirier of Laval University reduced (*Synlett* **2011**, 2025) the nitrile of **7** to a methyl group. Kiyotomi Kaneda of Osaka University prepared (*Chem. Eur. J.* **2010**, *16*, 11818; *Angew. Chem. Int. Ed.* **2011**, *50*, 2986) supported Au nanoparticles that deoxygenated an epoxide **9** to the alkene **10**. Epoxides of cyclic alkenes also worked well.

Shahrokh Saba of Fordham University aminated (*Tetrahedron Lett.* **2011**, *52*, 129) the ketone **11** by heating it with an amine **12** in the presence of ammonium formate.

Shuangfeng Yin and Li-Biao Han of Hunan University devised (*J. Am. Chem. Soc.* **2011**, *133*, 17037) catalyst systems that reduced the alkyne **14** selectively to either the Z or the E product. Professor Kaneda uncovered (*Chem. Lett.* **2011**, *40*, 405) a reliable Pd catalyst for the hydrogenation (not illustrated) of an alkyne to the Z alkene.

David R. Spring of the University of Cambridge established (*Synlett* **2011**, 1917) biphasic reaction conditions for the conversion of **16** to the azide **18** that were compatible with the base-sensitive Fmoc protecting group. Noritaka Mizuno of the University of Tokyo developed (*J. Org. Chem.* **2011**, *76*, 4606) a Ru catalyst for the transformation of an alkyl azide **19** to the nitrile **20**.

Chi-Ming Che of the University of Hong Kong (*Synlett* **2011**, 1174) and Philip Wai Hong Chan of Nanyang Technological University (*J. Org. Chem.* **2011**, *76*, 4894) independently oxidized an aldehyde **21** to the amide **22**. Recognizing (*J. Org. Chem.* **2011**, *76*, 2937) that the primary alcohol **23** would be more reactive than methanol, Yasushi Obora and Yasutaka Ishii of Kansai University effected direct oxidation to the ester **24**.

Bo Xu of the University of Louisville oxidized (*Tetrahedron Lett.* **2011**, *52*, 1956) the amide **25** to the imide **26**. S. Shaun Murphree of Allegheny College oxidized (*Org. Lett.* **2011**, *13*, 1447) the sulfone **27** to the acid **28**. Shannon S. Stahl of the University of Wisconsin developed (*J. Am. Chem. Soc.* **2011**, *133*, 14566) a Pd-mediated protocol for the oxidation of the ketone **29** to the enone **30**.

The apparently simple conversion of an alkene **31** to the alkyne **32** has been a long-standing problem in organic synthesis. Noriki Kutsumura and Takao Saito of the Tokyo University of Science reported (*Synthesis* **2011**, 2377) encouraging results using tetrabutylammonium fluoride to effect elimination.

6. Functional Group Oxidation and Reduction

Douglass F. Taber
November 12, 2012

DEBABRATA MAITI OF the Indian Institute of Technology Bombay found (*Chem. Commun.* **2012**, *48*, 4253) that the relatively inexpensive Pd(OAc)$_2$ effectively catalyzed the decarbonylation of an aldehyde **1** to the hydrocarbon **2**. Hui Lou of Zhejiang University used (*Adv. Synth. Catal.* **2011**, *353*, 2577) a Mo catalyst to effect reduction of the ester **3** to the hydrocarbon **4**, with retention of all the skeletal carbons.

Jon T. Njardarson of the University of Arizona showed (*Chem. Commun.* **2012**, *48*, 7844) that the allylic ether **5** could be reduced with high regioselectivity to give **6**. José Barluenga and Carlos Valdés of the Universidad de Oviedo effected (*Angew. Chem. Int. Ed.* **2012**, *51*, 5950) the direct conversion of a ketone **7** to the azide **8**. Although no cyclic ketones were included in the examples, there is a good chance that this will be the long-sought diastereoselective reduction of a cyclohexanone to the equatorial amine.

Hideo Nagashima of Kyushu University reduced (*Chem. Lett.* **2012**, *41*, 229) the acid **9** directly to the aldehyde **1** using a ruthenium catalyst with the bis silane **10**. Georgii I. Nikonov of Brock University described (*Adv. Synth. Catal.* **2012**, *354*, 607) a similar Ru-mediated silane reduction of an acid chloride to the aldehyde. Professor Nagashima used (*Angew. Chem. Int. Ed.* **2012**, *51*, 5363) his same Ru catalyst to reduce the ester **11** to the protected amine **12**.

Shmaryahu Hoz of Bar-Ilan University used (*J. Org. Chem.* **2012**, *77*, 4029) photostimulation to promote the SmI$_2$-mediated reduction of a nitrile **13** to the amine **14**. Bakthan Singaram of the University of California, Santa Cruz effected (*J. Org. Chem.* **2012**, *77*, 221) the same transformation with InCl$_3$/NaBH$_4$. David J. Procter of the University of

Manchester described (*J. Org. Chem.* **2012**, *77*, 3049) what promises to be a general method for activating Sm metal to form SmI₂. Mark T. Hamann of the University of Mississippi directly reduced (*J. Org. Chem.* **2012**, *77*, 4578) the nitro group of **15** to the alkylated amine **16**.

Cleanly oxidizing aromatic methyl groups to the level of the aldehyde without overoxidation has been a challenge. K.S. Rangappa of the University of Mysore devised (*Tetrahedron Lett.* **2012**, *53*, 2632) a simple solution to this problem, converting **17** to the oxime **18**. Yoel Sasson of the Hebrew University of Jerusalem showed (*Tetrahedron Lett.* **2012**, *53*, 2295) that K_3PO_4 was effective for full dehydrobromination of the dibromide from **19** to the alkyne **20**.

Yoshiharu Iwabuchi of Tohoku University oxidized (*Org. Lett.* **2012**, *14*, 154) the silyl enol ether **21** to the enone **23** with the stoichiometric reagent **22**. Anne E.V. Gorden of Auburn University optimized (*J. Org. Chem.* **2012**, *77*, 4628) a Cu catalyst for the allylic oxidation of **24** to **25**. Patrizia Gentili of the Università degli Studi La Sapienza oxidized (*Chem. Commun.* **2012**, *48*, 5358) the aldehyde **1** to the oxime **26** using stoichiometric $NaNO_2/FeCl_3$. Masahiro Murakami of Kyoto University transformed (*J. Am. Chem. Soc.* **2012**, *134*, 194) the alkyne **27** into the α-sulfonamido ketone **28** by Rh-mediated hydration of the intermediate triazole from the Cu-catalyzed addition of TsN_3.

Readers may be interested in the Nozoe autograph book project, currently underway (*Chem. Rec.* **2012**, *12*, 517; free access) under the editorship of Jeffrey I. Seeman of the University of Richmond.

7. Functional Group Oxidation

Tristan H. Lambert
May 20, 2013

IN A REMARKABLE example of chemoselective oxidation, Scott J. Miller at Yale University identified (*Nature Chem.* **2012**, *4*, 990) a peptide catalyst that selectively epoxidized the 6,7-olefin of farnesol **1**. Phil S. Baran at Scripps-La Jolla developed (*Nature Chem.* **2012**, *4*, 629) the Tz° sulfonate as a "portable desaturase" capable of site-specific C–H functionalization of complex molecules, such as in the conversion of peptide **3** to **4**.

A unique method for the preparation of α-oxygenated ketones was developed (*Angew. Chem. Int. Ed.* **2012**, *51*, 7799) by Laura L. Anderson at the University of Illinois at Chicago. Cross-coupling of cyclohexenyl boronic acid with *N*-hydroxyphthalimide produced *N*-enoxyphthalimides **5**, which underwent a trihetero [3,3]-sigmatropic rearrangement to produce, after hydrolysis and protection, ketone **6**.

The enantioselective α-hydroxylation of oxindole **7** with atmospheric O_2 catalyzed by pentanidium **8** was reported (*Org. Lett.* **2012**, *14*, 4762) by Zhiyong Jiang at Henan University and Choon-Hong Tan at Nanyang Technological University. A catalytic Baeyer-Villiger oxidation of ketones such as **10** using highly reactive metal borate salts was developed (*Angew. Chem. Int. Ed.* **2012**, *51*, 9093) by Kazuaki Ishihara at Nagoya University.

Masatoshi Shibuya and Yoshiharu Iwabuchi at Tohoku University found (*Org. Lett.* **2012**, *14*, 5010) that nitroxyl radicals such as **13** catalyzed the oxidative cleavage of diols to carboxylic acids, such as in the conversion of **12** to **14**. A highly reactive iridium catalyst **16** was reported (*Angew. Chem. Int. Ed.* **2012**, *51*, 12790) by Ken-ichi Fujita and Ryohei Yamaguchi at Kyoto University, which had high turnover numbers under mild conditions for the oxidation of alcohols including **15**.

Frank W. Foss Jr. at the University of Texas at Arlington developed (*Org. Lett.* **2012**, *14*, 5150) a biomimetic Dakin oxidation of electron-rich aryl aldehydes such as **18**, using the flavin-type catalyst **19**, Hantzsch ester, and oxygen as the terminal oxidant. Flavin-catalyzed oxidation of aldehydes using catalyst **22** was also reported (*Org. Lett.* **2012**, *14*, 3656) by David R. Carbery at the University of Bath.

Carlos F. Barbas III at Scripps-La Jolla developed (*Angew. Chem. Int. Ed.* **2012**, *51*, 12538) a catalytic conversion of aldehydes such as **24** to the corresponding *O*-acyl *N*-hydroxyimides (cf. **25**), which could be used for *in situ* amidations and esterifications. A cooperative catalysis system for the oxidation of benzyl amine **26** to imine **27** using polymer-incarcerated, carbon-stabilized platinum nanoclusters (PI/CB-Pt) and catechol was discovered (*J. Am. Chem. Soc.* **2012**, *134*, 13970) by Shu Kobayashi at the University of Tokyo. Xuefeng Fu at Peking University found (*Org. Lett.* **2012**, *14*, 5692) that AIBN readily initiated the oxidative transformation of amines, such as with the α-cyanation of **28**. Finally, Thanh Binh Nguyen at the CNRS in France showed (*Org. Lett.* **2012**, *14*, 5948) that elemental sulfur served as a traceless oxidant for the conversion of amine **30** to benzazole **32**.

8. Functional Group Reduction

Tristan H. Lambert
May 27, 2013

THE REDUCTION OF azobenzene 1 with catalyst 2 was reported (*J. Am. Chem. Soc.* **2012**, *134*, 11330) by Alexander T. Radosevich at Pennsylvania State University, representing a unique example of a nontransition metal-based two-electron redox catalysis platform. Wolfgang Kroutil at the University of Graz found (*Angew. Chem. Int. Ed.* **2012**, *51*, 6713) that diketone 4 was converted to piperidinium 5 with very high stereoselectivity using a transaminase followed by reduction over Pd/C.

Dennis P. Curran at the University of Pittsburgh reported (*Org. Lett.* **2012**, *14*, 4540) that NHC-borane 7 is a convenient reducing agent for aldehydes and ketones, showing selectivity for the former as in the monoreduction of 6 to 8. A catalytic reduction of esters to ethers with $Fe_3(CO)_{12}$ and TMDS, as in the conversion of 9 to 10, was developed (*Chem. Commun.* **2012**, *48*, 10742) by Matthias Beller at the Leibniz-Institute for Catalysis. Meanwhile, iridium catalysis was used (*Angew. Chem. Int. Ed.* **2012**, *51*, 9422) by Maurice Brookhart at the University of North Carolina at Chapel Hill for the reduction of esters to aldehydes with diethylsilane (e.g., 11 to 12). As an impressive example of selective reduction, Ohyun Kwon at UCLA reported (*Org. Lett.* **2012**, *14*, 4634) the conversion of ester 13 to aldehyde 14, leaving the malonate moiety intact.

The cobalt complex 16 was found (*Angew. Chem. Int. Ed.* **2012**, *51*, 12102) by Susan K. Hanson at Los Alamos National Laboratory to be an effective catalyst for C=O, C=N, and C=C bond hydrogenation, including the conversion of alkene 15 to 17. The use of frustrated Lewis pair catalysis for the low-temperature hydrogenation of alkenes such as 18 was developed (*Angew. Chem. Int. Ed.* **2012**, *51*, 10164) by Stefan Grimme at the University of Bonn and Jan Paradies the Karlsruhe Institute of Technology. Guanidinium nitrate was found (*Chem. Commun.* **2012**, *48*, 6583) by Kandikere Ramaiah Prabhu at the Indian Institute of Science to catalyze the hydrazine-based reduction of alkenes such as 20. The hydrogenation of thiophenes is difficult for a number of reasons, but now Frank Glorius at the University of Münster has developed (*J. Am. Chem. Soc.* **2012**, *134*, 15241) an effective system for the highly enantioselective catalytic hydrogenation of thiophenes and benzothiophenes, including **22**.

Professor Beller has discovered (*J. Am. Chem. Soc.* **2012**, *134*, 18325) that certain Brønsted acids such as **25** selectively catalyze the reduction of phosphine oxides, even in the presence of ketone functionality (cf. **24** to **26**). The selective hydrogenolysis of aryl ethers is of high importance for the conversion of biomass lignins, but typical conditions for this process tend to lead to overreduction of the aromatic rings. Now, John F. Hartwig at Berkeley has found (*J. Am. Chem. Soc.* **2012**, *134*, 20226) that well-defined nickel complexes such as Ni(CH$_2$TMS)$_2$(TMEDA) selectively catalyze the hydrogenolysis of diaryl ethers such as **27** without arene hydrogenation.

Finally, Seth B. Herzon at Yale developed (*J. Am. Chem. Soc.* **2012**, *134*, 17376) multi-catalytic systems for the reductive hydration of alkynes such as **30** to produce either the linear (**28**) or branched (**31**) alcohols with high selectivity. The process involved the catalytic conversion of the alkyne to the corresponding aldehyde using ruthenium catalysis or to the corresponding methyl ketone under gold catalysis, followed by *in situ* hydrogenation with the ruthenium dimeric ruthenium catalyst **29**.

9. Functional Group Protection

Douglass F. Taber
May 28, 2012

ZHONG-JUN LI OF Peking University developed (*J. Org. Chem.* **2011**, *76*, 9531) a Co catalyst for selectively replacing one benzyl protecting group of **1** with silyl. Carlo Unverzagt of Universität Bayreuth devised (*Chem. Commun.* **2011**, *47*, 10485) oxidative conditions for debenzylating the azide **3** to **4**. Tadashi Katoh of Tohoku Pharmaceutical University found (*Tetrahedron Lett.* **2011**, *52*, 5395) that the dimethoxybenzyl protecting group of **5** could be selectively removed in the presence of benzyl and *p*-methoxybenzyl. Scott T. Phillips of Pennsylvania State University showed (*J. Org. Chem.* **2011**, *76*, 7352) that in the presence of phosphate buffer, *catalytic* fluoride was sufficient to desilylate **7**. Philip L. Fuchs of Purdue University employed (*J. Org. Chem.* **2011**, *76*, 7834, not illustrated) the neutral Robins conditions (*Tetrahedron Lett.* **1992**, *33*, 11177) to effect a critical desilylation.

Pengfei Wang of the University of Alabama at Birmingham found (*J. Org. Chem.* **2011**, *76*, 8955) that an excess of the diol **9** both oxidized the primary alcohol **10** and installed the photolabile protecting group on the product aldehyde. Hiromichi Fujioka of Osaka University showed (*Angew. Chem. Int. Ed.* **2011**, *50*, 12232) that addition of Ph$_3$P to **12** transiently protected the aldehyde, allowing selective reduction of the ketone to the alcohol.

Willi Bannwarth of Albert-Ludwigs-Universität Freiburg deprotected (*Angew. Chem. Int. Ed.* **2011**, *50*, 6175) the chelating amide of **14**, leaving the usually sensitive Fmoc group in place. Bruce C. Gibb, now at Tulane University, hydrolyzed (*Nature Chem.* **2010**, *2*, 847) **16** more rapidly than the very similar **17**, by selective equilibrating complexation of **16** and **17** with a cavitand.

Aravamudan S. Gopalan of New Mexico State University converted (*Tetrahedron Lett.* **2010**, *51*, 6737) proline **19** to the amide ester **10** by exposure to triethyl orthoacetate. K. Rajender Reddy of the Indian Institute of Chemical Technology oxidized (*Angew. Chem. Int. Ed.* **2011**, *50*, 11748) the formamide **22** to the carbamate **23** by exposure to H_2O_2 in the presence of **21**. James M. Boncella of the Los Alamos National Laboratory deprotected (*Org. Lett.* **2011**, *13*, 6156) **24** by exposure to visible light in the presence of a Ru catalyst. David Milstein of the Weizmann Institute of Science employed (*Angew. Chem. Int. Ed.* **2011**, *50*, 11702; *Nature Chem.* **2011**, *3*, 609) a Ru catalyst to hydrogenate the urea **26** to the amine **27**.

Satoshi Ichikawa and Akira Matsuda of Hokkaido University used (*J. Org. Chem.* **2011**, *76*, 9278) the acidity of the amide **29** to their advantage in effecting deprotection of **28**. Akihiro Orita and Junzo Otera of the Okayama University of Science developed (*Synlett.* **2011**, 2402) diphenylphosphoryl as a robust protecting group for a terminal alkyne such as **31**.

10. Functional Group Protection

Tristan H. Lambert
October 29, 2012

AN EFFICIENT METHOD for allylation of a sterically hindered alcohol in the presence of base-sensitive functionality (cf. **1** to **2**) has been developed (*Tetrahedron Lett.* **2012**, *53*, 1319) by Richard B. Silverman at Northwestern University. Mark S. Taylor at the University of Toronto found (*J. Am. Chem. Soc.* **2012**, *134*, 8260) that borinic acid **4** catalyzed the monofunctionalization of diols and carbohydrates such as **3**.

The selective functionalization of unprotected peptides can be challenging, but Man-Kin Wong at Hong Kong Polytechnic University and Chi-Ming Che at the University of Hong Kong have shown (*J. Am. Chem. Soc.* **2012**, *134*, 2589) that selective *N*-terminal functionalization can be achieved with the alkynyl ketene **7**, which allows for subsequent derivitization of the acylated products (e.g., **8**) via click reactions with azides. To formylate amines such as morpholine (**9**), an *N*-heterocyclic carbene (e.g., **10**) catalyzed procedure that utilizes CO_2 and polymethylhydrosiloxane (PMHS) has been developed (*J. Am. Chem. Soc.* **2012**, *134*, 2934) by Thibault Cantat at the CEA in France.

For the protection of acyclic amino acid derivatives, Eiji Tayama at Niigata University has reported (*Tetrahedron Lett.* **2012**, *53*, 1373) a new protecting group, 1,2-dimethoxy-4,5-dimethylene, that is installed by double alkylation and can be removed with, for example, ethyl chloroformate to produce the corresponding carbamate (e.g., **12** to **13**). As far as protecting groups go, ethers can be especially challenging to remove; however, a new procedure for the oxidative cleavage of glycol ethers, including dioxane, has been developed (*Org. Lett.* **2012**, *14*, 3218) by Zhong-Quan Liu at Lanzhou University. This copper-catalyzed procedure employs carboxylic acids such as **14** and produces alkoxymethoxy esters **15**. The cleavage of unactivated ethers such as dibutyl ether as a means to alkylate sulfonamides (cf. **16**) has been reported (*Synlett* **2012**, 595) by Wei Zeng at South China University of Technology.

Protecting groups that are thermally labile offer the ability to achieve deprotection without added reagents. A new thermolabile protecting group has been developed (*Tetrahedron Lett.* **2012**, *53*, 666) by Marcin K. Chmielewski at the Polish Academy of Sciences based on 2-pyridyl-*N*-(2,4-difluorobenzyl)aminoethyl carbonates. Upon heating, molecules such as **17** undergo fragmentation by intramolecular displacement to produce bicyclic pyridinium **18** and alcohol **19**.

Indium(III) fluoride has been shown (*Tetrahedron Lett.* **2012**, *53*, 697) by Sridhar Madabhushi at the Indian Institute of Chemical Technology to be an efficient catalyst for the hydrolysis of thioacetals, such as in the conversion of **20** to **21**. For the protection of an electron-deficient olefin, use of the Diels-Alder adduct with cyclopentadiene is a strategy that has enjoyed much use. Do Hyun Ryu at Sungkyunkwan University has utilized (*J. Org. Chem.* **2012**, *77*, 2513) this approach for the scalable preparation of the complex vinyl bromide **23**.

A chemoselective reduction of ketones in the presence of aldehydes (e.g., **24** to **25**) was reported (*Org. Lett.* **2012**, *14*, 1306) by István E. Markó at the Université Catholique de Louvain by *in situ* protection of the aldehyde function as an *O,S*-aluminum acetal. This method recalls (*Tetrahedron Lett.* **1981**, *22*, 4213) the classic strategy using LDA by Daniel Comins, now at North Carolina State University. The reductive esterification of tosyl hydrazones such as **26** was reported (*Eur. J. Org. Chem.* **2012**, 3925) by Erick Cuevas-Yañez at UAEM-UNAM in Mexico and Carlos Valdés for the Universidad de Oviedo in Spain.

The team of Yasuhiro Ohki and Kazuyuki Tatsumi at Nagoya University and Martin Oestreich at Universität Münster has developed (*Org. Lett.* **2012**, *14*, 2842) a base free, catalytic approach for the conversion of ketones such as **28** to their corresponding silyl enol ethers **30**. Finally, an electrochemical deoxygenation of epoxides was reported (*Org. Lett.* **2012**, *14*, 22) by Jing-Mei Huang from South China University of Technology.

11. Functional Group Protection

Tristan H. Lambert
June 10, 2013

MARTIN D. BURKE AT the University of Illinois at Urbana-Champaign reported (*Nature Chem.* **2012**, *4*, 996) that the amphotericin B derivative **1** could be site-selectively acylated at the C15, C4′, or C2′ hydroxyls by electronic tuning of the acylating agent (e.g., **2** leading to **3**). Another impressive example of selective protection was disclosed (*Nature Chem.* **2012**, *4*, 789) by Andreas Herrmann at the Zernike Institute for Advanced Materials, who found that RNA aptamers such as **5** selectively bind to neomycin **4**, leaving only one of the amino groups exposed for acylation to selectively furnish, for example, **7**.

A convenient new benzylating reagent called TriBOT (**9**) was introduced (*Org. Lett.* **2012**, *14*, 5026) by Munetaka Kunishima at Kanazawa University and was shown to be useful for the benzylation of alcohols such as **8**. Subhash P. Chavan at the National Chemical Laboratory in India reported (*Tetrahedron Lett.* **2012**, *53*, 4683) a very practical method for PMB protection of alcohols including **11** using simply *p*-anisyl alcohol and Amberlyst-15.

For PMB deprotection, Aurélien Blanc and Patrick Pale at the University of Strasbourg reported (*J. Org. Chem.* **2012**, *77*, 9227) that use of catalytic $AgSbF_6$ and trimethoxybenzene (**14**) is a mild and effective method, even in the context of potentially sensitive substrates such as **13**. The deprotection of tosylated amines is a classic problem in synthesis. Now Katsuhiko Tomooka at Kyushu University has developed (*J. Am. Chem. Soc.* **2012**, *134*, 19358) a unique strategy involving nucleophilic attack at nitrogen by phosphide anion, a process that readily lends itself to the conversion of substrates such as **16** to (for example) carbamate **17**.

Propylphosphonic anhydride (T3P) was found (*Tetrahedron Lett.* **2012**, *53*, 5030) by John Kallikat Augustine and Pujari Vijaykumar at Syngene International Ltd. in India to catalyze the acetalization of aldehydes such as **18** under essentially neutral conditions. Interestingly, acetalization of aldehydes and ketones, including **20**, under basic conditions using *N*-hydroxybenzenesulfonimide was reported (*Synlett* **2012**, *23*, 2773) by Alfred Hassner at Bar-Ilan University in Israel. In terms of acetal deprotection, Hiromichi Fujioka at Osaka University found (*Heterocycles* **2012**, *86*, 455) that the combination of TBSOTf and 2,2′-bipyridyl selectively cleaves methylene acetals in the presence of acetonides, as in the conversion of **22** to **23**. The use of lithium tetramethylpiperidide (LTMP) to deprotect 1,3-dioxolanes such as **24** was reported (*Tetrahedron Lett.* **2012**, *53*, 6972) by Bo Liu at Sichuan University and the Shanghai Institute of Organic Chemistry.

An intriguing example of catalyst-controlled chemoselectivity in the acylation of diol **26** at the more sterically hindered secondary hydroxyl using DMAP-type catalyst **27** was reported (*Chem. Commun.* **2012**, *48*, 6981) by Takeo Kawabata at Kyoto University. Finally, the trimethoxyphenylthio protecting group was developed (*Org. Lett.* **2012**, *14*, 5468) by Fernando Albericio at the University of Barcelona as an easy to remove replacement for the *t*-butylthio group in solid phase peptide synthesis.

12. Functional Group Protection

Tristan H. Lambert
November 11, 2013

ALFONSO IADONISI AT the University of Naples Federico II developed (*Eur. J. Org. Chem.* **2013**, 3137) a procedure for the selective acetolysis of the perbenzylated sugar **1** to furnish **3** using isopropenyl acetate (**2**) instead of the more typical and high-boiling acetic anhydride. The (3,4-dimethoxylphenyl)benzyl (DMPBn) protecting group, which is removed (cf. **4 → 5**) under acidic conditions in the presence of the cation scavenger **5**, was developed (*J. Org. Chem.* **2013**, *78*, 5264) by David S. Larsen at the University of Otago as an alternative to the *p*-methoxybenzyl (PMB) group. Another new hydroxyl-protecting group, the AzDMB group, which can be installed by simple acylation of (**7 + 8 → 9**) and removed under reductive conditions, was developed by Gijsbert A. van der Marel and Jeroen D.C. Codée of Leiden University. Stefan Grimme at the University of Bonn and Armido Studer at Westfälische-Wilhelms-Universität Münster found (*Chem. Sci.* **2013**, *4*, 2177) that NHC precatalyst **11** in the presence of NaH, benzaldehyde, and the oxidant **12** allows for the selective *O*-acylation of aminoalcohol **10** to **13**.

The reductive deprotection of benzyl carbamate **14** using the strong organic reductant **15** under photolytic conditions was achieved (*Angew. Chem. Int. Ed.* **2013**, *52*, 2239) by John A. Murphy at the University of Strathclyde. Liang-Qiu Lu and Wen-Jing Xiao at Central China Normal University found (*Chem. Asian J.* **2013**, *8*, 1090) that mixed imide **17** could be detosylated under visible light photoredox catalysis in the presence of Hantzsch ester **18**.

Frank Glorius at Westfälische-Wilhelms-Universität Münster developed (*Org. Lett.* **2013**, *15*, 1776) a ruthenium-catalyzed procedure for the *N*-formylation of amine **20** using methanol as the source of the formyl group. Protection of the thymine derivative **22** with a 2-(methoxycarbonyl)ethenyl (MocVinyl) group to produce **23** was developed (*J. Org. Chem.* **2013**, *78*, 5832) by Jaume Vilarrasa at the University of Barcelona. Deprotection of the MocVinyl group is readily achieved by treatment with a nucleophilic reagent such as pyrrolidine.

Robert H. Grubbs at Caltech demonstrated (*Chem. Sci.* **2013**, *4*, 1640) that ether **24** could be demethylated with triethylsilane and potassium *t*-butoxide at high temperatures. The protection of catechol **26** as the dioxepane **27** and subsequent removal with aluminum(III) chloride was reported (*Synlett* **2013**, *24*, 741) by Ya-Fei Ji at East China University of Science and Technology.

David A. Colby at Purdue University demonstrated (*Org. Lett.* **2013**, *15*, 3082) that the ketone function of substrate **28** could be selectively protected by treatment with *N,O*-dimethylhydroxylamine in the presence of trimethylaluminum and butyllithium. *In situ* treatment with methyl Grignard followed by hydrolysis then produced the tertiary alcohol **29**. Selective deprotection of the 1,3-oxathiolane group of **30** was achieved (*Tetrahedron Lett.* **2013**, *54*, 2217) by Bo Liu at Sichuan University and the Shanghai Institute of Organic Chemistry.

Last but not least, Adrián Sánchez and Alfredo Vazquez demonstrated (*Synthesis* **2013**, *45*, 1364) that α-amino acids including lysine (**32**) could be protected by treatment with 9-BBN. The free amino group of the corresponding oxazaborolidinone **33** was easily protected as a benzyl carbamate and then deprotected rapidly by treatment with 2-aminoethanol under microwave irradiation to furnish monoprotected **34**.

13. Development of Flow Reactions

Douglass F. Taber
September 24, 2012

FOR A REVIEW of a monograph by C. Wiles and P. Watts on applications of flow reactors in organic synthesis, see *Org. Process. Res. Dev.* **2011**, *15*, 947. For a review by Klavs S. Jensen of MIT of flow approaches, see *Angew. Chem. Int. Ed.* **2011**, *50*, 7502. Hans-René Bjørsvik of the University of Bergen described (*Org. Process. Res. Dev.* **2011**, *15*, 997) a multijet oscillating disc microreactor, and Andreas Schmid of the Technische Universität Dortmund (*Adv. Synth. Catal.* **2011**, *353*, 2511) and László Poppe of the Budapest University of Technology and Economics discussed (*Adv. Synth. Catal.* **2011**, *353*, 2481) continuous flow reactors for biotransformations.

Gases are readily handled in a flow apparatus. S. Chandrasekhar of the Indian Institute of Chemical Technology, Hyderabad demonstrated (*Tetrahedron Lett.* **2011**, *52*, 3865) partial deuteration of **1** to **2**, using D_2O as the deuterium source. Peter H. Seeberger of the Max Planck Institute, Potsdam oxidized (*Org. Lett.* **2011**, *13*, 5008) **3** to **4** with singlet oxygen. Dong-Pyo Kim of Chungnam National University and Robert H. Grubbs of Caltech effected (*Org. Lett.* **2011**, *13*, 2398) ethenolysis of **5** to give **6** and **7**. Takashi Takahashi of the Tokyo Institute of Technology showed (*Chem. Commun.* **2011**, *47*, 12661) that even phosgene could be handled in a flow system, using it to activate **8** for condensation with benzylamine to give **9**.

In the liquid phase, Stephen L. Buchwald of MIT prepared (*Angew. Chem. Int. Ed.* **2011**, *50*, 8900) **11** by the fluorination of **10**. Jesús Alcázar of Janssen Pharmaceutical, Toledo, showed (*Tetrahedron Lett.* **2011**, *52*, 6058) that a nitrile **12** could be reduced in a flow system to the aldehyde **13**.

Mark York of CSIRO prepared (*Tetrahedron Lett.* **2011**, *52*, 6267) the furan **16** by condensation of **14** with **15**. Floris P.J.T. Rutjes of Radboud University Nijmegen used (*Org. Process Res. Dev.* **2011**, *15*, 783) the careful controls of a flow reactor to optimize the exothermic combination of **17** with **18** to give **19**.

Professor Buchwald demonstrated (*Angew. Chem. Int. Ed.* **2011**, *50*, 10665) a flow protocol for the lithiation of **20** with *in situ* borylation and Pd-catalyzed coupling with **21** to give **22**. Juan A. Rincón of Lilly S. A. effected (*Org. Process Res. Dev.* **2011**, *15*, 1428) thermal rearrangement of **23** to **24**. Matzaz Krajnc of the University of Ljubljana devised (*Org. Process Res. Dev.* **2011**, *15*, 817) an aqueous phase transfer procedure for the Wittig condensation of **25** with **26** to give **27**.

Although many interesting and potentially useful electrolytic synthetic protocols have been developed, these are only rarely used preparatively because of the expense of the to-scale electrolysis apparatus. Kazuhiro Chiba of the Tokyo University of Agriculture and Technology constructed (*Tetrahedron Lett.* **2011**, *52*, 4690) an electrochemical flow apparatus with which he oxidized **28** to the corresponding quinone, which then participated in a Diels-Alder cycloaddition with the diene **29** to give **30**.

14. Flow Chemistry

Tristan H. Lambert
March 25, 2013

ALTHOUGH PHOTOCATALYTIC CHEMISTRY has been the subject of intense interest recently, the rate of these reactions is often slow due to the limited penetration of light into typical reaction media. Peter H. Seeberger at the Max-Planck Institute for Colloids and Surfaces in Potsdam and the Free University of Berlin showed (*Chem. Sci.* **2012**, *3*, 1612) that Ru(bpy)$_3^{2+}$-catalyzed reactions such as the reduction of azide **1** to **2** can be achieved in as little as 1 min residence time using continuous flow, as opposed to the 2 h batch reaction time previously reported. The benefits of flow on a number of strategic photocatalytic reactions, including the coupling of **3** and **4** to produce **5**, was also demonstrated (*Angew. Chem. Int. Ed.* **2012**, *51*, 4144) by Corey R.J. Stephenson at Boston University and Timothy F. Jamison at MIT. In this case, a reaction throughput of 0.914 mmol/h compares favorably with 0.327 mmol/h for the batch reaction.

Professor Seeberger has also reported (*Angew. Chem. Int. Ed.* **2012**, *51*, 1706) a continuous-flow synthesis of Artemisinin **7**, a highly effective antimalarial drug, starting from dihydroartemisinic acid **6**. The conversion occurs by a sequence of photochemical oxidation with singlet oxygen, acidic Hock cleavage of the O–O bond, and oxidation with triplet oxygen, a process calculated to be capable of furnishing up to 200 g/day per reactor. A scalable intramolecular [2 + 2] photocycloaddition of **8** to produce **9** was reported (*Tetrahedron Lett.* **2012**, *53*, 1363) by Matthias Nettekoven of Hoffmann-La Roche in Basel, Switzerland.

Stephen L. Buchwald at MIT developed (*Angew. Chem. Int. Ed.* **2012**, *51*, 5355) a flow process for the enantioselective β-arylation of ketones that involved lithiation of aryl bromide **10**, borylation, and rhodium-catalyzed conjugate addition to cycloheptenone. For continuous flow production of enantioenriched alcohols such as **14**, Miquel A. Pericás of the Institute of Chemical Research of Catalonia developed (*Org. Lett.* **2012**, *14*, 1816) the robust polystyrene-supported aminoalcohol **13** for diethylzinc addition to aldehydes.

Professor Jamison found (*Org. Lett.* **2012**, *14*, 568) that flow chemistry provides a convenient and reliable solution to the reduction of esters to aldehydes with DIBALH (e.g., **15** to **16**) that occurs rapidly and without the usual problem of overreduction. Professor Jamison leveraged (*Org. Lett.* **2012**, *14*, 2465) this system for a telescoped reduction-olefination sequence, which allowed for the rapid conversion of **17** to **18** in a single flow operation.

The problems associated with the generation of diazomethane on a large scale make the prospect of continuous-flow generation of this reagent particularly attractive. Michele Maggini at the University of Padova in Italy and Pierre Woehl, now at Merck Millipore, developed (*Org. Process Res. Dev.* **2012**, *16*, 1146) such a process, which allows for the production of up to 19 mol/day of diazomethane from *N*-methyl-*N*-nitrosourea **19**. A synthesis of hydrazine **21** by reduction of *in situ*-generated diazonium salts was achieved (*Tetrahedron* **2011**, *67*, 10296) by Duncan L. Browne at the University of Cambridge using microfluidic chip technology.

One significant advantage of flow techniques is that they can allow for the generation and use of otherwise unstable species that would be difficult or impossible to handle in batch reactions. Jun-ichi Yoshida at Kyoto University found (*Tetrahedron Lett.* **2012**, *53*, 1397) that *N*-tosylaziridine **22** could be lithiated and reacted with methyl iodide to produce the tricyclic **23**. The flow reactions could be run as high as 0°C while batch reactions required much lower temperatures (−78°C).

Finally, C. Oliver Kappe at the University of Graz in Austria conducted (*J. Org. Chem.* **2012**, *77*, 2463) the flash flow pyrolysis of **24** to produce **25** in a high-temperature, high-flow reactor. The use of flow for reactions traditionally accomplished by flash vacuum pyrolysis should prove to be significantly more scalable.

15. Flow Chemistry

Tristan H. Lambert
September 30, 2013

TIMOTHY F. JAMISON AT MIT developed (*Org. Lett.* **2013**, *15*, 710) a metal-free continuous-flow hydrogenation of alkene **1** using the protected hydroxylamine reagent **2** in the presence of free hydroxylamine. The reduction of nitroindole **4** to the corresponding aniline **5** using *in situ*-generated iron oxide nanocrystals in continuous flow was reported (*Angew. Chem. Int. Ed.* **2012**, *51*, 10190) by C. Oliver Kappe at the University of Graz. A flow method for the MPV reduction of ketone **6** to alcohol **7** was disclosed (*Org. Lett.* **2013**, *15*, 2278) by Steven V. Ley at the University of Cambridge. Corey R.J. Stephenson, now at the University of Michigan, developed (*Chem. Commun.* **2013**, *49*, 4352) a flow deoxygenation of alcohol **8** to yield **9** using visible light photoredox catalysis.

Stephen L. Buchwald at MIT demonstrated (*J. Am. Chem. Soc.* **2012**, *134*, 12466) that arylated acetaldehyde **11** could be generated from aminopyridine **10** by diazonium formation and subsequent Meerwein arylation of ethyl vinyl ether in flow. The team of Takahide Fukuyama and Ilhyong Ryu at Osaka Prefecture University showed (*Org. Lett.* **2013**, *15*, 2794) that *p*-iodoanisole (**12**) could be converted to amide **13** via low-pressure carbonylation using carbon monoxide generated from mixing formic and sulfuric acids.

The continuous-flow Sonogashira coupling of alkyne **14** to produce **15** using a Pd-Cu dual reactor was developed (*Org. Lett.* **2013**, *15*, 65) by Chi-Lik Ken Lee at Singapore Polytechnic. A tandem Sonogashira/cycloisomerization procedure to convert bromopyridine **16** to aminoindolizine **18** in flow was realized (*Adv. Synth. Cat.* **2012**, *354*, 2373) by Keith James at Scripps, La Jolla.

A procedure for the Pauson-Khand reaction of alkene **19** to produce the bicycle **20** in a photochemical microreactor was reported (*Org. Lett.* **2013**, *15*, 2398) by Jun-ichi Yoshida at Kyoto University. Kevin I. Booker-Milburn at the University of Bristol discovered (*Angew. Chem. Int. Ed.* **2013**, *52*, 1499) that irradiation of *N*-butenylpyrrole **21** in flow produced the rearranged tricycle **22**.

Professor Jamison described (*Angew. Chem. Int. Ed.* **2013**, *52*, 4251) a unique peptide coupling involving the photochemical rearrangement of nitrone **23** to the hindered dipeptide **24** in continuous flow. Dong-Pyo Kim at Pohang University of Science and Technology developed (*Angew. Chem. Int. Ed.* **2013**, *52*, 6735) a nanobrush microreactor with immobilized OsO_4 that achieves efficient dihydroxylation of alkene **25** with low loadings of the toxic metal.

Lastly, Professor Buchwald developed (*Angew. Chem. Int. Ed.* **2013**, *52*, 3434) a mild flow method for the cross-coupling of aryl chloride **27** with hydrazine to produce the aryl hydrazine **28**. Subsequent engagement of **28** in a Fischer indole synthesis with ketone **29** under batch conditions furnished the indole **30** in high yield over the two steps.

16. C–H Functionalization: The Ono/Kato/Dairi Synthesis of Fusiocca-1,10(14)-diene-3,8β,16-triol

Douglass F. Taber
March 19, 2012

THEODORE A. BETLEY OF Harvard University devised (*J. Am. Chem. Soc.* **2011**, *133*, 4917) an iron catalyst for inserting the nitrene from **2** into the C–H of **1** to give **3**. Bernhard Breit of the Freiburg Institute for Advanced Studies uncovered (*J. Am. Chem. Soc.* **2011**, *133*, 2386) a Rh catalyst that effected the intriguing hydration of a terminal alkyne **4** to the allylic ester **5**. Yian Shi of Colorado State University specifically oxidized (*Org. Lett.* **2011**, *13*, 1548) one of the two allylic sites of **6** to give **7**. Kálmán J. Szabó of Stockholm University optimized (*J. Org. Chem.* **2011**, *76*, 1503) the allylic oxidation of **9** to **10**, using the inexpensive sodium perborate.

Masayuki Inoue of the University of Tokyo specifically carbamoylated (*Tetrahedron Lett.* **2011**, *52*, 2885) the acetonide **12** to give **14**. Stephen Caddick of University College London added (*Tetrahedron Lett.* **2011**, *52*, 1067) the formyl radical from **15** to **16** to give **17**. Ilhyong Ryu of Osaka Prefecture University and Maurizio Fagnoni of the University of Pavia employed (*Angew. Chem. Int. Ed.* **2011**, *50*, 1869) a related strategy to effect the net transformation of **18** to **20**.

There are many examples of the oxidation of ethers and amines to reactive intermediates that can go on to carbon–carbon bond formation. Ram A. Vishwakarma of the Indian Institute of Integrative Medicine observed (*Chem. Commun.* **2011**, *47*, 5852) that with an iron catalyst, the aryl Grignard **22** smoothly coupled with THF **21** to give **23**. Gong Chen of Pennsylvania State University effected (*Angew. Chem. Int. Ed.* **2011**, *50*, 5192) specific remote C–H arylation of **24**, leading to **26**. Takahiko Akiyama of Gakushuin University established (*J. Am. Chem. Soc.* **2011**, *133*, 2424) conditions for intramolecular hydride abstraction, effecting the conversion of **27** to **28**.

C–H functionalization in nature is often mediated by cytochrome P_{450} oxidation. Zhi Li of the National University of Singapore showed (*Chem. Commun.* **2011**, *47*, 3284) that a particular cytochrome P_{450} selectively oxidized **29** to the alcohol **30**, leaving the chemically more reactive benzylic position intact. Yoshihito Watanabe of Nagoya University (*Angew. Chem. Int. Ed.* **2011**, *50*, 5315) and Manfred T. Reetz of the Max-Planck-Institut Mülheim (*Angew. Chem. Int. Ed.* **2011**, *50*, 2720) independently established that in the presence of long chain perfluoro acids, a P_{450} could be induced to accept a low–molecular-weight hydrocarbon, as illustrated by the oxidation of **31** to **32**.

Harnessing the enzymes of natural product synthesis is an ongoing objective. Yusuke Ono and Tohru Dairi of Hokkaido University and Nobuo Kato of Osaka University found (*J. Am. Chem. Soc.* **2011**, *133*, 2548) that an enzyme derived from the cloned gene cluster of *Alternaria brassicicola* effected the specific oxidation of **33** to fusiocca-1,10(14)-diene-3,8β,16-triol **34**.

Fusiocca-1,10(14)-diene-3,8β,16-triol

17. C–H Functionalization

Douglass F. Taber
September 17, 2012

MASAYUKI INOUE OF the University of Tokyo oxidized (*Tetrahedron Lett.* **2011**, *52*, 4654) the alkyl benzene **1** to the nitrate **2**, which could be carried on to the amide **5**, the nitrile **6**, the alcohol **7**, or the azide **8**.

X. Peter Zhang of the University of South Florida developed (*Chem. Sci.* **2012**, *2*, 2361) a Co catalyst for the cyclization of **7** to **8**. Justin Du Bois of Stanford University reported (*J. Am. Chem. Soc.* **2011**, *133*, 17207) the oxidative cyclization of the sulfamate corresponding to **7** using a Ru catalyst. Seongmin Lee of the University of Texas showed (*Org. Lett.* **2011**, *13*, 4766) that the oxidative cyclization of **9** gave the amine **10** with high diastereoselectivity. Fabrizio Fabris of the Università di Venezia used (*Tetrahedron Lett.* **2011**, *52*, 4478) a Ru catalyst to oxidize **11** to the ketone **12**. Ying-Yeung Yeung of the National University of Singapore found (*Org. Lett.* **2011**, *13*, 4308) that hypervalent iodine was sufficient to oxidize **13** to the ketone **14**.

Huanfeng Jiang of the South China University of Technology methoxycarbonylated (*Chem. Commun.* **2011**, *47*, 12224) **15** under Pd catalysis to give **16**. Professor Inoue found

(*Org. Lett.* **2011**, *13*, 5928) that the oxidative cyanation of **17** proceeded with high diastereoselectivity to give **18**. Mamoru Tobisu and Naoto Chatani of Osaka University activated (*J. Am. Chem. Soc.* **2011**, *133*, 12984) **19** with a Pd catalyst to enable coupling with **20** to give **21**.

Rh-mediated intramolecular insertion is well known to proceed efficiently into secondary and tertiary C–H bonds. A. Srikrishna of the Indian Institute of Science, Bangalore found (*Synlett* **2011**, 2343) that insertion into the methyl C–H of **22** also worked smoothly to deliver **23**.

The macrocyclic oligopeptide valinomycin **24** has nine isopropyl groups. It is remarkable, as observed (*Org. Lett.* **2011**, *13*, 5096) by Cosimo Annese of the Università di Bari and Paul G. Williard of Brown University, that direct oxidation of **24** with methyl(trifluoromethyl)dioxirane in acetone specifically hydroxylated at 8 (45.5%, our numbering), 7 (28.5%), and 6 (26%).

18. C–H Functionalization: The Hatakeyama Synthesis of (−)-Kaitocephalin

Douglass F. Taber
January 28, 2013

JOHN F. HARTWIG OF the University of California, Berkeley showed (*Nature* **2012**, *483*, 70) that intramolecular C–H silylation of **1** selectively gave, after oxidation and acetylation, the bis acetate **2**. Gong Chen of Pennsylvania State University coupled (*J. Am. Chem. Soc.* **2012**, *134*, 7313) **3** with **4** to give the ether **5**. M. Christina White of the University of Illinois effected (*J. Am. Chem. Soc.* **2012**, *134*, 9721) selective oxidation of the taxane derivative **6** to the lactone **7**.

Most of the work on C–H functionalization has focused on the formation of C–C, C–O, and C–N bonds. Donald A. Watson of the University of Delaware developed (*Angew. Chem. Int. Ed.* **2012**, *51*, 3663) conditions for the complementary conversion of an alkene **8** to the allyl silane **9**, a powerful and versatile nucleophile.

Kilian Muniz of ICIQ Tarragona oxidized (*J. Am. Chem. Soc.* **2012**, *134*, 7242) the enyne **10** selectively to the amine **11**. Phil S. Baran of Scripps/La Jolla devised (*J. Am. Chem. Soc.* **2012**, *134*, 2547) a protocol for the OH-directed amination of **12** to **13**. Professor White developed (*J. Am. Chem. Soc.* **2012**, *134*, 2036) a related OH-directed amination of **14** to **15** that proceeded with retention of absolute configuration. Tom G. Driver of the University of Illinois, Chicago showed (*J. Am. Chem. Soc.* **2012**, *134*, 7262) that the aryl azide **16** could be cyclized directly to the amine, which was protected to give **17**.

As illustrated by the conversion of **18** to **20** devised (*Adv. Synth. Catal.* **2012**, *354*, 701) by Martin Klussmann of the Max-Planck-Institut, Mülheim, C–H functionalization can be accomplished by hydride abstraction followed by coupling of the resulting carbocation with a nucleophile. Olafs Daugulis of the University of Houston used (*Angew. Chem. Int. Ed.* **2012**, *51*, 5188) a Pd catalyst to couple **21** with **22** to give **23** with high diastereocontrol. Yoshiji Takemoto of Kyoto University cyclized (*Angew. Chem. Int. Ed.* **2012**, *51*, 2763) the chloroformate **24** directly to the oxindole **25**. Carlos Saá of the Universidad de Santiago de Compostela used (*Angew. Chem. Int. Ed.* **2012**, *51*, 723) a Ru catalyst to add **27** to the alkyne **26**, generating a metallocarbene that cyclized to the cyclopentane **28**.

To be used early in a multistep preparation, a synthesis protocol must be robust and easily scalable. It is a tribute to the power of the C–H amination method developed by Justin Du Bois, exemplified by the cyclization of **29** to **30**, that Susumi Hatakeyama of Nagasaki University was able to use it (*Org. Lett.* **2012**, *14*, 1644) as a key step in a synthesis of (−)-kaitocephalin **31**. This same C–H amination protocol was used again a little later in that synthesis.

19. C–H Functionalization

Douglass F. Taber
September 16, 2013

KONSTANTIN P. BRYLIAKOV OF the Boreskov Institute of Catalysis devised (*Org. Lett.* **2012**, *14*, 4310) a manganese catalyst for the selective tertiary hydroxylation of **1** to give **2**. Note that the electron-withdrawing Br deactivates the alternative methine H. Bhisma K. Patel of the Indian Institute of Technology, Guwahati selectively oxidized (*Org. Lett.* **2012**, *14*, 3982) a benzylic C–H of **3** to give the corresponding benzoate **4**. Dalibor Sames of Columbia University cyclized (*J. Org. Chem.* **2012**, *77*, 6689) **5** to **6** by intramolecular hydride abstraction followed by recombination. Thomas Lectka of Johns Hopkins University showed (*Angew. Chem. Int. Ed.* **2012**, *51*, 10580) that direct C–H fluorination of **7** occurred predominantly at carbons 3 and 5. John T. Groves of Princeton University reported (*Science* **2012**, *337*, 1322) an alternative manganese porphyrin catalyst (not illustrated) for direct fluorination.

C–H functionalization can also be mediated by a proximal functional group. John F. Hartwig of the University of California, Berkeley effected (*J. Am. Chem. Soc.* **2012**, *134*, 12422) Ir-mediated borylation of an ether **9** in the position β to the oxygen to give **10**. Uttam K. Tambar of the UT Southwestern Medical Center devised (*J. Am. Chem. Soc.* **2012**, *134*, 18495) a protocol for the net enantioselective amination of **11** to give **12**.

Conversion of a C–H bond to a C–C bond can be carried out in an intramolecular or an intermolecular sense. Kilian Muñiz of the Catalan Institution for Research and Advanced Studies cyclized (*J. Am. Chem. Soc.* **2012**, *134*, 15505) the terminal alkene **13** directly to the cyclopentene **15**. Olivier Baudoin of Université Claude Bernard Lyon 1 closed (*Angew.*

Chem. Int. Ed. **2012**, *51*, 10399) the pyrrolidine ring of **17** by selective activation of a methyl C–H of **16**. Jeremy A. May of the University of Houston found (*J. Am. Chem. Soc.* **2012**, *134*, 17877) that the Rh carbene derived from **18** inserted into the distal alkyne to give a new Rh carbene **19**, which in turn inserted into a C–H bond adjacent to the ether oxygen to give **20**.

Gui-Rong Qu and Hai-Ming Guo of Henan Normal University oxidized (*Org. Lett.* **2012**, *14*, 5546) **22** in cyclohexane, forming the new carbon–carbon bond of **23**. Irena S. Akhrem of the A. N. Nesmayanov Institute of Organoelement Compounds carbonylated (*Tetrahedron Lett.* **2012**, *53*, 4221) **24** to give the ester **25**. Professor Baudoin developed (*Angew. Chem. Int. Ed.* **2012**, *51*, 10808) a protocol for walking an organopalladium intermediate along a straight chain, leading to the methyl-coupled product **28**. Jin-Quan Yu of Scripps/La Jolla overcame (*J. Am. Chem. Soc.* **2012**, *134*, 18570) the inherent preference for methyl functionalization, converting **29** selectively to **31**.

There has been a great deal of work (see Highlights September 17, 2012) on the functionalization of a C–H bond adjacent to an N. For the most part, such reactions are based on initial oxidation at the nitrogen center. These reactions are now well enough known that they will no longer be covered under this C–H Functionalization topic.

20. Natural Product Synthesis by C–H Functionalization: (±)-Allokainic Acid (Wee), (–)-Cameroonan-7α-ol (Taber), (+)-Lithospermic Acid (Yu), (–)-Manabacanine (Kroutil), Streptorubin B, and Metacycloprodigiosin (Challis)

Douglass F. Taber
January 30, 2012

ANDREW G.H. WEE of the University of Regina showed (*Org. Lett.* **2010**, *12*, 5386) that with the bulky BTMSM group on N and the electron-withdrawing pivaloyloxy group deactivating the alternative C–H insertion site, the diazo ketone **1** cleanly cyclized to **2**, with 21:1 diastereocontrol. Oxidative cleavage of the arene followed by amide reduction and methylenation of the ketone converted **2** into (±)-allokainic acid **3**. Intermolecular C–H insertion was the key step in a complementary route to (±)-kainic acid reported (*Org. Lett.* **2011**, *13*, 2674) by Takehiko Yoshimitsu of Osaka University.

Rh-mediated intramolecular C–H insertion was also the first step in our (*J. Org. Chem.* **2011**, *76*, 1874) synthesis of (–)-cameroonan-7α-ol **6**. In the course of that synthesis, seven of the C–H bonds of **4** were converted to C–C bonds.

Jin-Quan Yu of Scripps/La Jolla oxidatively activated (*J. Am. Chem. Soc.* **2011**, *133*, 5767) the ortho H of **8** with catalytic Pd, then engaged that intermediate with **7** in a Heck coupling, to give **9**, and thus (+)-lithospermic acid **10**. The starting acid **8** was prepared by enantioselective Rh-mediated intramolecular C–H insertion.

Wolfgang Kroutil of the University of Graz found (*Angew. Chem. Int. Ed.* **2011**, *50*, 1068) that berberine bridging enzyme (BBE) from the California poppy could be used preparatively to cyclize a variety of tetrahydroisoquinolines, including **11** to give (−)-manibacanine **13**. Although this is clearly a Mannich-type cyclization, a simple Mannich reaction gave a 40:60 mixture of regioisomers, each of them racemic. The enzyme effected cyclization to a 96:4 ratio of regioisomers, and only one enantiomer of **11** participated.

Gregory L. Challis of the University of Warwick harnessed (*Nature Chem.* **2011**, *3*, 388) the [2Fe-2S] Rieske cluster enzyme RedG of *Streptomyces coelicolor* to effect oxidative cyclization of **14** to streptorubin B **15**. An ortholog of the enzyme cyclized **14** to metacycloprodigiosin **16**. It is interesting to speculate as to whether the cyclizations are initiated by the activation of an H on the alkyl sidechain or by oxidation of the pyrrole.

21. Natural Product Synthesis by C–H Functionalization: (–)-Zampanolide (Ghosh), Muraymycin D2 (Ichikawa), (+)-Sundiversifolide (Iwabuchi), (+)-Przewalskin B (Zhang/Tu), Artemisinin (Wu)

Douglass F. Taber
June 11, 2012

ARUN K. GHOSH OF Purdue University exposed (*Org. Lett.* 2011, *13*, 4108) the ether 1 to DDQ. Hydride abstraction initiated nucleophilic addition of the allyl silane, which proceeded with high diastereocontrol to deliver 2, a key intermediate in the synthesis of (+)-zampanolide 3.

Satoshi Ichikawa, after surveying (*Org. Lett.* **2011**, *13*, 4028) several N-protecting groups, settled on the phthalimide 4 as the best for directing the Du Bois oxidative cyclization. The sulfamate 5 was carried forward to a key component for the assembly of muraymycin D2 6.

Yoshiharu Iwabuchi of Tohoku University found (*Org. Lett.* **2011**, *13*, 3620) that the silyl diazo ester 7 cyclized with high regiocontrol, inserting with retention of absolute configuration into the H adjacent to the ether oxygen. The insertion also proceeded with high diastereocontrol, to deliver an intermediate silyl lactone that was suitably arrayed for the subsequent Peterson elimination to give 8, a key intermediate for the synthesis of (+)-sundiversifolide 9.

Fu-Ming Zhang and Yong-Qiang Tu of Lanzhou University prepared (*J. Org. Chem.* **2011**, *76*, 6918) the α-diazo β-keto ester **10**. Rh-catalyzed intramolecular C–H insertion, again with retention of absolute configuration, gave an intermediate that on deprotection cyclized to the lactone **11**, only a few steps removed from (+)-przewalskin B **12**.

Yikang Wu of the Shanghai Institute of Organic Chemistry devised (*Org. Lett.* **2011**, *13*, 4212) a novel preparation for cyclic peroxides such as **13**. Gentle oxidation of **13** led to **14**, which was further oxidized to artemisinin **15**. Also known as qinghaosu, **15** is the key active component of current antimalarials.

22. Carbon–Carbon Bond Formation: The Bergman Synthesis of (+)-Fuligocandin B

Douglass F. Taber
March 12, 2012

XILE HU OF the Ecole Polytechnique Fédérale de Lausanne optimized (*J. Am. Chem. Soc.* **2011**, *133*, 7084) a Ni catalyst for the coupling of a Grignard reagent **2** with a secondary alkyl halide **1**. Duk Keun An of Kangwon National University devised (*Tetrahedron Lett.* **2011**, *52*, 1718; *Chem. Commun.* **2011**, *47*, 3281) a strategy for the reductive coupling of an ester **4** with a Grignard reagent **2** to give the secondary alcohol. Daniel J. Weix of the University of Rochester added (*Org. Lett.* **2011**, *13*, 2766) the halide **7** in a conjugate sense to the bromoenone **6**, setting the stage for further organometallic coupling. James Y. Becker of the Ben-Gurion University of the Negev effected (*J. Org. Chem.* **2011**, *76*, 4710) Kolbe coupling of the silyl acid **9** to give the decarboxylated dimer **10**.

Shi-Kai Tian of USTC Hefei showed (*Chem. Commun.* **2011**, *47*, 2158) that depending on the sulfonyl group used, the coupling of **11** with **12** could be directed cleanly toward either the *Z* or the *E* product. Yoichiro Kuninobu and Kazuhiko Takai of Okayama University added (*Org. Lett.* **2011**, *13*, 2959) the sulfonyl ketone **14** to the alkyne **13** to form the trisubstituted alkene **15**. Jianbo Wang of Peking University assembled (*Angew. Chem. Int. Ed.* **2011**, *50*, 3510) the trisubstituted alkene **18** by adding the diazo ester **16** to the alkyne **17**. Gangguo Zhu of Zhejiang Normal University constructed (*J. Org. Chem.* **2011**, *76*, 4071) the versatile tetrasubstituted alkene **21** by adding the chloroalkyne **19** to acrolein **20**. Other more substituted acceptors worked as well.

Chunxiang Kuang of Tongji University and Qing Yang of Fudan University effected (*Tetrahedron Lett.* **2011**, *52*, 992) elimination of **22** to **23** by stirring with Cs_2CO_3 at 115°C in DMSO overnight. Toshiaki Murai of Gifu University created (*Chem. Lett.* **2011**, *40*, 70) a propargyl anion by condensing **24** with **25** then adding **26**.

Xiaodong Shi of West Virginia University found (*Org. Lett.* **2011**, *13*, 2618) that the enantiomerically enriched propargyl ether **29** could be rearranged to the trisubstituted allene **30** with retention of the ee and with high de. Tsuyoshi Satoh of the Tokyo University of Science prepared (*Tetrahedron Lett.* **2011**, *52*, 3016) the trisubstituted allene **33** by the reduction of **31**, itself readily available by the addition of a high ee dichlorosulfoxide to the unsaturated ester.

Jan Bergman of the Karolinska Institute observed (*J. Org. Chem.* **2011**, *76*, 1554) that condensation of **34** with **35** led directly to **36** by episulfide formation and extrusion. The vinylogous amide **36** was readily epimerized with base, but could be deprotected using the Fukuyama protocol with maintenance of enantiomeric excess.

23. Carbon–Carbon Bond Formation: The Petrov Synthesis of Combretastatin A-4

Douglass F. Taber
June 18, 2012

JANINE COSSY OF ESPCI Paris (*Org. Lett.* **2011**, *13*, 4084) and Yasushi Obora of Kansai University (*Chem. Lett.* **2011**, *40*, 1055) independently developed conditions for the "borrowed hydrogen" condensation of acetonitrile with an alcohol **1** to give the nitrile **2**. Akio Baba of Osaka University showed (*Angew. Chem. Int. Ed.* **2011**, *50*, 8623) that a ketene silyl acetal **4** could be condensed with a carboxylic acid **3** to give the β-keto ester **5**. Timothy W. Funk of Gettysburg College found (*Tetrahedron Lett.* **2010**, *51*, 6726) that the cyclopropanol **6**, readily prepared by Kulinkovich condensation of an alkene with an ester, opened with high regioselectivity to give the branched ketone **7**. In an elegant application of C–H functionalization, Yong Hae Kim of KAIST and Kieseung Lee of Woosuk University added (*Tetrahedron Lett.* **2011**, *52*, 4662) the acetal **9** in a conjugate sense to **8** to give **10**.

Hitoshi Kuniyasu and Nobuaki Kambe of Osaka University devised (*Tetrahedron Lett.* **2010**, *51*, 6818) conditions for the Pd-catalyzed carbonylation of a silyl alkyne **11** to the ester **12** with high geometric control. Dennis G. Hall of the University of Alberta also observed (*Chem. Sci.* **2011**, *2*, 1305) good geometric control in the rearrangement of the vinyl carbinol **13** to the alcohol **14**. Takashi Tomioka of the University of Mississippi condensed (*J. Org. Chem.* **2011**, *76*, 8053) the anion **16**, prepared *in situ* from lithio acetonitrile and 1-iodobutane, with the aldehyde **15** to give a nitrile, which was carried onto the aldehyde **17**, again with good control of geometry. Bruce H. Lipshutz of the University of California, Santa Barbara established (*Org. Lett.* **2011**, *13*, 3818) conditions for the Negishi coupling of an alkenyl halide **18** to give **20** with retention of alkene geometry.

Daesung Lee of the University of Illinois, Chicago found (*J. Am. Chem. Soc.* **2011**, *133*, 12964) that a Pt catalyst rearranged a silyl cyclopropene **21** to the allene **22**. Jan Deska of the Universität zu Köln prepared (*Angew. Chem. Int. Ed.* **2011**, *50*, 9731) the enantiomerically enriched allene **25** by lipase-mediated esterification of the prochiral **23**.

Masaharu Nakamura of Kyoyo University described (*Angew. Chem. Int. Ed.* **2011**, *50*, 10973) an iron catalyst for the coupling of a halide **26** with **27** to give the alkyne **28**. Xile Hu of the Ecole Polytechnique Fédérale de Lausanne reported (*Angew. Chem. Int. Ed.* **2011**, *50*, 11777) similar results with a nickel catalyst. Mustafa Eskici of Celal Bayar University showed (*Tetrahedron Lett.* **2011**, *52*, 6336) that a secondary cyclic sulfamidate **29** could be opened with an acetylide **30** to give **31**.

Colvin, Ernest W showed (*J. Chem. Soc., Perkin Trans. 1* **1977**, 869) that ketones could be converted to alkynes by exposure to lithio trimethylsilyldiazomethane **33**. Ognyan I. Petrov of the University of Sofia used (*Synthesis* **2011**, 3711) this transformation to good effect, converting **32** into **34** en route to combretastatin A-4 **35**.

24. Carbon–Carbon Bond Construction: The Baran Synthesis of (+)-Chromazonarol

Douglass F. Taber
March 11, 2013

DANIEL J. WEIX OF the University of Rochester effected (*Org. Lett.* 2012, *14*, 1476) the *in situ* reductive coupling of an alkyl halide **2** with an acid chloride **1** to deliver the ketone **3**. André B. Charette of the Université de Montréal (not illustrated) developed (*Nature Chem.* 2012, *4*, 228) an alternative route to ketones by the coupling of an organometallic with an *in situ*-activated secondary amide. Mahbub Alam and Christopher Wise of the Merck, Sharpe and Dohme UK chemical process group optimized (*Org. Process Res. Dev.* 2012, *16*, 453) the opening of an epoxide **4** with a Grignard reagent **5**. Ling Song of the Fujian Institute of Research on the Structure of Matter optimized (*J. Org. Chem.* 2012, *77*, 4645) conditions for the 1,2-addition of a Grignard reagent (not illustrated) to a readily enolizable ketone.

Wei-Wei Liao of Jilin University conceived (*Org. Lett.* 2012, *14*, 2354) of an elegant assembly of highly functionalized quaternary centers, as illustrated by the conversion of **7** to **8**. Antonio Rosales of the University of Granada and Ignacio Rodríguez-García of the University of Almería prepared (*J. Org. Chem.* 2012, *77*, 4171) free radicals by reduction of an ozonide **9** in the presence of catalytic titanocene dichloride. In the absence of the acceptor **10**, the dimer of the radical was obtained, presenting a simple alternative to the classic Kolbe coupling.

Marc L. Snapper of Boston College found (*Eur. J. Org. Chem.* 2012, 2308) that the difficult ketone **12** could be methylenated following a modified Peterson protocol. Yoshito Kishi of Harvard University optimized (*Org. Lett.* 2012, *14*, 86) the coupling of **15** with **16** to give **17**. Masaharu Nakamura of Kyoto University devised (*J. Org. Chem.* 2012, *77*, 1168) an iron catalyst for the coupling of **18** with **19**.

The specific preparation of trisubsituted alkenes is an ongoing challenge. Quanri Wang of Fudan University and Andreas Goeke of Givaudan Shanghai fragmented (*Angew. Chem. Int. Ed.* **2012**, *51*, 5647) the ketone **21** by exposure to **22** to give the macrolide **23** with high stereocontrol.

Fernando López of CSIC Madrid and José L. Mascareñas of the Universidad Santiago de Compostela developed (*Org. Lett.* **2012**, *14*, 2996) a Pd catalyst for the conjugate addition of an alkyne **25** to an enone **24**. Yong-Min Liang of Lanzhou University constructed (*Angew. Chem. Int. Ed.* **2012**, *51*, 1370) the highly functionalized quaternary center of **29** by combining the diazo ester **28** with the ester **27**. Mariappan Pariasamy of the University of Hyderabad effected (*Org. Lett.* **2012**, *14*, 2932) enantioselective assembly of the allene **33** by combining **30** and **31** in the presence of the recyclable chiral auxiliary **32**. Gojko Lalic of the University of Washington prepared (*Org. Lett.* **2012**, *14*, 362) the trisubstituted allene **36** by coupling **34** with **35**.

Phil S. Baran of Scripps La Jolla prepared (*J. Am. Chem. Soc.* **2012**, *134*, 8432) the crystalline borane **38** by hydroboration of **37**. Coupling with benzoquinone delivered the meroterpenoid (+)-chromazonarol **39**.

25. Carbon–Carbon Bond Construction

Douglass F. Taber
July 29, 2013

CARLO SICILIANO AND Angelo Liguori of the Università della Calabria showed (*J. Org. Chem.* **2012**, *77*, 10575) that an amino acid **1** could be both protected and activated with Fmoc-Cl, so subsequent exposure to diazomethane delivered the Fmoc-protected diazo ketone **2**. Pei-Qiang Huang of Xiamen University activated (*Angew. Chem. Int. Ed.* **2012**, *51*, 8314) a secondary amide **3** with triflic anhydride, then added an alkyl Grignard reagent with CeCl$_3$ to give an intermediate that was reduced to the amine **4**. John C. Walton of the University of St. Andrews found (*J. Am. Chem. Soc.* **2012**, *134*, 13580) that under irradiation, titania could effect the decarboxylation of an acid **5** to give the dimer **6**. Jin Kun Cha of Wayne State University demonstrated (*Angew. Chem. Int. Ed.* **2012**, *51*, 9517) that a zinc homoenolate derived from **7** could be transmetalated, then coupled with an electrophile to give the alkylated product **8**.

The Ramberg-Bäcklund reaction is an underdeveloped method for the construction of alkenes. Adrian L. Schwan of the University of Guelph showed (*J. Org. Chem.* **2012**, *77*, 10978) that **10** is a particularly effective brominating agent for this transformation. Daniel J. Weix of the University of Rochester coupled (*J. Org. Chem.* **2012**, *77*, 9989) the bromide **12** with the allylic carbonate **13** to give **14**. The Julia-Kocienski coupling, illustrated by the addition of the anion of **16** to the aldehyde **15**, has become a workhorse of organic synthesis. In general, this reaction is E selective. Jiří Pospíšil of the University Catholique de Louvain demonstrated (*J. Org. Chem.* **2012**, *77*, 6358) that inclusion of a K^+-sequestering agent switched the selectivity to Z. Yoichiro Kuninobu, now at the University of Tokyo, and Kazuhiko Takai of Okayama University constructed (*Org. Lett.* **2012**, *14*, 6116) the tetrasubstituted alkene **20** with high geometric control by the Re-catalyzed addition of **19** to the alkyne **18**.

André B. Charette of the Université de Montréal converted (*Org. Lett.* **2012**, *14*, 5464) the allylic halide **21** to the alkyne **22** by displacement with iodoform followed by elimination. In an elegant extension of his studies with alkyl tosylhydrazones, Jianbo Wang of Peking University added (*J. Am. Chem. Soc.* **2012**, *134*, 5742) an alkyne **24** to **23** to give **25**. This transformation may be proceeding by way of the diazo alkane. Xiaomin Cheng of Anhui University and Chaozhong Li of the Shanghai Institute of Organic Chemistry established (*J. Am. Chem. Soc.* **2012**, *134*, 14330) a complementary procedure, the decarboxylative coupling of an acid **26** with the reagent **27** to give the alkyne **25**. For each of these protocols, it will be interesting to understand the diastereomeric preference in stereochemically defined systems. Matthias Tamm of the Technische Universität Braunschweig developed (*Angew. Chem. Int. Ed.* **2012**, *51*, 13019) a Mo metathesis catalyst that works with *terminal* alkynes such as **28**.

Alexandre Alexakis of the University of Geneva coupled (*Org. Lett.* **2012**, *14*, 5880) a Grignard reagent **31** with the dichloride **30** to give the allene **32** in high ee. Regan J. Thomson of Northwestern University prepared (*J. Am. Chem. Soc.* **2012**, *134*, 5782) the aldehyde **33** by exposure of the acyclic dialdehyde to catalytic proline. Addition of **34** to the derived sulfonylhydrazone led, by way of the monoalkyl diazene, to the allene **35** with remarkable diastereocontrol.

26. Reactions Involving Carbon–Carbon Bond Cleavage

Tristan H. Lambert
September 23, 2013

ALTHOUGH THEY HAVE historically played a relatively lesser role in organic synthesis, the appearance of a number of interesting methods that utilize C–C bond cleavage has prompted coverage in this chapter.

Christopher W. Bielawski at the University of Texas at Austin found (*Chem. Sci.* **2012**, *3*, 2986) that the diamidocarbene **1** inserted into the C(O)–C(O) bond of dione **2** to produce **3** at room temperature. The use of oxalate monoester **5** for the decarboxylative cross-coupling with pyridine **4** to produce **6** was reported (*Tetrahedron Lett.* **2012**, *53*, 5796) by Yi-Si Feng at Hefei University of Technology. The team of Junichiro Yamaguchi and Kenichiro Itami at Nagoya University developed (*J. Am. Chem. Soc.* **2012**, *134*, 13573) a decarbonylative C–H coupling method that allowed for the merger of oxazoles **7** and **8** to form **9**, an intermediate on the way to muscoride A. The decarboxylative alkenylation of alcohols, such as in the conversion of **10** and *n*-propanol to alcohol **11**, was reported (*Chem. Sci.* **2012**, *3*, 2853) by Zhong-Quan Liu at Lanzhou University.

Guangbin Dong at the University of Texas at Austin reported (*J. Am. Chem. Soc.* **2013**, *134*, 20005) a rhodium-catalyzed C–C bond activation strategy for the enantioselective conversion of benzocyclobutenone **12** to tricycle **13**. Rhodium catalysis was also employed (*J. Am. Chem. Soc.* **2012**, *134*, 17502) by Masahiro Murakami at Kyoto University in the ring expansion of benzocyclobutenol **14** to form **15**, the regioselectivity of which is opposite to that of the thermal reaction.

The tandem semipinacol-type migration/aldol reaction of cyclohexenone **16** to produce **17** was developed (*Org. Lett.* **2012**, *14*, 5114) by Yong-Qiang Tu and Fu-Min Zhang at Lanzhou University. A procedure for the synthesis of complex cyclopentenone **19** by the addition of vinyl Grignard to cyclobutanedione **18** was reported (*J. Org. Chem.* **2012**, *77*, 6327) by Teresa Varea at the University of Valencia in Spain.

Michael A. Kerr at the University of Western Ontario found (*J. Org. Chem.* **2012**, *77*, 6634) that treatment of cyclopropane hemimalonate **20** with azide led to the formation of **21**, which can be readily reduced to the corresponding γ-aminobutyric ester. So Won Youn at Hanyang University in Korea reported (*J. Am. Chem. Soc.* **2012**, *134*, 11308) the catalytic conversion of ketoester **22** to **23**, involving an unusual C–C bond cleavage.

The aza-Henry product **26** was produced from **24** by way of a visible light-induced, photocatalytic C–C bond cleavage of **25**, as reported (*Angew. Chem. Int. Ed.* **2012**, *51*, 8050) by Zigang Li and Zhigang Wang at Peking University. Dietmar A. Plattner at the University of Freiburg found (*Org. Lett.* **2012**, *14*, 5078) that iodosylbenzene effected the cleavage of phenylacetaldehyde (**27**) to benzaldehyde (**28**).

Fragmentation reactions have long proven useful for the construction of complex architectures. Xiaojiang Hao at the Chinese Academy of Sciences and David Zhigang Wang at Peking University utilized (*J. Org. Chem.* **2012**, *77*, 6307) a Grob fragmentation strategy in the conversion of cyclobutane **29** to tricycle **30**. Four additional steps converted **30** to **31**, which represents the tetracyclic core of the calyciphylline alkaloids.

Finally, John L. Wood at Colorado State University reported (*Org. Lett.* **2012**, *14*, 4544) that, following a selective reduction of **32**, the isotwistane **33** could be subjected to a Wharton fragmentation to produce **34**, the core fragment of the phomoidrides.

27. Reactions of Alkenes: The RajanBabu Synthesis of Pseudopterosin G-J Aglycone Dimethyl Ether

Douglass F. Taber
March 26, 2012

XIANGGE ZHOU OF Sichuan University showed (*Tetrahedron Lett.* **2011**, *52*, 318) that even the monosubstituted alkene **1** was smoothly converted to the methyl ether **2** by catalytic FeCl$_3$. Brian C. Goess of Furman University protected (*J. Org. Chem.* **2011**, *76*, 4132) the more reactive alkene of **3** as the 9-BBN adduct, allowing selective reduction of the less reactive alkene to give, after reoxidation, the monoreduced **4**. Nobukazu Taniguchi of the Fukushima Medical University added (*Synlett* **2011**, 1308) Na *p*-toluenesulfinate oxidatively to **1** to give the sulfone **5**. Krishnacharya G. Akamanchi of the Indian Institute of Chemical Technology, Mumbai oxidized (*Synlett* **2011**, 81) **1** directly to the bromo ketone **6**.

Osmium is used catalytically both to effect dihydroxylation, to prepare **8**, and to mediate oxidative cleavage, as in the conversion of **7** to the dialdehyde **9**. Ken-ichi Fujita of AIST Tsukuba devised (*Tetrahedron Lett.* **2011**, *52*, 3137) magnetically retrievable osmium nanoparticles that can be reused repeatedly for the dihydroxylation. B. Moon Kim of Seoul National University established (*Tetrahedron Lett.* **2011**, *52*, 1363) an extraction scheme that allowed the catalytic Os to be reused repeatedly for the oxidative cleavage.

Maurizio Taddei of the Università di Siena showed (*Synlett* **2011**, 199) that aqueous formaldehyde could be used in place of Co/H$_2$ (syngas) for the formylation of **1** to **10**. Hirohisa Ohmiya and Masaya Sawamura of Hokkaido University prepared (*Org. Lett.* **2011**, *13*, 1086) carboxylic acids (not illustrated) from alkenes using CO$_2$. Joseph M. Ready of the University of Texas Southwestern Medical Center selectively arylated (*Angew. Chem. Int. Ed.* **2011**, *50*, 2111) the homoallylic alcohol **11** to give **12**.

Many reactions of alkenes are initiated by hydroboration, then conversion of the resulting alkyl borane. Hiroyuki Kusama of the Tokyo Institute of Technology photolyzed (*J. Am. Chem. Soc.* **2011**, *133*, 3716) **14** with **13** to give the ketone **15**. William G. Ogilvie of the University of Ottawa added (*Synlett* **2011**, 1113) the 9-BBN adduct from **1** to **16** to give **17**. Professors Ohmiya and Sawamura effected (*Org. Lett.* **2011**, *13*, 482) a similar conjugate addition, not illustrated, of 9-BBN adducts to α,β-unsaturated acyl imidazoles.

Melanie S. Sanford of the University of Michigan used (*Org. Lett.* **2011**, *13*, 1076) Pd catalysis to oxidize **18** to the arylated acetate **20**. Ilhyong Ryu of Osaka Prefecture University also used (*Org. Lett.* **2011**, *13*, 2114) Pd catalysis to effect the branching homologation of **1** to the diester **22**.

T.V. RajanBabu of the Ohio State University set (*J. Am. Chem. Soc.* **2011**, *133*, 5776) the stereogenic center of **24** by asymmetric hydrovinylation of **23** using ethylene. Two more of the four stereogenic centers were set by asymmetric hydrovinylation in the course of the synthesis of pseudopterosin G-J aglycone dimethyl ether **25**.

Pseudopterosin G-J Aglycone Me Ether

28. Reactions of Alkenes

Douglass F. Taber
September 10, 2012

FUNG-E HONG OF the National Chung Hsing University devised (*Adv. Synth. Catal.* **2011**, *353*, 1491) a protocol for the oxidative cleavage of an alkene **1** (or an alkyne) to the carboxylic acid **2**. Patrick H. Dussault of the University of Nebraska found (*Synthesis* **2011**, 3475) that Na triacetoxyborohydride reduced the methoxy hydroperoxide from the ozonolysis of **3** to the aldehyde **4**. Reductive amination of **4** can be effected in the same pot with the same reagent.

Philippe Renaud of the University of Bern used (*J. Am. Chem. Soc.* **2011**, *133*, 5913) air to promote the free radical reduction to **6** of the intermediate from the hydroboration of **5**. Robert H. Grubbs of Caltech showed (*Org. Lett.* **2011**, *13*, 6429) that the phosphonium tetrafluoroborate **8** prepared by hydrophosphonation of **7** could be used directly in a subsequent Wittig reaction.

Dominique Agustin of the Université de Toulouse epoxidized (*Adv. Synth. Catal.* **2011**, *353*, 2910) the alkene **9** to **10** without solvent other than the commercial aqueous *t*-butyl hydroperoxide. Justin M. Notestein of Northwestern University effected (*J. Am. Chem. Soc.* **2011**, *133*, 18684) cis dihydroxylation of **9** to **11** using 30% aqueous hydrogen peroxide.

Chi-Ming Che of the University of Hong Kong devised (*Chem. Commun.* **2011**, *47*, 10963) a protocol for the anti-Markownikov oxidation of an alkene **12** to the aldehyde **13**. Aziridines such as **14** are readily prepared from alkenes. Jeremy B. Morgan of the

University of North Carolina Wilmington uncovered (*Org. Lett.* **2011**, *13*, 5444) a catalyst that rearranged **14** to the protected amino alcohol **15**.

A monosubstituted alkene **16** is particularly reactive both with free radicals and with coordinately unsaturated metal centers. A variety of transformations of monosubstituted alkenes have been reported. Nobuharu Iwasawa of the Tokyo Institute of Technology employed (*J. Am. Chem. Soc.* **2011**, *133*, 12980) a Pd pincer complex to catalyze the oxidative monoborylation of **16** to give **17**. The 1,1-bis boryl derivatives could also be prepared. Professor Renaud effected (*J. Am. Chem. Soc.* **2011**, *133*, 13890) radical addition to **16** leading to the terminal azide **18**. Pei Nian Liu of the East China University of Science and Technology showed (*Tetrahedron Lett.* **2011**, *52*, 6113) that triflic acid on silica gel promoted the Markownikov amination of **16** to give **19**.

Jean-Luc Vasse and Jan Szymoniak of the Université de Reims reported (*Org. Lett.* **2011**, *13*, 6292) a Zr-based protocol for the net hydroacylation of **16** with an acid chloride, leading to **20**. Erik J. Alexanian of the University of North Carolina showed (*J. Am. Chem. Soc.* **2011**, *133*, 20146) that a secondary alkyl iodide could participate in Pd-mediated Heck coupling with **16** to give **21**. Timothy F. Jamison of MIT observed (*J. Am. Chem. Soc.* **2011**, *133*, 19020) the complementary regioselectivity in the Ni-mediated addition of benzylic chlorides to **16**, leading to **22**. Professor Jamison also effected (*Org. Lett.* **2011**, *13*, 6414) the Ru-mediated addition of a silyl alkyne to **16** to give **23**. Professor Renaud developed (*Adv. Synth. Catal.* **2011**, *353*, 3467) a free radical strategy for converting **16** to **24**. Koji Yonehara of the Nippon Shokubai Co. carried (*Adv. Synth. Catal.* **2011**, *353*, 1071) **16** on to the α-methylene lactone **25**, and Dmitry A. Astashko of Belarusian State University converted (*Tetrahedron Lett.* **2011**, *52*, 4792) **16** to the dihydropyrone **26**.

29. Reactions of Alkenes

Tristan H. Lambert
March 18, 2013

PAUL J. CHIRIK AT Princeton University reported (*Science* **2012**, *335*, 567) an iron catalyst that hydrosilylates alkenes with anti-Markovnikov selectivity, as in the conversion of **1** to **2**. A regioselective hydrocarbamoylation of terminal alkenes was developed (*Chem. Lett.* **2012**, *41*, 298) by Yoshiaki Nakao at Kyoto University and Tamejiro Hiyama at Chuo University, which allowed for the chemoselective conversion of diene **3** to amide **4**. Gojko Lalic at the University of Washington reported (*J. Am. Chem. Soc.* **2012**, *134*, 6571) the conversion of terminal alkenes to tertiary amines, such as **5** to **6**, with anti-Markovnikov selectivity by a sequence of hydroboration and copper-catalyzed amination. Related products such as **8** were prepared (*Org. Lett.* **2012**, *14*, 102) by Wenjun Wu at Northwest A&F University and Xumu Zhang at Rutgers via an isomerization-hydroaminomethylation of internal olefin **7**.

Seunghoon Shin at Hanyang University (experimental work) and Zhi-Xiang Yu at Peking University (computational work) reported (*J. Am. Chem. Soc.* **2012**, *134*, 208) that **9** could be directly converted to bicyclic lactone **11** with propiolic acid **10** using gold catalysis. A nickel/Lewis acid multicatalytic system was found (*Angew. Chem. Int. Ed.* **2012**, *51*, 5679) by the team of Professors Nakao and Hiyama to effect the addition of pyridones to alkenes, such as in the conversion of **12** to **13**.

Radical-based functionalization of alkenes using photoredox catalysis was developed (*J. Am. Chem. Soc.* **2012**, *134*, 8875) by Corey R.J. Stephenson at Boston University, an example of which was the addition of bromodiethyl malonate across alkene **14** to furnish **15**. Samir Z. Zard at Ecole Polytechnique reported (*Org. Lett.* **2012**, *14*, 1020) that the reaction of xanthate **17** with terminal alkene **16** led to the product **18**. The radical-based addition of nucleophiles including azide to alkenes with Markovnikov selectivity (cf. **19** to **20**) was reported (*Org. Lett.* **2012**, *14*, 1428) by Dale L. Boger at Scripps La Jolla using an Fe(III)/NaBH$_4$-based system.

A remarkably efficient and selective catalyst **22** was found (*J. Am. Chem. Soc.* **2012**, *134*, 10357) by Douglas B. Grotjahn at San Diego State University for the single position isomerization of alkenes, which effected the transformation of **21** to **23** in only half an hour.

A highly efficient alkene hydrogenation catalyst Silia*Cat* Pd⁰, which consists of ultrasmall Pd(0) nanocrystallites in an organoceramic matrix, was shown (*Org. Proccess: Res. Dev.* **2012**, *16*, 1230) by François Béland at SiliCycle and Mario Pagliaro at the Institute of Nanostructured Materials in Italy. This catalyst effected the quantitative hydrogenation of **24** with 0.1 mol% catalyst loading in only 2 h.

Ozonolysis of alkenes typically requires the destruction of ozonide intermediates by reductants such as triphenylphosphine or dimethylsulfide under procedures that require many hours. Patrick H. Dussault at the University of Nebraska at Lincoln showed that pyridine catalyzed this process resulting in, for example, the production of **27** from **26** in 2–3 min without any additional reductive workup.

The generation of Grignard reagents with complex substrates is very challenging, a fact that has limited the use of organomagnesium compounds in late-stage synthetic operations. Bernhard Breit from the University of Freiburg found (*Angew. Chem. Int. Ed.* **2012**, *51*, 5730) that alkylmagnesium reagents can be readily obtained from alkenes by hydroboration followed by boron-magnesium exchange using a geminal dimagnesium reagent such as **30**. One demonstration of the utility of this approach was provided by the conversion of styrene **28** to the Grignard **31**, which was then coupled with **32** to produce alkene **33** with 93% ee.

30. Synthesis and Reactions of Alkenes

Tristan H. Lambert
September 9, 2013

CHRISTINE L. WILLIS AND Varinder K. Aggarwal at the University of Bristol have developed (*Angew. Chem. Int. Ed.* **2012**, *51*, 12444) a procedure for the diastereodivergent synthesis of trisubstituted alkenes via the protodeboronation of allylic boronates, such as in the conversion of **1** to either **2** or **3**. An alternative approach to the stereoselective synthesis of trisubstituted alkenes involving the reduction of the allylic C–O bond of cyclic allylic ethers (e.g., **4** to **5**) was reported (*Chem. Commun.* **2012**, *48*, 7844) by Jon T. Njardarson at the University of Arizona.

A novel synthesis of allylamines was developed (*J. Am. Chem. Soc.* **2012**, *134*, 20613) by Hanmin Huang at the Chinese Academy of Sciences with the Pd(II)-catalyzed vinylation of styrenes with aminals (e.g. **6** + **7** to **8**). Eun Jin Cho at Hanyang University showed (*J. Org. Chem.* **2012**, *77*, 11383) that alkenes such as **9** could be trifluoromethylated with iodotrifluoromethane under visible light photoredox catalysis.

David A. Nicewicz at the University of North Carolina at Chapel Hill developed (*J. Am. Chem. Soc.* **2012**, *134*, 18577) a photoredox procedure for the anti-Markovnikov hydroetherification of alkenols such as **11**, using the acridinium salt **12** in the presence of phenylmalononitrile (**13**). A unique example of "catalysis through temporary intramolecularity" was reported (*J. Am. Chem. Soc.* **2012**, *134*, 16571) by André M. Beauchemin at the University of Ottawa with the formaldehyde-catalyzed Cope-type hydroamination of allyl amine **15** to produce the diamine **16**.

A free radical hydrofluorination of unactivated alkenes, including those bearing complex functionality such as **17**, was developed (*J. Am. Chem. Soc.* **2012**, *134*, 13588) by Dale

L. Boger at Scripps, La Jolla. Jennifer M. Schomaker at the University of Wisconsin at Madison reported (*J. Am. Chem. Soc.* **2012**, *134*, 16131) the copper-catalyzed conversion of bromostyrene **19** to **20** in what was termed an activating group recycling strategy.

A rhodium complex **23** that incorporates a new chiral cyclopentadienyl ligand was developed (*Science* **2012**, *338*, 504) by Nicolai Cramer at the Swiss Federal Institute of Technology in Lausanne and was shown to promote the enantioselective merger of hydroxamic acid derivative **21** and styrene **22** to produce **24**. Vy M. Dong at the University of California, Irvine reported (*J. Am. Chem. Soc.* **2012**, *134*, 15022) a catalyst system that allowed for the hydroacylation of unactivated alkenes such as **26** with salicaldehyde **25** with high linear to branched selectivities.

F. Dean Toste at the University of California-Berkeley found (*Angew. Chem. Int. Ed.* **2012**, *51*, 8082) that an oxorhenium compound was a superior catalyst for the deoxygenation of polyols to form alkenes, such as with the conversion of D-sorbitol (**28**) to 1,3,5-hexatriene (**29**). Our group reported (*J. Am. Chem. Soc.* **2012**, *134*, 18581) the organocatalytic ring-opening carbonyl-olefin metathesis of cyclopropene **31** with benzaldehyde (**30**) to produce enal **33**, using the simple bicyclic hydrazine catalyst **32**.

Lastly, the synthesis of the longest conjugated polyene **36** yet prepared was reported (*Org. Lett.* **2012**, *14*, 5496) by Hans-Richard Sliwka at the Norwegian University of Science and Technology and Ana Martínez at the National Autonomous University of Mexico by way of a microwave-assisted double Wittig reaction of dialdehyde **35** and phosphonium salt **34**.

31. Advances in Alkene Metathesis: The Kobayashi Synthesis of (+)-TMC-151C

Douglass F. Taber
January 23, 2012

SHAZIA ZAMAN OF the University of Canterbury and Andrew D. Abell of the University of Adelaide devised (*Tetrahedron Lett.* **2011**, *52*, 878) a polyethylene glycol-tagged Ru catalyst that is effective for alkene metathesis in aqueous mixtures, cyclizing **1** to **2**. Bruce H. Lipshutz of the University of California, Santa Barbara developed (*J. Org. Chem.* **2011**, *76*, 4697, 5061) an alternative approach for aqueous methathesis, and also showed that CuI is an effective cocatalyst, converting **3** to **5**. Christian Slugovc of the Graz University of Technology showed (*Tetrahedron Lett.* **2011**, *52*, 2560) that cross metathesis of the diene **6** with ethyl acrylate **7** could be carried out with very low catalyst loadings. Robert H. Grubbs of the California Institute of Technology designed (*J. Am. Chem. Soc.* **2011**, *133*, 7490) a Ru catalyst for the ethylenolysis of **9** to **10** and **11**.

Thomas R. Hoye of the University of Minnesota showed (*Angew. Chem. Int. Ed.* **2011**, *50*, 2141) that the allyl malonate linker of **12** was particularly effective in promoting relay ring-closing metathesis to **13**. Amir H. Hoveyda of Boston College designed (*Nature* **2011**, *471*, 461) a Mo catalyst that mediated the cross metathesis of **14** with **15** to give **16** with high Z selectivity. Professor Grubbs designed (*J. Am. Chem. Soc.* **2011**, *133*, 8525) a Z selective Ru catalyst.

Damian W. Young of the Broad Institute demonstrated (*J. Am. Chem. Soc.* **2011**, *133*, 9196) that ring closing metathesis of **17** followed by desilylation also led to the Z product, **18**. Thomas E. Nielsen of the Technical University of Denmark devised (*Angew. Chem. Int. Ed.* **2011**, *50*, 5188) a Ru-mediated cascade process, effecting ring-closing metathesis of **19**, followed by alkene migration to the enamide, and finally diastereoselective cyclization to **20**.

In the course of a total synthesis of (–)-goniomitine, Chisato Mukai of Kanazawa University showed (*Org. Lett.* **2011**, *13*, 1796) that even the very congested alkene of **22** smoothly participated in cross metathesis with **21** to give **23**. En route to leustroducsin B, Jeffrey S. Johnson of the University of North Carolina protected (*Org. Lett.* **2011**, *13*, 3206) an otherwise incompatible terminal alkyne as its Co complex **24**, allowing ring closing methathesis to **25**.

To construct the *E* alkene of (+)-TMC-151C **27**, Susumu Kobayashi of the Tokyo University of Science extended (*Angew. Chem. Int. Ed.* **2011**, *50*, 680) the P.A. Evans silyl linker strategy. The conformational preference of the medium ring formed by the cyclization of **26** dictated the alkene geometry.

32. Enantioselective Synthesis of Alcohols and Amines: The Ichikawa Synthesis of (+)-Geranyllinaloisocyanide

Douglass F. Taber
February 13, 2012

SHUICHI NAKAMURA OF the Nagoya Institute of Technology reduced (*Angew. Chem. Int. Ed.* **2011**, *50*, 2249) the α-oxo ester **1** to **2** with high ee. Günter Helmchen of the Universität-Heidelberg optimized (*J. Am. Chem. Soc.* **2011**, *133*, 2072) the Ir*-catalyzed rearrangement of **3** to the allylic alcohol **4**. D. Tyler McQuade of Florida State University effected (*J. Am. Chem. Soc.* **2011**, *133*, 2410) the enantioselective allylic substitution of **5** to give the secondary allyl boronate, which was then oxidized to **6**. Kazuaki Kudo of the University of Tokyo developed (*Org. Lett.* **2011**, *13*, 3498) the tandem oxidation of the aldehyde **7** to the α-alkoxy acid **8**.

Takashi Ooi of Nagoya University prepared (*Synlett* **2011**, 1265) the secondary amine **10** by the enantioselective addition of an aniline to the nitroalkene **9**. Yixin Lu of the National University of Singapore assembled (*Org. Lett.* **2011**, *13*, 2638) the α-quaternary amine **13** by the addition of the aldehyde **11** to the azodicarboxylate **10**.

Chan-Mo Yu of Sungkyunkwan University added (*Chem. Commun.* **2011**, *47*, 3811) the enantiomerically pure 2-borylbutadiene **15** to the aldehyde **14** to give **16** in high ee. Because the allene is readily dragged out to the terminal alkyne, this is also a protocol for the enantioselective homopropargylation of an aldehyde. Lin Pu of the University of Virginia devised (*Angew. Chem. Int. Ed.* **2011**, *50*, 2368) a protocol for the enantioselective addition of **17** to the aldehyde **18** to give **19**. Xiaoming Feng of Sichuan University developed (*Angew. Chem. Int. Ed.* **2011**, *50*, 2573) a Mg catalyst for the enantioselective addition of **21** to the α-oxo ester **20**. Tomonori Misaka and Takashi Sugimura of the University of Hyogo added (*J. Am. Chem. Soc.* **2011**, *133*, 5695) **23** to **24** to give the Z-amide **25** in high ee.

Marc L. Snapper and Amir H. Hoveyda of Boston College developed (*J. Am. Chem. Soc.* **2011**, *133*, 3332) a Cu catalyst for the enantioselective allylation of the imine **26**. Jonathan Clayden of the University of Manchester effected (*Org. Lett.* **2010**, *12*, 5442) the enantioselective rearrangement of the amide **29** to the α-quaternary amine **30**.

(+)-Geranyllinaloisocyanide **33** had been reported, but the absolute configuration was not known. Yoshiyasu Ichikawa of Kochi University established (*Org. Lett.* **2011**, *13*, 2520) the α-quaternary aminated center of **33** by rearranging **31** to **32**.

33. Enantioselective Synthesis of Alcohols and Amines: The Fujii/Ohno Synthesis of (+)-Lysergic Acid

Douglass F. Taber
July 16, 2012

RAMÓN GÓMEZ ARRAYÁS and Juan C. Carretero of the Universidad Autónoma de Madrid effected (*Chem. Commun.* **2011**, *47*, 6701) enantioselective conjugate borylation of an unsaturated sulfone **1**, leading to the alcohol **2**. Robert E. Gawley of the University of Arkansas found (*J. Am. Chem. Soc.* **2011**, *133*, 19680) conditions for enantioselective ketone reduction that were selective enough to distinguish between the ethyl and propyl groups of **3** to give **4**.

Vicente Gotor of the Universidad de Oviedo used (*Angew. Chem. Int. Ed.* **2011**, *50*, 8387) an overexpressed Baeyer-Villiger monooxygenase to prepare **6** by dynamic kinetic resolution of **5**. Li Deng of Brandeis University prepared (*J. Am. Chem. Soc.* **2011**, *133*, 12458) **8** in high ee by kinetic enantioselective migration of the alkene of racemic **7**.

Bernhard Breit of the Freiburg Institute for Advanced Studies established (*J. Am. Chem. Soc.* **2011**, *133*, 20746) the oxygenated quaternary center of **10** by the addition of benzoic acid to the allene **9**. Keith R. Fandrick of Boehringer Ingelheim constructed (*J. Am. Chem. Soc.* **2011**, *133*, 10332) the oxygenated quaternary center of **13** by enantioselective addition of the propargylic nucleophile **12** to **11**.

Yian Shi of Colorado State University devised (*J. Am. Chem. Soc.* **2011**, *133*, 12914) conditions for the enantioselective transamination of the α-keto ester **14** to the amine **15**. Professor Deng added (*Adv. Synth. Catal.* **2011**, *353*, 3123) **18** to an enone **17** to give the protected amine **19**. Song Ye of the Institute of Chemistry, Beijing effected (*J. Am. Chem. Soc.* **2011**, *133*, 15894) elimination/addition of an unsaturated acid chloride **20** to give the γ-amino acid derivative **22**. Frank Glorius of the Universität Münster added (*Angew. Chem. Int. Ed.* **2011**, *50*, 1410) an aldehyde **23** to **24** to give the amide **25**.

Sentaro Okamoto of Kanagawa University designed (*J. Org. Chem.* **2011**, *76*, 6678) an organocatalyst for the enantioselective Steglich rearrangement of **26**, creating the aminated quaternary center of **27**. Most impressive of all was the report (*Org. Lett.* **2011**, *13*, 5460) by Hélène Lebel of the Université de Montréal of the direct enantioselective C–H amination of **28** to give **29**.

The alcohol **32** is a key intermediate in the synthesis of (+)-lysergic acid **33**. Nobutaka Fujii and Hiroaki Ohno of Kyoto University prepared (*J. Org. Chem.* **2011**, *76*, 5506) **31** by Shi epoxidation. Although several competing reduction products were observed under alternative conditions, they were able to establish conditions for selective reduction at the activated benzylic position to give **32**.

34. Asymmetric C–Heteroatom Bond Formation

Tristan H. Lambert
February 11, 2013

TOMISLAV ROVIS AT Colorado State University developed (*Angew. Chem. Int. Ed.* **2012**, *51*, 5904) an enantioselective catalytic cross-aza-benzoin reaction of aldehydes **1** and *N*-Boc imines **2**. The useful α-amido ketone products **4** were configurationally stable under the reaction conditions. In the realm of asymmetric synthesis, few technologies have been as widely employed as the Ellman chiral sulfonamide auxiliary. Francisco Foubelo and Miguel Yus at the Universidad de Alicante in Spain have adapted (*Chem. Commun.* **2012**, *48*, 2543) this approach for the indium-mediated asymmetric allylation of ketimines **5**, which furnished amines **6** with high diastereoselectivity.

There has been vigorous research in recent years into the use of NAD(P)H surrogates, especially Hantzsch esters, for biomimetic asymmetric hydrogenations. Yong-Gui Zhou at the Chinese Academy of Sciences showed (*J. Am. Chem. Soc.* **2012**, *134*, 2442) that 9,10-dihydrophenanthridine (**10**) can also serve as an effective "H$_2$" donor for the asymmetric hydrogenation of imines, including **7**. Notably, **10** is used catalytically, with regeneration occurring under mild conditions via Ru(II)-based hydrogenation of the phenanthridine **11**.

A unique approach for asymmetric catalysis has been developed (*Nature Chem.* **2012**, *4*, 473) by Takashi Ooi at Nagoya University, who found that ion-paired complexes **14** could serve as effective chiral ligands in the Pd(II)-catalyzed allylation of α-nitrocarboxylates **12**. The resulting products **13** are easily reduced to furnish α-amino acid derivatives.

Another novel catalytic platform has been employed (*J. Am. Chem. Soc.* **2012**, *134*, 7321) for the chiral resolution of 1,2-diols **15** by Kian L. Tan at Boston College. Using the concept of reversible covalent binding, the catalyst **16** was found to selectively silylate a secondary hydroxyl over a primary one, thus leading to the enantioenriched products **17** and **18**. Scott E. Denmark at the University of Illinois has applied (*Angew. Chem. Int. Ed.* **2012**, *51*, 3236) his chiral Lewis base strategy to the enantioselective vinylogous aldol reaction of *N*-silyl vinylketene imines **19** to produce γ-hydroxy-α,β-unsaturated nitriles **22**.

For the preparation of enantioenriched homopropargylic alcohols **25**, the asymmetric addition of allenyl metal nucleophiles (e.g., **24**) to aldehydes **23** provides a straightforward approach. Although numerous groups have reported methods to accomplish this goal, Leleti Rajender Reddy at Novartis in New Jersey has developed (*Org. Lett.* **2012**, *14*, 1142) what appears to be a particularly convenient procedure using the "TRIP" chiral phosphonic acid catalyst.

The generation of stereocenters bearing both boron and halide functionality, especially via hydrogenation, would seem to be a particularly challenging goal. Nevertheless, Zdenko Casar of Lek Pharmaceuticals in Slovenia has found (*Angew. Chem. Int. Ed.* **2012**, *51*, 1014) that an iridium catalyst involving ligand **28** can efficiently and enantioselectively hydrogenate chloroalkenyl boronic esters such as **26** to produce the stereogenic products **27**, which are useful chiral building blocks.

For the preparation of enantioenriched halogen-bearing stereocenters, Géraldine Masson at the Gif-sur-Yvette reported (*J. Am. Chem. Soc.* **2012**, *134*, 10389) that chiral phosphoric acids (e.g., TRIP) or the corresponding calcium salts catalyze the addition of NBS across enecarbamates **29** to produce vicinal haloamines **30** with high ee. Meanwhile, chiral copper catalysis was used (*J. Am. Chem. Soc.* **2012**, *134*, 9836) by Kazutaka Shibatomi at Toyohashi University of Technology for the enantioselective chlorination of active methine compounds such as **31**. The resulting enantioenriched chlorides **32** can be converted to the corresponding amines **33** or sulfides **34** with complete stereospecificity.

35. Construction of Single Stereocenters

Tristan H. Lambert
July 15, 2013

JAMES L. LEIGHTON AT Columbia University reported (*Nature* **2012**, *487*, 86) that the commercially available allylsilane **2** allylated acetoacetone (**1**) to furnish the enantio-enriched tertiary carbinol **3**. Alexander T. Radosevich demonstrated (*Angew. Chem. Int. Ed.* **2012**, *51*, 10605) that diazaphospholidine **5** induced the formal reductive insertion of 3,5-dinitrobenzoic acid to α-ketoester **4** to generate adduct **6** enantioselectively. Tehshik P. Yoon at the University of Wisconsin at Madison found (*J. Am Chem. Soc.* **2012**, *134*, 12370) that aminoalcohol derivative **9** could be prepared via an asymmetric iron-catalyzed oxyamination of diene **7** using oxaziridine **8**. A procedure for the desymmetrization of 1,3-difluoropropanol **10** by nucleophilic displacement of an unactivated aliphatic fluoride to generate **11** was reported (*Angew. Chem. Int. Ed.* **2012**, *51*, 12275) by Günter Haufe at the University of Münster and Norio Shibata at the Nagoya Institute of Technology.

An innovative procedure for the amination of unactivated olefins involving an ene reaction/[2,3]-rearrangement sequence (e.g., **12** to **13**) was developed (*J. Am. Chem. Soc.* **2012**, *134*, 18495) by Uttam K. Tambar at the University of Texas Southwestern Medical Center. James P. Morken at Boston College demonstrated the stereospecific amination of borane **14** with methoxylamine to produce **15**.

The conversion of β-ketoester **16** to **18** by amination with **17** under oxidative conditions was reported (*J. Am. Chem. Soc.* **2012**, *134*, 18948) by Javier Read de Alaniz at the University of California at Santa Barbara. The electrophilic amination of silyl ketene acetal **19** with a functionalized hydroxylamine reagent to produce **20** was disclosed (*Angew. Chem. Int. Ed.* **2012**, *51*, 11827) by Koji Hirano and Masahiro Miura at Osaka University.

Erick M. Carreira at ETH Zürich developed (*Angew. Chem. Int. Ed.* **2012**, *51*, 8652) the enantioconvergent thioetherification of alcohol **21** to produce **23** with high branched to linear selectivity and ee. The asymmetric conjugate addition of 2-aminothiophenol **25** to **24** catalyzed by mesitylcopper in the presence of ligand **26** was developed (*Angew. Chem. Int. Ed.* **2012**, *51*, 8551) by Naoya Kumagai and Masakatsu Shibasaki at the Institute of Microbial Chemistry in Tokyo.

The enantioselective conversion of aldehyde **28** to α-fluoride **30** under catalysis by NHC **29** was developed (*Angew. Chem. Int. Ed.* **2012**, *51*, 10359) by Zhenyang Lin and Jianwei Sun at the Hong Kong University of Science and Technology. The team of Spencer D. Dreher at Merck Rahway and Patrick J. Walsh at the University of Pennsylvania reported (*Angew. Chem. Int. Ed.* **2012**, *51*, 11510) cross-coupling at the benzylic position of amine **31** to generate **32** with high ee.

Tomonori Misaki and Takashi Sugimura at the University of Hyogo reported (*Chem. Lett.* **2012**, *41*, 1675) that guanidine **34** catalyzed the addition of oxazolone **33** to alkynone **35** to produce **36** in high ee. Finally, we developed (*J. Am. Chem. Soc.* **2012**, *134*, 5552) cyclopropenimine **38** as a highly effective new Brønsted base catalyst, which effected the enantioselective addition of glycine imine **37** to methyl acrylate to produce **39** rapidly, on scale, and with high ee.

36. Enantioselective Construction of Alkylated Centers: The Shishido Synthesis of (+)-Helianane

Douglass F. Taber
February 20, 2012

TECK-PENG LOH of Nanyang Technological University developed (*Org. Lett.* **2011**, *13*, 876) a catalyst for the enantioselective addition of an aldehyde to the versatile acceptor **2** to give **3**. Kirsten Zeitler of the Universität Regensburg employed (*Angew. Chem. Int. Ed.* **2011**, *50*, 951) a complementary strategy for the enantioselective coupling of **4** with **5**. Clark R. Landis of the University of Wisconsin devised (*Org. Lett.* **2011**, *13*, 164) an Rh catalyst for the enantioselective formylation of the diene **7**.

Don M. Coltart of Duke University alkylated (*J. Am. Chem. Soc.* **2011**, *133*, 8714) the chiral hydrazone of acetone to give **9**, then alkylated again to give, after hydrolysis, the ketone **11** in high ee. Youming Wang and Zhenghong Zhou of Nankai University effected (*J. Org. Chem.* **2011**, *76*, 3872) the enantioselective addition of acetone to the nitroalkene **12**. Takeshi Ohkuma of Hokkaido University achieved (*Angew. Chem. Int. Ed.* **2011**, *50*, 5541) high ee in the Ru-catalyzed hydrocyanation of **15**.

Gregory C. Fu, now at the California Institute of Technology, coupled (*J. Am. Chem. Soc.* **2011**, *133*, 8154) the 9-BBN borane **18** with the *racemic* chloride **17** to give **19** in high ee. Scott McN. Sieburth of Temple University optimized (*Org. Lett.* **2011**, *13*, 1787) an Rh catalyst for the enantioselective intramolecular hydrosilylation of **20** to **21**.

Construction of Alkylated Centers

Several general methods have been devised for the enantioselective assembly of quaternary alkylated centers. Sung Ho Kang of KAIST Daejon developed (*J. Am. Chem. Soc.* **2011**, *133*, 1772) a Cu catalyst for the enantioselective acylation of the prochiral diol **22**. Hyeung-geun Park of Seoul National University established (*J. Am. Chem. Soc.* **2011**, *133*, 4924) a phase transfer catalyst for the enantioselective alkylation of **24**. Peter R. Schreiner of Justus-Liebig University Giessen found (*J. Am. Chem. Soc.* **2011**, *133*, 7624) a silicon catalyst that efficiently rearranged the Shi-derived epoxide of **26** to the aldehyde **27**. Amir H. Hoveyda of Boston College coupled (*J. Am. Chem. Soc.* **2011**, *133*, 4778) **28** with the alkynyl Al reagent **29** to give **30** in high ee.

Kozo Shishido of the University of Tokushima prepared (*Synlett* **2011**, 1171) **31** by the Mitsunobu coupling of *m*-cresol with the enantiomerically pure allylic alcohol. Stoichiometric AlMe$_3$ mediated the Claisen rearrangement at room temperature, to deliver **32**, the key intermediate for the synthesis of (+)-helianane **33**.

37. Enantioselective Synthesis of Alkylated Centers: The Fukuyama Synthesis of (–)-Histrionicotoxin

Douglass F. Taber
July 23, 2012

VINOD K. SINGH OF the Indian Institute of Technology, Kanpur optimized (*Org. Lett.* **2011**, *13*, 6520) an organocatalyst for the enantioselective addition of thiophenol to an imide **1** to give **2** in high ee. Amir H. Hoveyda of Boston College developed (*Angew. Chem. Int. Ed.* **2011**, *50*, 7079) a Cu catalyst for the preparation of **4** by the enantioselective hydroboration of a 1,1-disubstituted alkene **3**.

Yong-Qiang Tu of Lanzhou University effected (*Chem. Sci.* **2011**, *2*, 1839) enantioselective bromination of the prochiral **5** to give the bromoketone **6**. Song Ye of the Institute of Chemistry, Beijing established (*Chem. Commun.* **2011**, *47*, 8388) the alkylated quaternary center of the dimer **8**, by condensing a ketene **7** with CS_2.

Li Deng of Brandeis University added (*Angew. Chem. Int. Ed.* **2011**, *50*, 10565) cyanide in a conjugate sense to an acyl imidazole **9** to give **11**. Pier Giorgio Cozzi of the Università di Bologna prepared (*Angew. Chem. Int. Ed.* **2011**, *50*, 7842) the thioacetal **14** by condensing **13** with an aldehyde **12**, followed by reduction.

Takahiro Nishimura and Tamio Hayashi of Kyoto University devised (*Chem. Commun.* **2011**, *47*, 10142) a Co catalyst for the enantioselective addition of a silyl alkyne **16** to an enone **15** to give the alkynyl ketone **17**. Ping Tian and Guo-Qiang Lin of the Shanghai

Institute of Organic Chemistry described (*Tetrahedron* **2011**, *67*, 10186) improved catalysts for the enantioselective conjugate addition of dimethyl malonate **19** to the nitroalkene **18**, to give **20**.

Keiji Maruoka, also of Kyoto University, established (*Chem. Sci.* **2011**, *2*, 2311) conditions for the enantioselective addition of an aldehyde **21** to the acceptor **22** to give, after reduction, an alcohol **23** that could readily be cyclized to the lactone. Jianrong (Steve) Zhou of Nanyang Technological University prepared (*J. Am. Chem. Soc.* **2011**, *133*, 15882) the ester **26** by arylation, under Pd catalysis, of a ketene silyl acetal **24** with the triflate **25**. Benjamin List of the Max-Planck-Institut, Mülheim employed (*Angew. Chem. Int. Ed.* **2011**, *50*, 9471) a system of three catalysts to effect the enantioselective alkylation of an aldehyde **27** with the allyic alcohol **28** to give **29**. Valery V. Fokin of Scripps, La Jolla used (*J. Am. Chem. Soc.* **2011**, *133*, 10352) a chiral Rh catalyst to mediate insertion of the carbene derived from **31** selectively into just one of the 14 H's of **30**.

Tohru Fukuyama of the University of Tokyo established (*Org. Lett.* **2011**, *13*, 4446) the central stereogenic center of (−)-histrionicotoxin **35** by an ene reaction of paraformaldehyde with the readily prepared allene **33**. It is a measure of the challenge of constructing enantiomerically pure α-quaternary amines that the authors chose to first prepare the all-carbon center, then invert one of the substituents.

38. Asymmetric C–C Bond Formation

Tristan H. Lambert
February 18, 2013

ANDREW G. MYERS AT Harvard reported (*Angew. Chem. Int. Ed.* **2012**, *51*, 4568) the alkylation of the pseudophenamine amide **1** selectively setting the quaternary stereogenic center of **2**. This is an effective replacement for his previously reported pseudoephedrine, now a controlled substance.

Amine catalysis has enabled numerous methods for the asymmetric α-functionalization of aldehydes, although α-alkylation remains a significant challenge. David W.C. MacMillan at Princeton developed (*J. Am. Chem. Soc.* **2012**, *134*, 9090) an α-vinylation of aldehydes **3** with vinyliodoniums **5**, which relied on the "synergistic combination" of the amine catalyst **4** and copper(I) bromide. The stability of the β,γ-unsaturated aldehyde products under the reaction conditions is notable.

A procedure for the asymmetric β-vinylation of α,β-unsaturated aldehydes such as **7** was developed (*Eur. J. Org. Chem.* **2012**, 2774) by Claudio Palomo at the Universidad del Pais Vasco in Spain. Amine **8** catalyzed the enantioselective Michael addition of β-nitroethyl sulfone **9** to **7** followed by acetalization and elimination of HNO_2 and SO_2Ph furnished products such as **10** in high enantiomeric excess. In a conceptually related reaction, a surrogate for acetate as a nucleophile was reported (*Chem. Commun.* **2012**, *48*, 148) by Wei Wang at the University of New Mexico and Jian Li of the East China University of Science and Technology. In this case, amine **13**-catalyzed Michael addition of pyridyl sulfone **11** to unsaturated aldehyde **12**, followed by acetalization and reductive removal of the sulfone, gave rise to the ester product **14** with very high ee.

Asymmetric hydroformylation offers a powerful approach for the synthesis of carbon stereocenters, but controlling the regioselectivity of the reaction remains a challenge with many substrate classes. Christopher J. Cobley of Chirotech Technology Ltd. (UK) and Matthew L. Clarke at the University of St. Andrews showed (*Angew. Chem. Int. Ed.* **2012**, *51*, 2477) that the mixed phosphine-phosphite ligand "bobphos" **16** (bobphos = best of both phosphorus ligands) provided significant selectivities for the branched hydroformylation products, up to 10:1 b:l in the case of **15**. Another major challenge for hydroformylation is to control the regioselectivity of internal olefin substrates. Joost N.H. Reek at the University of Amsterdam utilized (*J. Am. Chem. Soc.* **2012**, *134*, 2860) a supramolecular ligand to override the inherent preference for hydroformylation of alkenes such as 2-octene **18**.

Chiral 4-alkyl-4-aryl butanoic acids have proven useful as a building block for a wide range of synthetic applications. The enantioselective synthesis of these building blocks via asymmetric hydrogenation was reported (*Angew. Chem. Int. Ed.* **2012**, *51*, 2708) by Qi-Lin Zhou at Nankai University. Readily available trisubstituted alkene substrates such as **20** were reduced in the presence of the iridium complex **21** to furnish products **22** with high enantiomeric excess.

Much progress has been made of late in the area of cross-coupling to form C_{sp3} stereocenters; however, the majority of these methods have employed alkyl halide electrophiles. Gregory C. Fu at MIT (currently Caltech) demonstrated (*J. Am. Chem. Soc.* **2012**, *134*, 2966) that propargylic carbonates **23** may be enantioselectively cross-coupled via nickel catalysis with arylzinc reagents to generate adducts **25** with high ee.

Finally, Ben L. Feringa at the University of Groningen in the Netherlands developed (*J. Am. Chem. Soc.* **2012**, *134*, 4108) a Z-selective asymmetric allylic alkylation (AAA) of allylic *gem*-dichlorides **26** to produce vinyl chlorides **27**. This copper(I)-catalyzed procedure utilizes the phosphoramidite ligand **30** to product Z-vinyl chloride products with good to high E/Z selectivities and enantioselectivities. Notably, the Z-vinyl chlorides could be cross-coupled without isomerization of the olefin geometry or racemization, allowing access to complex products such as **29**.

39. Arrays of Stereogenic Centers: The Davies Synthesis of Acosamine

Douglass F. Taber
February 27, 2012

BABAK BORHAN OF Michigan State University found (*Angew. Chem. Int. Ed.* **2011**, *50*, 2593) that the ligand developed for asymmetric osmylation worked well for the enantioselective cyclization of **1** to **2**. Kyungsoo Oh of IUPUI devised (*Org. Lett.* **2011**, *13*, 1306) a Co catalyst for the stereocontrolled addition of **4** to **3** to give **5**. Michael J. Krische of the University of Texas Austin prepared (*Angew. Chem. Int. Ed.* **2011**, *50*, 3493) **8** by Ir*-mediated oxidation/addition of **7** to **6**. Yixin Lu of the National University of Singapore employed (*Angew. Chem. Int. Ed.* **2011**, *50*, 1861) an organocatalyst to effect the stereocontrolled addition of **10** to **9**.

Naoya Kumagai and Masakatsu Shibasaki of the Institute of Microbial Chemistry, Tokyo took advantage (*J. Am. Chem. Soc.* **2011**, *133*, 5554) of the soft Lewis basicity of **13** to effect stereocontrolled condensation with **12**. Yujiro Hayashi of the Tokyo University of Science found (*Angew. Chem. Int. Ed.* **2011**, *50*, 2804, not illustrated) that aqueous chloroacetaldehyde participated well in crossed aldol condensations. Andrew V. Malkov, now at Loughborough University, and Pavel Kocovsky of the University of Glasgow showed (*J. Org. Chem.* **2011**, *76*, 4800) that the inexpensive *mixed* crotyl silane **16** could be added to **15** with high stereocontrol. Shigeki Matsunaga of the University of Tokyo and Professor Shibasaki opened (*J. Am. Chem. Soc.* **2011**, *133*, 5791) the meso aziridine **18** with malonate **19** to give **20**. Masahiro Terada of Tohoku University effected (*Org. Lett.* **2011**, *13*, 2026) the conjugate addition of **22** to **21** with high stereocontrol. Jinxing Ye of the East China University of Science and Technology reported (*Angew. Chem. Int. Ed.* **2011**, *50*, 3232, not illustrated) a related conjugate addition.

Kian L. Tian of Boston College observed (*Org. Lett.* **2011**, *13*, 2686) that the kinetic hydroformylation of **24** set the relative configuration of two stereogenic centers. Alexandre Alexakis and Clément Mazet of the Université de Genève established (*Angew. Chem. Int. Ed.* **2011**, *50*, 2354) a tandem one-pot procedure for the addition of **26** to **27** to give **28**. Eric N. Jacobsen of Harvard University designed (*J. Am. Chem. Soc.* **2011**, *133*, 5062) an organocatalyst that directed the absolute sense of the Claisen rearrangement of **29** to **30**. Professor Ye also designed (*Org. Lett.* **2011**, *13*, 564) the conjugate addition of **31** to **32** to give **33**.

Stephen G. Davies of the University of Oxford observed (*Tetrahedron Lett.* **2011**, *52*, 2216) that epoxidation of the amine derived from the conjugate addition of **35** to methyl sorbate **34** proceeded with high diastereoselectivity. The product **36** was carried onto the protected acosamine derivative **37**.

Methyl N,O-diacetyl-α-L-Acosaminide

40. Construction of Alkylated Stereocenters: The Deng Synthesis of (−)-Isoacanthodoral

Tristan H. Lambert
July 8, 2013

MATTHEW S. SIGMAN AT the University of Utah developed (*Science* 2012, *338*, 1455) a redox-relay strategy that allowed for the enantioselective Heck arylation of alcohol **1** with diazo salt **2** to produce γ-arylated aldehyde **4** with high ee. Stephen P. Fletcher at the University of Oxford reported (*Nature Chem.* 2012, *4*, 649) a procedure that utilized alkenes as alkylmetal equivalents for asymmetric conjugate additions, such as in the conversion of cyclohexenone **5** to ketone **7**. A catalytic method for the regioselective and highly enantioselective 1,6-addition of alkynes to α, β, γ, δ-unsaturated carbonyls (e.g., **8** to **9**) was reported (*J. Am. Chem. Soc.* 2012, *134*, 18936) by Takahiro Nishimura at Kyoto University and Tamio Hayashi at the IMRE in Singapore. Scott E. Schaus at Boston University found (*J. Am. Chem. Soc.* 2012, *134*, 19965) that BINOL **12** catalyzed the enantioselective addition of aryl or vinyl boronates to *o*-quinone methides, such as that generated from **10** to furnish **13**.

Elizabeth R. Jarvo at the University of California at Irvine discovered (*Angew. Chem. Int. Ed.* 2012, *51*, 7790) that triarylmethanes such as **15** could be prepared by enantiospecific cross-coupling of diarylmethane ethers, as long as the ether was capable of chelation (e.g., **14**). Alternatively, Mary P. Watson at the University of Delaware found (*J. Am. Chem. Soc.* 2013, *135*, 3307) that benzylic pivalates could be enantiospecifically cross-coupled with arylboroxines, as in the conversion of **16** to **17**.

Yoann Coquerel and Jean Rodriguez at the University of Aix-Marseille found (*Org. Lett.* **2012**, *14*, 4686) that β-ketoamides could be directly arylated by reaction with *in situ*-generated aryne intermediates, such as in the conversion of **18** to **20**. A unique approach to the asymmetric formation of acyclic quaternary stereocenters via a carbometalation-oxidation-aldol cascade of alkyne **21** to produce **22** was reported (*Nature* **2012**, *490*, 522) by Ilan Marek at the Technion-Israel Institute of Technology. Keiji Maruoka at Kyoto University reported (*J. Am. Chem. Soc.* **2012**, *134*, 16068) the first organocatalytic conjugate addition of aldehydes to acrylate esters by making use of amine catalyst **25** and the highly electrophilic fluorinated acrylate **23**. The stereoselective vinylogous Mukaiyama-Michael reaction of dienol silyl ethers such as **28** with aldehydes by iminium activation with catalyst **29** was reported (*Angew. Chem. Int. Ed.* **2012**, *51*, 12609) by Christoph Schneider at Leipzig University.

A procedure for the deracemization of α-aryl hydrocoumarins was reported (*J. Am. Chem. Soc.* **2012**, *134*, 18245) by Benjamin List at the Max Planck Institute in Mülheim, which involved their conversion to ketene dithioacetals (cf. **31** to **32**), asymmetric protonative cyclization with chiral phosphonic acid catalyst **33**, and finally deprotection to return the hydrocoumarin (**35**) in enantioenriched form.

Finally, Li Deng at Brandeis reported (*J. Am. Chem. Soc.* **2012**, *134*, 18209) that cinchona alkaloid-derived **38** catalyzed the enantioselective isomerization of β, γ-unsaturated cyclohexenone **37** to the α, β-unsaturated compound **39**. Ketone **39** was carried forward in two pots to (–)-isoacanthodoral (**40**).

41. Arrays of Stereogenic Centers: The Barker Synthesis of (+)-Galbelgin

Douglass F. Taber
July 30, 2012

GANG ZHAO OF the Shanghai Institute of Organic Chemistry and Gang Zou of the East China University of Science and Technology devised (*Adv. Synth. Catal.* **2011**, *353*, 3129) an elegant catalyst for the direct enantioselective epoxidation of a simple acyclic enone **1**. Ismail Ibrahem and Armando Córdova of Mid Sweden University and Stockholm University prepared (*Adv. Synth. Catal.* **2011**, *353*, 3114) **6** by combining *three* catalysts to effect the enantioselective addition of **5** to **4**. Giovanni Casiraghi and Franca Zanardi of the Università degli Studi di Parma used (*J. Org. Chem.* **2011**, *76*, 10291) a silver catalyst to mediate the addition of **8** to **7** to give **9**. Keiji Maruoka of Kyoto University condensed (*Nature Chem.* **2011**, *3*, 642) the diazo ester **10** with an aldehyde **4**, leading, after reduction of the initial adduct and protection, to the diamine **11**.

Christoph Schneider of the Universität Leipzig effected (*Synthesis* **2011**, 4050) the vinylogous addition of **13** to an imine **12**, setting both stereogenic centers of **14**. In the course of the coupling of **16** with the diol **15**, Michael J. Krische of the University of Texas established (*J. Am. Chem. Soc.* **2011**, *133*, 12795) four new stereogenic centers. By adding (*Chem. Commun.* **2011**, *47*, 10557) an α-nitro ester **18** to the maleimide **19**, Professor Maruoka established both the alkylated secondary center and the N-substituted quaternary center of **20**. Srinivas Hotha of the Indian Institute of Science Education & Research and Torsten Linker of the University of Potsdam showed (*Chem. Commun.* **2011**, *47*, 10434) that the readily prepared lactone **21** could be opened to **23** without disturbing the stereogenic center adjacent to the carbonyls.

Allan D. Headley and Bukuo Ni of Texas A&M University-Commerce devised (*Synthesis* **2011**, 1993) a recyclable catalyst for the addition of an aldehyde **7** to a nitroalkene **24** in water to give **25**. Alexandre Alexakis of the University of Geneva effected (*Chem. Commun.* **2011**, *47*, 7212) the triply convergent coupling of **26**, **27**, and **28** to give **29** as a single dominant diastereomer.

Both **32** and **35** have alkylated quaternary centers. James P. Morken of Boston College established (*J. Am. Chem. Soc.* **2011**, *133*, 9716) the stereogenic centers of **32** by two sequential enantioselective transformations, starting with **30**. Wei-Cheng Yuan of the Chengdu Institute of Organic Chemistry set (*Adv. Synth. Catal.* **2011**, *353*, 1720) the two centers of **35** in a single step, the conjugate addition of **33** to **34**.

Chiral auxiliary control can offer practical advantages over more modern methods. In the course of a synthesis of (+)-galbelgin **38**, David Barker of the University of Auckland set (*J. Org. Chem.* **2011**, *76*, 6636) the two adjacent stereocenters by the classic Tsunoda/ Ito Claisen rearrangement of **36**, prepared from the inexpensive α-methylbenzylamine. The desired amide **37** was easily separated from its minor diastereomer.

42. Arrays of Stereogenic Centers: The Carbery Synthesis of Mycestericin G

Douglass F. Taber
February 25, 2013

CHI-MING CHE OF the University of Hong Kong devised (*Chem. Commun.* **2011**, *47*, 11204) a manganese catalyst for the enantioselective cis-dihydroxylation of electron-deficient alkenes such as **1**. Christine Greck of Université de Versailles-St-Quentin effected (*Tetrahedron Lett.* **2012**, *53*, 1085) enantioselective alkoxylation of **3**, remarkably without β-elimination. Keiji Maruoka of Kyoto University developed (*J. Am. Chem. Soc.* **2012**, *134*, 7516) an organocatalyst for the enantioselective *anti* addition of **5** to **6** to give **7**. Barry M. Trost of Stanford University developed (*J. Am. Chem. Soc.* **2012**, *134*, 2075) a Mg catalyst for the enantioselective addition of ethyl diazoacetate to an aldehyde **8**, and carried the adduct onto **9**.

Professor Maruoka designed (*Angew. Chem. Int. Ed.* **2012**, *51*, 1187) for the enantioselective addition of a ketone **10** to the alkynyl ketone **11** to give **12**. Naoya Kumagai and Masakatsu Shibasaki of the Institute of Microbial Chemistry found (*Org. Lett.* **2012**, *14*, 3108) that **14** could be added under very soft conditions to **13** to give the anti adduct **15**. René Peters of the Universität Stuttgart added (*Adv. Synth. Catal.* **2012**, *354*, 1443) the azlactone formed *in situ* to **17** in a conjugate sense to give **18**. Kaïss Aouadi and Jean-Pierre Praly of the Université de Lyon prepared (*Tetrahedron Lett.* **2012**, *53*, 2817) the nitrone **19** from the inexpensive (−)-menthone. Dipolar cycloaddition to a range of alkenes proceeded with substantial diastereocontrol, as illustrated for **20**, which gave the crystalline adduct **21**.

Jeffrey S. Johnson of the University of North Carolina reduced (*J. Am. Chem. Soc.* **2012**, *134*, 7329) the α-keto ester **22** under equilibrating conditions to give the lactone **23**. Claudio Palomo of the Universidad del País Vasco alkylated (*J. Org. Chem.* **2012**, *77*, 747) the aldehyde **24** with **25** to give the diester **26**. Damien Bonne and Jean Rodriguez of Aix-Marseille Université added (*Adv. Synth. Catal.* **2012**, *354*, 563) the α-keto ester **27** to **28** in a conjugate sense to give **29**. Glenn C. Micalizio of Scripps/Florida developed (*Angew. Chem. Int. Ed.* **2012**, *51*, 5152) a general strategy for the stereocontrolled construction of skipped-conjugate dienes such as **30**. Hydroxyl-directed hydrogenation then delivered **31** as a single dominant diastereomer.

David R. Carbery of the University of Bath optimized (*Org. Lett.* **2012**, *14*, 756) the diastereoselective Claisen rearrangement of **32** to give the benzyl ester **33**. This was carried on via cross-metathesis to the immunosuppressant mycestericin G **34**.

43. Construction of Stereochemical Arrays

Tristan H. Lambert
July 22, 2013

THE UNPRECEDENTED ENANTIOSELECTIVE 1,8-addition of azlactone **1** to acylpyrrole **2** catalyzed by triaminophosphorane **3** was reported (*J. Am. Chem. Soc.* **2012**, *134*, 19370) by Takashi Ooi at Nagoya University. Tomislav Rovis at Colorado State University developed (*Angew. Chem. Int. Ed.* **2012**, *51*, 12330) the asymmetric oxidative hetero-Diels-Alder reaction of propionaldehyde (**5**) and ketone **6** to produce lactone **8**, catalyzed by NHC catalyst **7** in the presence of phenazine. A related NHC catalyst **11** was utilized (*Angew. Chem. Int. Ed.* **2012**, *51*, 8276) by Xue-Wei Liu at Nanyang Technological University for the homoenolate addition of enal **9** to nitrodiene **10** to furnish **12** with high ee. The vinylogous conjugate addition of butenolide **13** to **15** to produce **16** with exquisite stereoselectivity was accomplished (*Angew. Chem. Int. Ed.* **2012**, *51*, 10069) by Kuo-Wei Huang at KAUST, Choon-Hong Tan at Henan University and Nanyang Technological University, and Zhiyong Jiang at Henan University.

The enantioselective production of lactone **18** was achieved (*J. Am. Chem. Soc.* **2012**, *134*, 20197) by Jeffrey S. Johnson at the University of North Carolina at Chapel Hill by dynamic kinetic resolution (DKR) of α-keto ester **17**. A related DKR strategy was employed (*Org. Lett.* **2012**, *14*, 6334) by Brinton Seashore-Ludlow at the KTH Royal Institute of Technology and Peter Somfai at Lund University in Sweden and the University of Tartu in Estonia for hydrogenation of α-amino-β-ketoester **19** to furnish aminoalcohol **21** with high ee.

Shigeki Matsunaga and Motomu Kanai at the University of Tokyo developed (*Angew. Chem. Int. Ed.* **2012**, *51*, 10275) a unique strategy for the selective production of the cross-aldol adduct **24** by in situ generation of an aldehyde enolate from allyloxyborane **23** under rhodium catalysis. The highly diastereoselective construction of adduct **26** bearing two adjacent quaternary stereocenters by ketone allylation with allyl sulfide **25** was reported (*Angew. Chem. Int. Ed.* **2012**, *51*, 7263) by Takeshi Takeda at the Tokyo University of Agriculture and Technology.

Wen-Hao Hu at East China Normal University reported (*Nature Chem.* **2012**, *4*, 733) the enantioselective three-component coupling of diazoester **27**, *N*-benzylindole (**28**), and imine **29** to furnish **31** under the action of Rh$_2$(OAc)$_4$ and phosphoric acid **30**. An alternative three-component coupling of diazophosphonate **32**, *o*-methylaniline, and *p*-nitrobenzaldehyde to produce **33** was developed (*Angew. Chem. Int. Ed.* **2012**, *51*, 11376) by Chi-Ming Che at the Shanghai Institute of Organic Chemistry.

Larry E. Overman at the University of California at Irvine found (*Angew. Chem. Int. Ed.* **2012**, *51*, 9576) that the tertiary radical generated from *N*-(acyloxy)phthalimide **34** under visible light photoredox conditions underwent stereoselective conjugate addition to enone **35** to produce **36**, which is epimeric at C8 to the product obtained from cuprate addition. The domino carbopalladation–cross-coupling of amide **37** to produce **38** was reported (*Org. Lett.* **2012**, *14*, 3858) by Professor Somfai.

Finally, Keith A. Woerpel at New York University reported (*J. Am. Chem. Soc.* **2012**, *134*, 12482) an exceedingly rare preparation of a seven-membered *trans*-alkene **42**, via silyene transfer from **40** to diene **39** to furnish **41**, followed by insertion of benzaldehyde. Although observable, **42** undergoes [1,3]-sigmatropic rearrangement to the oxasilacyclopentane **43** over several hours at ambient temperature.

44. Stereoselective C–O Ring Construction: The Keck Synthesis of Bryostatin 1

Douglass F. Taber
January 9, 2012

VLADIMIR GEVORGYAN OF the University of Illinois, Chicago homologated (*Angew. Chem. Int. Ed.* **2011**, *50*, 2808) the ketone **1** to the epoxide **2** using cyanogen bromide. Manabu Abe of Hiroshima University optimized (*J. Am. Chem. Soc.* **2011**, *133*, 2592) the diastereoselectivity of the Paternò-Büchi addition of benzophenone **4** to the secondary allylic alcohol **3** to give **5**.

Debaraj Mukherjee of the Indian Institute of Integrative Medicine constructed (*Org. Lett.* **2011**, *13*, 576) the lactone **7** by adding acetate to **6**, with remarkable regioselectivity and diastereoselectivity. Tristan H. Lambert of Columbia University employed (*Org. Lett.* **2011**, *13*, 740) cyclopropenium activation to cyclize the diol **8** to **9**.

Brian L. Pagenkopf of the University of Western Ontario designed (*Org. Lett.* **2011**, *13*, 572) a Co catalyst for the diastereoselective oxidative cyclization of **11** to **12**. Goverdhan Mehta of the Indian Institute of Science, Bangalore, found (*Tetrahedron Lett.* **2011**, *52*, 1749) that the Z-diene **13** cyclized efficiently to give the cyclic ether **14**.

Fabien Gagosz of the Ecole Polytechnique found (*J. Am. Chem. Soc.* **2011**, *133*, 7696) that the protonated complex derived from the allene **15** abstracted a hydride from the distal benzyl group, leading to cyclization to **16**. Haruhiko Fuwa of Tohoku University found (*Org. Lett.* **2011**, *13*, 1820) that the unsaturated thioester **17** cyclized under gentle acid catalysis. Unsaturated esters (not illustrated) can be cyclized under alkaline conditions (*Tetrahedron Lett.* **2011**, *52*, 1372).

Malcolm D. McLeod of the Australian National University established (*J. Org. Chem.* **2011**, *76*, 1992) a combination of *Escherichia coli*-derived enzyme and an α-D-glucuronyl fluoride donor for converting an alcohol **19** to the corresponding glucuronide metabolite **20**. En route to an improved synthesis of the schweinfurthins, potent antineoplastic agents, David F. Wiemer of the University of Iowa devised (*J. Org. Chem.* **2011**, *76*, 909) the cyclization/benzyloxymethyl transfer cascade that transformed **21** into **22**.

The synthesis and biological activity of the bryostatins is developing into one of the great success stories of natural products chemistry. A key step in the total synthesis of bryostatin 1 **25** designed (*J. Am. Chem. Soc.* **2011**, *133*, 744) by Gary E. Keck of the University of Utah was the Rainier cyclization of **23** to **24**.

45. C–O Ring Construction: The Georg Synthesis of Oximidine II

Douglass F. Taber
April 9, 2012

CHUN-BAO MIAO AND Hai-Tao Yang of Changzhou University constructed (*J. Org. Chem.* **2011**, *76*, 9809) the oxetane **2** by exposing the Michael adduct **1** to I_2 and air. Huanfeng Jiang of the South China University of Science and Technology carboxylated (*Org. Lett.* **2011**, *13*, 5520) the alkyne **3** in the presence of a nitrile to give the three-component coupled product **4**.

Alois Fürstner of the Max-Planck-Institut Mülheim cyclized (*Angew. Chem. Int. Ed.* **2011**, *50*, 7829) **5** with a Mo catalyst, released *in situ* from a stable precursor, to give **6** in high ee. Hiromichi Fujioka of Osaka University rearranged (*Chem. Commun.* **2011**, *47*, 9197) **7** to the cyclic aldehyde, largely as the less stable diastereomer **8**. Edward A. Anderson of the University of Oxford cyclized (*Angew. Chem. Int. Ed.* **2011**, *50*, 11506) **9** to **10** with excellent stereochemical fidelity. Similarly, Michal Hocek of the Academy of Sciences of the Czech Republic, Andrei V. Malkov, now at Loughborough University, and Pavel Kocovsky of the University of Glasgow combined (*J. Org. Chem.* **2011**, *76*, 7781) the individual enantiomers of **11** and **12** to give **13** as single enantiomerically pure diastereomers.

Daniel Romo of Texas A&M University cyclized (*Angew. Chem. Int. Ed.* **2011**, *50*, 7537) the bromo ester **14** to the lactone **15**. Xin-Shan Ye of Peking University condensed (*Synlett* **2011**, 2410) the sulfone **16** with **17** to give the sulfone **18**, with high diastereocontrol.

Jiyong Hong of Duke University found (*Org. Lett.* **2011**, *13*, 5816) that **19** could be cyclized to *either* diastereomer of **20** by judicious optimization of the reaction conditions. Stacey E. Brenner-Moyer of Brooklyn College showed (*Org. Lett.* **2011**, *13*, 6460) that cyclization of racemic **21** in the presence of **22** and the Hayashi catalyst delivered an ~1:1 mixture of **23** and **24**, each with good stereocontrol. Kyoko Nakagawa-Goto of the University of North Carolina showed (*Synlett* **2011**, 1413) that the MOM ether **25**, prepared in high de by Evans alkylation, cyclized efficiently to **26**. Armen Zakarian of the University of California Santa Barbara cyclized (*Org. Lett.* **2011**, *13*, 3636) **27**, readily prepared in high ee by asymmetric Henry addition, to the enone **28**.

In the course of a synthesis of oximidine II **31**, Gunda I. Georg of the University of Minnesota planned (*Angew. Chem. Int. Ed.* **2011**, *50*, 7855) to cyclize the iodo alkyne **29**. The anticipated *E, Z* product was too unstable to be isolated, but could be reduced *in situ* to the desired *E, Z, Z* triene **30**.

46. C–O Ring Construction: The Reisman Synthesis of (–)-Acetylaranotin

Tristan H. Lambert
January 14, 2013

THE PRINS CYCLIZATION is a powerful approach for the construction of oxygen-containing heterocycles. B.V. Subba Reddy at the Indian Institute of Technology has reported (*Tetrahedron Lett.* **2012**, *53*, 3100) an approach to 2,6-dioxabicyclo[3.2.1]octanes **2** by way of a tandem Prins reaction/intramolecular acetalization of the diol **1** and a variety of aldehydes. Christine L. Willis of the University of Bristol utilized (*Angew. Chem. Int. Ed.* **2012**, *51*, 3901) nontraditional γ, δ-unsaturated alcohols **3** for a Prins-type strategy to access bicyclic heterocycles **5**, while Zhenlei Song of Sichuan University employed (*Angew. Chem. Int. Ed.* **2012**, *51*, 5367) a bis(silyl) homoallylic alcohol **7** in the synthesis of structures such as **8**, corresponding to the B ring of the bryostatins. In a mechanistically related process, the conversion of unsaturated ketones **9** to tetrahydropyranyl products **11** by treatment with a boronic acid **10** and triflic anhydride was described (*Org. Lett.* **2012**, *14*, 1187) by Aurelio G. Csáky at the Universidad Complutense in Spain.

A powerful approach to heterocycles is via the ring expansion of smaller, and especially strained, ring systems. Jon T. Njardarson of the University of Arizona has been exploring such strategies and has reported (*Angew. Chem. Int. Ed.* **2012**, *51*, 5675) the conversion of vinyl oxetanes to dihydropyrans via catalysis by transition metals or Brønsted acids. The use of a chiral catalyst such as **13** allowed for the enantioselective conversion of divinyl oxetane **12** to enantioenriched dihydropyran **14**. Meanwhile, Amir H. Hoveyda at Boston College and Richard R. Schrock at MIT have developed (*J. Am. Chem. Soc.* **2012**, *134*, 2788) a highly reactive and stereoselective catalyst for the ring-opening/cross-metathesis of several ring systems such as **15** with enol ethers. Notably, reactions occur rapidly (e.g., 10 min) using as little as 0.15 mol% catalyst.

An alkynyl cyclopropyl ketone such as **17** can be converted (*Angew. Chem. Int. Ed.* **2012**, *51*, 4112) to products **18** by treatment with a gold/silver catalyst mixture, as shown by Zhongwen Wang at Nankai University. Notably, the oxabicyclic ring structure contained within **18** is present in a diversity of natural product structures. Endoperoxides represent another intriguing naturally occurring motif often associated with useful biological activity. Tehshik P. Yoon at the University of Wisconsin at Madison has found (*Org. Lett.* **2012**, *14*, 1640) that six-membered endoperoxides such as **20** can be efficiently prepared by a ruthenium photocatalyst under visible light irradiation. This catalyst is significantly more effective than the organic photosensitizers traditionally used for such processes.

John Montgomery at the University of Michigan has reported (*Chem. Sci.* **2012**, *3*, 892) that the nickel-catalyzed reductive cyclization of alkynyl ketone **23** can be regiochemically controlled by the choice of carbene ligand. Use of the IMes ligand **22** results in production of the 12-membered macrolide **21**, which corresponds to the naturally occurring 10-deoxymethynolide. Alternatively, use of the ligand **24** results in a complete regiochemical reversal, leading to the 11-membered ring **25** as a single diastereomer.

The first enantioselective total synthesis of the epidithiodiketopiperazine natural product (−)-acetylaranotin has been achieved (*J. Am. Chem. Soc.* **2011**, *134*, 1930) by Sarah E. Reisman at the California Institute of Technology. Two notable challenges presented by acetylaranotin include how to prepare the complex dihydrooxepine rings and how to construct the dithiodiketopiperazine core under conditions that leave the dihydrooxepines intact. To set the absolute configuration, an enantioselective azomethine ylide cycloaddition between acrylate **26** and imine **27** delivered the pyrrolidine **28**. After conversion to intermediate **29**, the key dihydrooxepine ring was constructed by a metal-catalyzed heterocycloisomerization to produce **30**, followed by chloride elimination. Orthogonal deprotection provided access to amine **31** and acid **32**, which were successfully coupled and converted to the natural product. The use of basic conditions (not shown) to install the dithio functionality was key to maintaining the integrity of the dihydrooxepine rings.

47. C–O Ring Formation

Tristan H. Lambert
April 8, 2013

A REDUCTIVE RADICAL cyclization of tetrahydropyran **1** to form bicycle **2** using iron(II) chloride in the presence of $NaBH_4$ was reported (*Angew. Chem. Int. Ed.* **2012**, *51*, 6942) by Louis Fensterbank and Cyril Ollivier at the University of Paris and Anny Jutand at the Ecole Normale Supérieure. The enantioselective conversion of tetrahydrofuran **3** to spirocycle **5** via iminium ion-catalyzed hydride transfer/cyclization was developed (*Angew. Chem. Int. Ed.* **2012**, *51*, 8811) by Yong-Qiang Tu at Lanzhou University.

Daniel Romo at Texas A&M University showed (*J. Am. Chem. Soc.* **2012**, *134*, 13348) that enantioenriched tricyclic β-lactone **8** could be readily prepared via dyotropic rearrangement of the diketoacid **6** under catalysis by chiral Lewis base **7**. A dyotropic rearrangement was also utilized (*Angew. Chem. Int. Ed.* **2012**, *51*, 6984) by Zhen Yang at Peking University, Tuoping Luo at H3 Biomedicine in Cambridge, MA, and Yefeng Tang at Tsinghua University for the conversion of **9** to the bicyclic lactone **10**. In terms of the enantioselective synthesis of β-lactones, Karl Scheidt at Northwestern University found that NHC catalyst **12** effects (*Angew. Chem. Int. Ed.* **2012**, *51*, 7309) the dynamic kinetic resolution of aldehyde **11** to furnish the lactone **13** with very high ee. Meanwhile, Xiaomeng Feng at Sichuan University has developed (*J. Am Chem. Soc.* **2012**, *134*, 17023) a rare example of an enantioselective Baeyer-Villiger oxidation of 4-alkyl cyclohexanones such as **14**.

The diastereoselective preparation of tetrahydropyran **18** by Lewis acid-promoted cyclization of cyclopropane **17** was accomplished (*Org. Lett.* **2012**, *14*, 6258) by Jin Kun Cha at Wayne State University. Stephen J. Connon at the University of Dublin reported (*Chem.*

Commun. **2012**, *48*, 6502) the formal cycloaddition of aryl succinic anhydrides such as **18** with aldehydes to produce γ-butyrolactones, including **20**, in high ee.

The stereodivergent cyclization of **21** via desilylation-induced heteroconjugate addition to produce the complex tetrahydropyran **22** was discovered (*Org. Lett.* **2012**, *14*, 5550) by Paul A. Clarke at the University of York. Remarkably, while TFA produced a 13:1 diastereomeric ratio in favor of the *cis* diastereomer **22**, the use of TBAF resulted in complete reversal of diastereoselectivity.

A method for the oxytrifluoromethylation of unactivated olefins, such as in the conversion of acid **23** to lactone **25**, was developed (*J. Am. Chem. Soc.* **2012**, *134*, 12462) by Stephen L. Buchwald at MIT. Catalysis of halolactonization reactions has received significant attention as of late, and now Ying-Yeung Yeung at National University of Singapore has found (*J. Am. Chem. Soc.* **2012**, *134*, 16492) that the zwitterion **27** catalyzes the cyclization of alkenyl acid **26** to produce medium ring lactone **28**. Stephen F. Martin at the University of Texas at Austin developed (*Org. Lett.* **2012**, *14*, 6290) an enantioselective iodolactonization method using the bifunctional catalyst **30**. It is notable that high enantioselectivities were achieved with aliphatic substituents on the substrate olefin, such as in the cyclization of **29** to produce **31**.

48. C–O Ring Construction: (+)-Varitriol (Liu), (+)-Isatisine A (Panek), (+)-Herboxidiene/GEX1A (Ghosh), (–)-Englerin A (Chain), Platensimycin (Lear/Wright)

Douglass F. Taber
January 16, 2012

EN ROUTE TO (+)-varitriol **4**, Xue-Wei Liu of Nanyang Technological University coupled (*Org. Lett.* **2011**, *13*, 42) the glycosyl fluoride derived from **1** with the alkynyl fluoroborate salt **2** to give **3**.

James S. Panek of Boston University condensed (*Org. Lett.* **2011**, *13*, 502) the enantiomerically pure allyl silane **6** with the aldehyde **5** to give the tetrahydrofuran **7**. Further elaboration led to (+)-isatisine A **8**, the only alkaloid so far isolated from the roots and leaves of the traditional Asian folk medicine *Isatis indigotica*.

Arun K. Ghosh of Purdue University effected (*Org. Lett.* **2011**, *13*, 66) oxidative ring expansion of the enantiomerically pure furan **9** to give, after reduction, the enone **10**. This established the tetrahydropyran of (+)-herboxidiene **11**, also known as GEX1A.

William J. Chain of the University of Hawaii observed (*J. Am. Chem. Soc.* **2011**, *133*, 6553) unusual diastereoselectivity in the conjugate addition of the enone **12** to the enantiomerically pure aldehyde **13**. Although eight diastereomers could have been formed, the reaction mixture was 2/3 the diastereomer **14**. Reductive cyclization (SmI$_2$) of **14** then led to (–)-englerin A **15**.

Martin J. Lear of the National University of Singapore cyclized (*Org. Lett.* **2010**, *12*, 5510) the enantiomerically pure lactol **16** to **17** with catalytic Bi(OTf)$_3$. Dennis L. Wright of the University of Connecticut prepared (*Org. Lett.* **2011**, *13*, 2263) **21** by dipolar cycloaddition of **20** to **19**. Both **17** and **21** were carried on via intramolecular alkylation toward platensimycin **18**.

49. C–O Natural Products: (–)-Hybridalactone (Fürstner), (+)-Anthecotulide (Hodgson), (–)-Kumausallene (Tang), (±)-Communiol E (Kobayashi), (–)-Exiguolide (Scheidt), Cyanolide A (Rychnovsky)

Douglass F. Taber
April 16, 2012

CONTROL OF THE absolute configuration of adjacent alkylated stereogenic centers is a classic challenge in organic synthesis. In the course of the synthesis of (–)-hybridalactone **4**, Alois Fürstner of the Max-Planck-Institut Mülheim effected (*J. Am. Chem. Soc.* **2011**, *133*, 13471) catalytic enantioselective conjugate addition to the simple acceptor **1**. The initial adduct, formed in 80% ee, could readily be recrystallized to high ee.

In an alternative approach to high ee 2,3-dialkyl γ-lactones, David M. Hodgson of the University of Oxford cyclized (*Org. Lett.* **2011**, *13*, 5751) the alkyne **5** to an aldehyde, which was condensed with **6** to give **7**. Coupling with **8** then delivered (+)-anthecotulide **9**.

The enantiomerically pure diol **10** is readily available from acetylacetone. Weiping Tang of the University of Wisconsin dissolved (*Org. Lett.* **2011**, *13*, 3664) the symmetry of **10** by Pd-mediated cyclocarbonylation. The conversion of the lactone **11** to (–)-kumausallene **12** was enabled by an elegant intramolecular bromoetherification.

Shoji Kobayshi of the Osaka Institute of Technology developed (*J. Org. Chem.* **2011**, *76*, 7096) a powerful oxy-Favorskii rearrangement that enabled the preparation of both four- and five-membered rings with good diastereocontrol, as exemplified by the conversion of **13** to **14**. With the electron-withdrawing ether oxygen adjacent to the ester carbonyl, Dibal reduction of **14** proceeded cleanly to the aldehyde. Addition of ethyl lithium followed by deprotection completed the synthesis of (±)-communiol E.

En route to (−)-exiguolide **18**, Karl A. Scheidt of Northwestern University showed (*Angew. Chem. Int. Ed.* **2011**, *50*, 9112) that **16** could be cyclized efficiently to **17**. The cyclization may be assisted by a scaffolding effect from the dioxinone ring.

Dimeric macrolides such as cyanolide A **21** are usually prepared by lactonization of the corresponding hydroxy acid. Scott D. Rychnovsky of the University of California Irvine devised (*J. Am. Chem. Soc.* **2011**, *133*, 9727) a complementary strategy, the double Sakurai dimerization of the silyl acetal **19** to **20**.

50 C–O Containing Natural Products

Tristan H. Lamber
January 21, 2013

IT IS THOUGHT that the pseudopterane class of diterpenoid natural products, of which 11-gorgiacerol is a member, arises biosynthetically by a photo-ring contraction of the related furanocembranes. Johann Mulzer at the University of Vienna has applied (*Org. Lett.* **2012**, *14*, 2834) this logic to realize the total synthesis of 11-gorgiacerol. Ring-closing metathesis of the butenolide **1** using the Grubbs second generation catalyst produced the tricycle **2**. When irradiated, **2** undergoes a 1,3-rearrangement to furnish the natural product in good yield. Whether this rearrangement is concerted, or occurs stepwise via a diradical intermediate, is not known. Although ring-closing metathesis has become a reliable method for macrocycle construction, its use here to set what then becomes an extracyclic olefin is notable.

Berkelic acid is produced by an extremophile bacterium penicillium species that lives in the toxic waters of an abandoned copper mine, and this natural product has been found to possess some very intriguing biological activities. Not surprisingly, berkelic acid has attracted significant attention from synthetic chemists, including Francisco J. Fañanás of Universidad de Oviedo in Spain, who has developed (*Angew. Chem. Int. Ed.* **2012**, *51*, 4930) a scalable, protecting-group free total synthesis. The key step in this route is the remarkable silver(I)-catalyzed coupling of alkyne **3** and aldehyde **4** to produce, after hydrogenation, the structural core **5** of (−)-berkelic acid on a gram scale.

Some tools from the field of organocatalysis have been brought to bear (*Angew. Chem. Int. Ed.* **2012**, *51*, 5735) on a new total synthesis of the macrolide (+)-dactylolide by Hyoungsu Kim of Ajou University in Korea and Jiyong Hong of Duke University. The bridging tetrahydropyranyl ring is fashioned by way of an intramolecular 1,6-oxa conjugate addition of dienal **6** to produce **8** under catalysis by the secondary amine **7**. Following some synthetic manipulations, the macrocyclic ring **12** is subsequently forged by an NHC-catalyzed oxidative macrolactonization using the carbene catalyst **10** and diphenoquinone **11** as the oxidant.

A new approach to the nanomolar antimitotic agent spirastrellolide F methyl ester has been reported (*Angew. Chem. Int. Ed.* **2012**, *51*, 8739) by Alois Fürstner of the Max-Planck-Institut, Mülheim. Two elegant metal-catalyzed processes form the key basis of this strategy. The first of these processes entails ring-closing alkyne metathesis of the diyne **13** to form the macrocyclic alkyne **15** using the molybdenum alkylidyne catalyst **14**. The triphenylsilanolate ligands, which "impart a well-balanced level of Lewis acidity," are key to the effectiveness of catalyst **14** in this complex setting. Second, following removal of the two PMB protecting groups, alkyne **16** is subjected to a 6-*endo*-dig cyclization via catalysis with the cationic gold complex **17** to construct the dihydropyran ring of **18**. Notably, although other gold catalysts resulted in exclusive but undesired 5-*exo*-dig cyclization, **17** furnished **18** with an acceptable 5:1 *endo:exo* selectivity.

51. Total Synthesis of C–O Ring-Containing Natural Products

Tristan H. Lambert
April 15, 2013

SCOTT A. SNYDER AT Columbia University demonstrated (*J. Am. Chem. Soc.* **2012**, *134*, 17714) that tetrahydrofuran **1** could be readily converted to oxocane **2** by treatment with the BDSB reagent developed in his laboratory. Reduction of **2** with DIBAL-H initiated a second ring closure by mesylate displacement to form the bicycle **3**, which represented a formal total synthesis of laurefucin **4**.

Andrew L. Lawrence at the Australian National University found (*Org. Lett.* **2012**, *14*, 4537) that upon treatment with catalytic base, rengyolone **6**, which was prepared in one pot from phenol **5**, could be converted to the natural products incarviditone **7** and incarvilleatone **8**. This demonstration provides strong support for the postulated biomimetic formation of these natural products.

Shuanhu Gao at East China Normal University reported (*Angew. Chem. Int. Ed.* **2012**, *51*, 7786) the total synthesis of (+)-fusarisetin A **12** via biomimetic oxidation of equisetin **10** to produce the peroxy compound **11**, followed by reduction. The bicyclic carbon skeleton of equisetin **10** was synthesized by intramolecular Diels-Alder reaction of trienyl aldehyde **9**.

The ellagitannin natural product (+)-davidiin 15 possesses a glucopyranose core with the unusual $^1C_4$ (tetraaxial) conformation due to the presence of a biaryl bridge between two of the galloyl groups. Hidetoshi Yamada at Kwansei Gakuin University constructed (*Angew. Chem. Int. Ed.* **2012**, *51*, 8026) this bridge by oxidation with $CuCl_2$ of 13, in which the three sterically demanding triisopropylsiloxy groups enforce the requisite tetraaxial conformation.

John A. Porco, Jr. at Boston University applied (*J. Am. Chem. Soc.* **2012**, *134*, 13108) his asymmetric [3+2] photocycloaddition chemistry to the total synthesis of the aglain natural product (+)-ponapensin 20. Irradiation of hydroxyflavone 16 with methyl cinnamate 17 in the presence of diol 18 afforded the entire core framework 19 of ponapensin 20, which was accessed in just a few further synthetic transformations.

Finally, Silas P. Cook at Indiana University reported (*J. Am. Chem. Soc.* **2012**, *134*, 13577) a five-pot total synthesis of the antimalarial (+)-artemisinin 25. Cyclohexenone 21 was converted by simple operations to aldehyde 22. This aldehyde was then engaged in a [4+2] cycloaddition with the silyl ketene acetal 23 to produce, after an impressive Wacker oxidation of the disubstituted olefin, bicycle 24. Conversion of 24 to artemisinin 25 was accomplished by controlled treatment with singlet oxygen followed by treatment with acid.

52. C–N Ring Construction: The Harrity Synthesis of Quinolizidine (–)-217A

Douglass F. Taber
April 23, 2012

DAVID M. JENKINS OF the University of Tennessee devised (*J. Am. Chem. Soc.* **2011**, *133*, 19342) an iron catalyst for the aziridination of an alkene **1** with an aryl azide **2**. Yoshiji Takemoto of Kyoto University cyclized (*Org. Lett.* **2011**, *13*, 6374) the prochiral oxime derivative **4** to the azirine **5** in high ee. Organometallics added to **5** syn to the pendant ester.

Hyeung-geun Park of Seoul National University used (*Adv. Synth. Catal.* **2011**, *353*, 3313) a chiral phase transfer catalyst to effect the enantioselective alkylation of **6** to **7**. Yian Shi of Colorado State University showed (*Org. Lett.* **2011**, *13*, 6350) that a chiral Brønsted acid mediated the enantioselective cyclization of **8** to **9**. Mattie S.M. Timmer of Victoria University of Wellington and Bridget L. Stocker of Malaghan Institute of Medical Research effected (*J. Org. Chem.* **2011**, *76*, 9611) the oxidative cyclization of **10** to **11**. They also showed (*Tetrahedron Lett.* **2011**, *52*, 4803, not illustrated) that the same cyclization worked well to construct piperidine derivatives. Jose L. Vicario of the Universidad del País Vasco extended (*Adv. Synth. Catal.* **2011**, *353*, 3307) organocatalysis to the condensation of **12** with **13** to give the pyrrolidine **14**.

Jinxing Ye of the East China University of Science and Technology used (*Adv. Synth. Catal.* **2011**, *353*, 343) the same Hayashi catalyst to condense **15** with **16** to give **17**. André B. Charette of the Université de Montreal expanded (*Org. Lett.* **2011**, *13*, 3830) **18**, prepared by Petasis-Mannich coupling followed by ring-closing metathesis, to the piperidine **20**. Marco Bella of the "Sapienza" University of Roma effected (*Org. Lett.* **2011**, *13*, 4546) enantioselective addition of **22** to the prochiral **21** to give **23**. Ying-Chun Chen of Sichuan University and Chun-An Fan of Lanzhou University cyclized (*Adv. Synth. Catal.* **2011**, *353*, 2721) **24** to **25** in high ee.

Andreas Schmid of TU Dortmund showed (*Adv. Synth. Catal.* **2011**, *353*, 2501) that ω-laurolactam hydrolases could be used to cyclize the ester **26**, but not the free acid, to the macrolactam **27**. After investigating several metal-mediated C–C bond-forming alternatives en route to vaniprevir, Zhiguo J. Song and David M. Tellers of Merck Process settled (*J. Org. Chem.* **2011**, *76*, 7804) on C–N bond formation as the best way to prepare **29**.

Joseph P.A. Harrity of the University of Sheffield explored (*Chem. Commun.* **2011**, *47*, 9804) the reactivity of the versatile ene sulfonamide **30**. Cyclopropanation proceeded with high facial selectivity. Opening of the cyclopropane gave **31**, which was carried onto the frog alkaloid quinolizidine (−)-217 A **32**.

53. New Methods for C–N Ring Construction

Tristan H. Lambert
November 19, 2012

THE REDUCTION OF pyridines offers an attractive approach to piperidine synthesis, and now Toshimichi Ohmura and Michinori Suginome of Kyoto University have developed (*J. Am. Chem. Soc.* **2012**, *134*, 3699) a rhodium-catalyzed hydroboration of pyridines, including the reaction of **1** to produce **3**. Timothy J. Donohoe at the University of Oxford has found (*Org. Lett.* **2011**, *13*, 2074) that pyridinium silanes **4** undergo intramolecular hydride transfer by treatment with TBAF to produce dihydropyridones (e.g., **5**) with good diastereoselectivity.

Enantioselective amination of allylic alcohols has proven challenging, but Ross A. Widenhoefer at Duke University has reported (*Angew. Chem. Int. Ed.* **2012**, *51*, 1405) that a chiral gold catalyst can effect such intramolecular cyclizations with good enantioselectivity, as in the synthesis of **7** from **6**. Alternatively, Masato Kitamura at Nagoya University has developed (*Org. Lett.* **2012**, *14*, 608) a ruthenium catalyst that operates at as low as 0.05 mol% loading for the conversion of substrates such as **8** to **9**. Efforts to replace transition metal catalysts with alkaline earth metal-based alternatives have been gaining increasing attention, and Kai C. Hultzsch at Rutgers University has found (*Angew. Chem. Int. Ed.* **2012**, *51*, 394) that the magnesium complex **12** is capable of catalyzing intramolecular hydroamination (e.g., **10** to **11**) with high enantioselectivity. Meanwhile, a stereoselective Wacker-type oxidation of *tert*-butanesulfinamides such as **13** to produce pyrrolidine derivatives **14** has been disclosed (*Org. Lett.* **2012**, *14*, 1242) by Shannon S. Stahl at the University of Wisconsin at Madison.

Though highly desirable, Heck reactions have rarely proven feasible with alkyl halides due to competitive β-hydride elimination of the alkyl palladium intermediates. Sherry R. Chemler at the State University of New York at Buffalo has demonstrated (*J. Am. Chem. Soc.* **2012**, *134*, 2020) a copper-catalyzed enantioselective amination Heck-type cascade (e.g., **15** and **16** to **17**) that is thought to proceed via radical intermediates. David

L. Van Vranken at the University of California at Irvine has reported (*Org. Lett.* **2012**, *14*, 3233) the carbenylative amination of *N*-tosylhydrazones, which proceeds through η³-allyl Pd intermediates constructed via carbene insertion. This chemistry was applied to the two-step synthesis of caulophyllumine B from vinyl iodide **18** and *N*-tosylhydrazone **19**.

As part of the development of a piperidine chiron for the *Veratrum* alkaloids, Douglass F. Taber at the University of Delaware reported rearrangement of the bromohydrin **20** to pyrrolidine **22** in the presence of allenyl stannane **21** (*J. Org. Chem.* **2012**, *77*, 4235). Speaking of rearrangements, the interconversion of isomeric starting materials can sometimes pose a problem for selective synthesis, but Jeffrey Aubé at the University of Kansas has shown (*J. Am. Chem. Soc.* **2012**, *134*, 6528) that an equilibrating mixture of **23** and **24** (four total isomers) leads to a 10:1 stereoselectivity for the formation of **25** via an intramolecular Schmidt reaction.

An effective dipeptide-based phosphine catalyst **29** has been reported (*Angew. Chem. Int. Ed.* **2012**, *51*, 767) by Yixin Lu at the National University of Singapore for the [3+2] cycloaddition of imines **26** and allenoates **27** to produce enantioenriched dihydropyrroles **28**. Meanwhile, a remarkable rhodium-catalyzed cascade involving C–H activation, electrocyclization, and reduction (e.g., **30** to **31**) has been developed (*J. Am. Chem. Soc.* **2012**, *134*, 4064) by Robert G. Bergman at the University of California at Berkeley and Jonathan A. Ellman, now at Yale Universitfy.

For nitrogen heterocycle synthesis, the cyclization of linear precursors via C–H amination offers a potentially powerful strategy. Gong Chen at the Pennsylvania State University has now shown (*J. Am. Chem. Soc.* **2012**, *134*, 3) that azetidines such as **33** can be prepared via palladium-catalyzed C–H amination of **32**. The key to this chemistry is the use of coordinating protecting groups such as the picolinamide shown.

Finally, Erick M. Carreira at ETH Zürich has reported (*Org. Lett.* **2012**, *14*, 66) azaspiro[3.3]heptanes (e.g., **36**) as novel building blocks for drug discovery, which may be synthesized from precursor bromoalcohols **35**. Notably, the proper choice of base and solvent are critical to the desired oxetane formation, in that the use of potassium *tert*-butoxide in THF leads to selective Grob-type fragmentation to produce the 3-methylene azetidine **34** instead.

54. C–N Ring Construction: The Fujii/Ohno Synthesis of (–)-Quinocarcin

Douglass F. Taber
April 22, 2013

TSUTOMU KATSUKI OF Kyushu University devised (*Org. Lett.* **2012**, *14*, 4658) a Ru catalyst for the enantioselective aziridination of vinyl ketones such as **1**. David W.C. MacMillan of Princeton University added (*J. Am. Chem. Soc.* **2012**, *134*, 11400) **3** to the alkene **4** under single electron conditions to give **5** with high stereocontrol. Barry M. Trost of Stanford University effected (*J. Am. Chem. Soc.* **2012**, *134*, 4941) the Pd-catalyzed addition of **7** to an imine **6** to give the pyrrolidine **8**. More recently, he used (*J. Am. Chem. Soc.* **2013**, *135*, 2459) this approach to construct pyrrolidines containing defined quaternary centers.

Christoph Schneider of the Universität Liepzig employed (*Org. Lett.* **2012**, *14*, 5972) an organocatalyst to control the relative and absolute configuration not only of the nitrogen-containing ring, but also of the stereogenic center on the sidechain of the pyrrolidone **11**. Wei Wang of Lanzhou University also used (*Adv. Synth. Catal.* **2012**, *354*, 2635) an organocatalyst to assemble the pyrrolidine **14** bearing two stereogenic centers. Using a gold catalyst, Constantin Czekelius of the Freie Universität Berlin constructed (*Angew. Chem. Int. Ed.* **2012**, *51*, 11149) the pyrrolidine **16** having a defined quaternary center.

Motomu Kanai of the University of Tokyo used (*J. Am. Chem. Soc.* **2012**, *134*, 17019) a Cu catalyst to prepare both pyrrolidines and piperidines by condensing the precursor protected aminal **17** with a ketone **18**. Wolfgang Kroutil of the University of Graz effected (*Angew. Chem. Int. Ed.* **2012**, *51*, 6713) selective enzymatic reductive amination of the methyl ketone of **20** to give, after cyclization and hydrogenation, the 2,6-dialkyl piperidine **21**. Ramakrishna G. Bhat of the Indian Institute of Science Education and Research showed

(*J. Org. Chem.* **2012**, *77*, 11349) that the reductive cyclization of the amino acid derivative could proceed with high diastereoselectivity to give **23**.

Peter O'Brien of the University of York and Iain Coldham of the University of Sheffield prepared (*J. Am. Chem. Soc.* **2012**, *134*, 5300) both pyrrolidines and piperidines by metalation of an aryl derivative such as **24**, followed by alkylation. Shital K. Chattopadhyay of the University of Kalyani cyclized (*J. Org. Chem.* **2012**, *77*, 11056) the nitrone **26** to **27** with high diastereoselectivity. Darren J. Dixon of the University of Oxford used (*Org. Lett.* **2012**, *14*, 5290) a tandem combination of organocatalyzed addition followed by gold-catalyzed cyclization to convert **28** into the tetrahydropyridine **30**.

Nobutaka Fujii and Hiroaki Ohno of Kyoto University prepared (*Angew. Chem. Int. Ed.* **2012**, *51*, 9169) the allene **31** as an inconsequential mixture of diastereomers. Cyclization gave the alkyne **32**, which they then carried on to (−)-quinocarcin **33**.

55. C–N Ring Construction: The Hoye Synthesis of (±)-Leuconolactam

Douglass F. Taber
November 18, 2013

MANAS K. GHORAI OF the Indian Institute of Technology, Kanpur depended (*J. Org. Chem.* **2013**, *78*, 2311) on memory of chirality during deprotonation to convert **1** to the aziridine **3**. X. Peter Zhang of the University of South Florida demonstrated (*Angew. Chem. Int. Ed.* **2013**, *52*, 5309) that Co-catalyzed enantioselective aziridination is compatible with fluoroaromatics such as **5**.

David M. Hodgson of the University of Oxford prepared (*J. Org. Chem.* **2013**, *78*, 1098) the azetidine **8** by double deprotonation of **7** followed by acylation. Laurel L. Schafer of the University of British Columbia assembled (*Org. Lett.* **2013**, *15*, 2182) **11** by Ta-catalyzed aminoalkylation of **10** with **9**, followed by cyclization.

Nicholas A. Magnus of Eli Lilly reduced (*J. Org. Chem.* **2013**, *78*, 5768) the ketone **12** to the alcohol **13** with high de and ee. Pei-Qiang Huang of Xiamen University effected (*J. Org. Chem.* **2013**, *78*, 1790) the reductive addition of **14** to **15** to give **16**. The titanocene protocol reported (*Angew. Chem. Int. Ed.* **2013**, *52*, 3494) by Xiao Zheng, also of Xiamen University, effectively mediated similar transformations. En route to (−)-quinocarcin, Nobutaka Fujii and Hiroaki Ohno of Kyoto University cyclized (*Chem. Eur. J.* **2013**, *19*, 8875) **17** to **18** with high diastereoselectivity.

Dipolar cycloaddition, long a workhorse of pyrrolidine synthesis, has been improved by enantioselective organocatalysis. For instance, Liu-Zhu Gong of the University of Science and Technology of China combined (*Org. Lett.* **2013**, *15*, 2676) **19**, **20**, and **21** to give the triester **22**.

Qi-Lin Zhou of Nankai University reduced (*Angew. Chem. Int. Ed.* **2013**, *52*, 6072) the tetrahydropyridine **23** to **24** in high ee. Takaaki Sato and Noritaka Chida of Keio University cyclized (*Chem. Eur. J.* **2013**, *19*, 678) the intermediate from reduction of **25** to the piperidine **26**. Yasumasa Hamada of Chiba University devised (*Tetrahedron Lett.* **2013**, *54*, 1562) the rearrangement of **27** to the piperidine **28**. In a synthesis of (–)-hippodamine, Shigeo Katsumura of Kwansei Gakuin University used (*Org. Lett.* **2013**, *15*, 2758) the chiral auxiliary **29** to direct the combination of **30** with **31** to give **32**.

Thomas R. Hoye of the University of Minnesota devised (*Chem. Sci.* **2013**, *4*, 2262) the cyclization of maleimides such as **33**. The product **34** was the key intermediate for the synthesis of leuconolam **35**.

56. Alkaloid Synthesis: (−)-α-Kainic Acid (Cohen), Hyacinthacine A2 (Fox), (−)-Agelastatin A (Hamada), (+)-Luciduline (Barbe), (+)-Lunarine (Fan), (−)-Runanine (Herzon)

Douglass F. Taber
April 30, 2012

THE INTRAMOLECULAR ENE cyclization is still little used in organic synthesis. Theodore Cohen of the University of Pittsburgh trapped (*J. Org. Chem.* **2011**, *76*, 7912) the cyclization product from **1** with iodine to give **2**, setting the stage for an enantiospecific total synthesis of (−)-α-kainic acid **3**.

Intramolecular alkene hydroamination has been effected with transition metal catalysts. Joseph M. Fox of the University of Delaware isomerized (*Chem. Sci.* **2011**, *2*, 2162) **4** to the trans cyclooctene **5** with high diastereocontrol. Deprotection of the amine led to spontaneous cyclization, again with high diastereocontrol to hyacinthacine A2 **6**.

Yasumasa Hamada of Chiba University devised (*Org. Lett.* **2011**, *13*, 5744) a catalyst system for the enantioselective aziridination of cyclopentenone **7**. The product **8** was carried on to the tricyclic alkaloid (−)-agelastatin A **9**.

Guillaume Barbe, now at Novartis in Cambridge, MA, effected (*J. Org. Chem.* **2011**, *76*, 5354) the enantioselective Diels-Alder cycloaddition of acrolein **11** to the dihydropyridine **10**. Ring-opening ring-closing metathesis later formed one of the carbocyclic rings of (+)-luciduline **13**, and set the stage for an intramolecular aldol condensation to form the other.

Chun-An Fan of Lanzhou University employed (*Angew. Chem. Int. Ed.* **2011**, *50*, 8161) a *Cinchona*-derived catalyst for the enantioselective Michael addition to prepare **14**. Although **14** and **15** were only prepared in 77% ee, crystallization to remove the racemic component of a later intermediate led to (+)-lunarine **16** in high ee.

Seth B. Herzon of Yale University used (*Angew. Chem. Int. Ed.* **2011**, *50*, 8863) the enantioselective Diels-Alder addition with **18** to block one face of the quinone **17**. Reduction of **19** followed by methylation delivered an iminium salt, only one face of which was open for the addition of an aryl acetylide. Thermolysis to remove the cyclopentadiene gave an intermediate that was carried on to (+)-runanine **20**.

57. Alkaloid Synthesis: Indolizidine 207A (Shenvi), (–)-Acetylaranotin (Reisman), Flinderole A (May), Isohaouamine B (Trauner), (–)-Strychnine (MacMillan)

Tristan H. Lambert
November 26, 2012

RYAN A. SHENVI AT the Scripps Research Institute in La Jolla has reported (*J. Am. Chem. Soc.* **2012**, *134*, 2012) a procedure for the stereoselective formal hydroamination of aminodienes to produce indolizidines. The procedure involves an amine-directed hydroboration, followed by a B to N bond migration (cf. **2**) that is induced with molecular iodine and sodium methoxide. The pyrrolidinyl alcohols **3** generated upon oxidation can then be converted by a Mitsunobu reaction to the target bicyclic structures, including indolizidine 207A.

Jeremy A. May at the University of Houston has shown (*J. Am. Chem. Soc.* **2012**, *134*, 6936) that a biomimetic strategy to access members of the flindersial alkaloids is viable. Borrerine can be prepared in two steps from tryptamine and subsequently dimerized by treatment with acid. Notably, the exclusive formation of either flinderoles A and C or isoborreverine can be achieved by treatment with either acetic acid or $BF_3 \cdot OEt_2$, respectively. The different outcomes of these dimerizations are the result of competing formal [3+2] and [4+2] cycloaddition pathways.

The unusual paracyclophane-containing alkaloid haouamine B has undergone (*J. Am. Chem. Soc.* **2012**, *134*, 9291) a structural revision by Eva Zubia at the University of Cádiz due to the total synthesis of the reported structure (now called isohaouamine B) by Dirk Trauner at the University of Munich. To construct the strained paracyclophane moiety, the iodoamine **4** was deprotected and cyclized to produce structure **5**. Aromatization of the cyclohexenone ring then provided the energetic offset for the strain present in 6. This route provided useful quantities of isohaouamine B for biological testing.

Few natural products have captured the imaginations of chemists more than strychnine, and some of the most impressive achievements in the field of total synthesis have come from those who have taken up this challenge. David W.C. MacMillan at Princeton University has designed (*Nature* **2011**, *475*, 183) an enantioselective approach that not only furnishes (–)-strychnine in 12 steps, but also provides rapid access to a range of other biosynthetically related yet structurally diverse alkaloids, including (–)-akuammicine, (+)-aspidospermidine, (+)-vincadifformine, and (–)-kopsanone. Each of these total syntheses proceeds through a common intermediate **9** that is constructed by an organocatalytic cascade that merges the selenoindole **7** and propiolaldehyde. The idea of the "collective synthesis" of natural products may prove useful for the preparation of useful quantities of complex structures via common intermediates.

58. Alkaloid Synthesis: (+)-Deoxoprosopinine (Krishna), Alkaloid (−)-205B (Micalizio), FR901483 (Huang), (+)-Ibophyllidine (Kwon), (−)-Lycoposerramine-S (Fukuyama), (±)-Crinine (Lautens)

Douglass F. Taber
April 29, 2013

PALAKODETY RADHA KRISHNA of the Indian Institute of Chemical Technology observed (*Synlett* **2012**, 2814) high stereocontrol in the addition of allyltrimethylsilane to the cyclic imine derived from **1**. The product piperidine **2** was carried onto (+)-deoxoprosopinine **3**.

Glenn C. Micalizio of Scripps Florida condensed (*J. Am. Chem. Soc.* **2012**, *134*, 15237) the amine **4** with **5**. The ensuing intramolecular dipolar cycloaddition led to **6**, which was carried onto the *Dendrobates* alkaloid (−)-205B **7**.

Pei-Qiang Huang of Xiamen University showed (*Org. Lett.* **2012**, *14*, 4834) that the quaternary center of **9** could be established with high diastereoselectivity by activation of the lactam **8**, then sequential addition of two different Grignard reagents. Subsequent stereoselective intramolecular aldol condensation led to FR901843 **10**. More recently, Professor Huang, with Hong-Kui Zhang, also of Xiamen University, published (*J. Org. Chem.* **2013**, *78*, 455) a full account of this work.

In an elegant application of the power of phosphine-catalyzed intermolecular allene cycloaddition, Ohyun Kwon of UCLA added (*Chem. Sci.* **2012**, *3*, 2510) **12** to the imine **11** to give **13**. The cyclization elegantly set two of the four stereogenic centers of (+)-ibophyllidine **14**.

Tohru Fukuyama of the University of Tokyo initiated (*Angew. Chem. Int. Ed.* **2012**, *51*, 11824) a cascade cyclization between the enone **15** and the chiral auxiliary **16**. The product lactam **17** was carried onto (–)-lycoposerramine-S **18**.

Mark Lautens explored (*J. Am. Chem. Soc.* **2012**, *134*, 15572) the utility of the intramolecular aryne ene reaction, as illustrated by the cyclization of **19** to **20**. Oxidation cleavage of the vinyl group of **20** followed by an intramolecular carbonyl ene reaction led to (±)-crinine **21**.

59. Alkaloid Synthesis: Lycoposerramine Z (Bonjoch), Esermethole (Shishido), Goniomitine (Zhu), Grandisine (Taylor), Reserpine (Jacobsen)

Douglass F. Taber
November 25, 2013

JOSEP BONJOCH OF the Universitat de Barcelona extended (*Org. Lett.* 2013, *15*, 326) the Jørgensen variation of the Robinson annulation to the amine-substituted β-keto ester **1**. The product cis-fused sulfonamide **3**, readily brought to high ee by recrystallization, was carried onto (+)-lycoposerramine Z **4**.

Intramolecular ketene 2+2 cycloaddition is underdeveloped as a synthetic method. Kozo Shishido of the University of Tokushima observed (*Org. Lett.* 2013, *15*, 200) high diastereoselectivity in the cyclization of **5** to **6**. This set the stage for the synthesis of (-)-esermethole **7**.

Jieping Zhu of the Ecole Polytechnique Fédérale de Lausanne prepared (*Angew. Chem. Int. Ed.* 2013, *52*, 3272) the cyclopentene **8** by coupling the alkenyl triflate with the salt of an α-alkyl arylacetic acid. Ozonolysis followed by reductive work-up led to a diamino keto aldehyde that cyclized to **9**. Benzyl ether cleavage delivered (±)-goniomitine **10**.

Richard J.K. Taylor of the University of York developed (*Angew. Chem. Int. Ed.* **2013**, *52*, 1490) a powerful tandem conjugate addition-imination-methanolysis protocol. He had already prepared (+)-grandisine **11** from *N*-Boc prolinol. Amination-imination converted **11** to (+)-grandisine **12**. This was opened by methanolysis to (+)-grandisine G **13**.

Four diastereomers are possible from the condensation of **14** and **15**. Eric N. Jacobsen of Harvard University developed (*Org. Lett.* **2013**, *15*, 706) an organocatalyst that delivered **16** as the dominant diastereomer. This was readily converted to (+)-reserpine, the enantiomer of the natural product.

60. Substituted Benzenes: The Reddy Synthesis of Isofregenedadiol

Douglass F. Taber
June 25, 2012

JIANBO WANG OF Peking University (*Org. Lett.* **2011**, *13*, 4988) and Patrick Y. Toullec and Véronique Michelet of Chimie ParisTech (*Org. Lett.* **2011**, *13*, 6086) developed conditions for the electrophilic acetoxylation of a benzene derivative **1**. Seung Hwan Cho and Sukbok Chang of KAIST (*J. Am. Chem. Soc.* **2011**, *133*, 16382) and Brenton DeBoef of the University of Rhode Island (*J. Am. Chem. Soc.* **2011**, *133*, 19960) devised protocols for the electrophilic imidation of a benzene derivative **3**.

Vladimir V. Grushin of ICIQ Tarragona devised (*J. Am. Chem. Soc.* **2011**, *133*, 10999) a simple protocol for the cyanation of a bromobenzene **6** to the nitrile **7**. Hua-Jian Xu of the Hefei University of Technology (*J. Org. Chem.* **2011**, *76*, 8036) and Myung-Jong Jin of Inha University (*Org. Lett.* **2011**, *13*, 5540) established conditions for the efficient Heck coupling of a chlorobenzene **8**.

Jacqueline E. Milne of Amgen/Thousand Oaks reduced (*J. Org. Chem.* **2011**, *76*, 9519) the adduct from the addition of **11** to **12** to deliver the phenylacetic acid **13**. Jeffrey W. Bode of ETH Zurich effected (*Angew. Chem. Int. Ed.* **2011**, *50*, 10913) Friedel-Crafts alkylation of **14** with the hydroxamate **15** to give the *meta* product **16**.

B.V. Subba Reddy of the Indian Institute of Chemical Technology, Hyderabad took advantage (*Tetrahedron Lett.* **2011**, *52*, 5926) of the directing ability of the amide to effect selective *ortho* acetoxylation of **17**. Similarly, Frederic Fabis of the Université de Caen

Basse-Normandie used (*J. Org. Chem.* **2011**, *76*, 6414) the methoxime of **19** to direct *ortho* bromination, leading to **20**.

Teck-Peng Loh of Nanyang Technological University showed (*Chem. Commun.* **2011**, *47*, 10458) that the carbamate of **21** directed *ortho* C–H functionalization to give the ester **23**. Yoichiro Kuninobu and Kazuhiko Takai of Okayama University rearranged (*Chem. Commun.* **2011**, *47*, 10791) the allyl ester **24** directly to the *ortho*-allylated acid **25**.

Youhong Hu of the Shanghai Institute of Materia Medica (*J. Org. Chem.* **2011**, *76*, 8495) and Graham J. Bodwell of Memorial University (*J. Org. Chem.* **2011**, *76*, 9015) condensed a chromene **26** with a nucleophile **27** to give the arene **28**. C.V. Ramana of the National Chemical Laboratory prepared (*Tetrahedron Lett.* **2011**, *52*, 4627) the arene **31** by condensing **29** with **30** with high regioselectivity. En route to isofregenedadiol **36**, D. Srinivasa Reddy, now also at the National Chemical Laboratory, devised (*Org. Lett.* **2011**, *13*, 3690) a one-pot, four-step sequence to prepare the arene **35**.

61. Substituted Benzenes: The Alvarez-Manzaneda Synthesis of (–)-Akaol A

Douglass F. Taber
October 8, 2012

RAMIN GHORBANI-VAGHEI OF Bu-Ali Sina University devised (*Tetrahedron Lett.* **2012**, *53*, 2325) conditions for the bromination of an electron-deficient arene such as **1**. Yonghong Gu of the University of Science and Technology of China found (*Tetrahedron Lett.* **2011**, *52*, 4324) that an electron-rich anilide **3** could be oxidized to **4**. Sukbok Chang of KAIST (*J. Am. Chem. Soc.* **2012**, *134*, 2528) and Kouichi Ohe of Kyoto University (*Chem. Commun.* **2012**, *48*, 3127) devised protocols for the oxidative cyanation of **5** to **6**.

Phenylazocarboxylates and triazenes are stable, but have the reaction chemistry of diazonium salts. The aromatic substitution chemistry of these derivatives has not been much explored. As illustrated by the conversion of **7** to **8**, reported (*J. Org. Chem.* **2012**, *77*, 1520) by Markus R. Heinrich of the Universität Erlangen-Nürnberg, the benzene ring of the phenylazocarboxylate is reactive with nucleophiles. In contrast, triazene-activated benzene rings should be particularly reactive with electrophiles, as exemplified by the transformation, below, of **20** to **21**.

Melanie S. Sanford of the University of Michigan observed (*Org. Lett.* **2012**, *14*, 1760) good selectivity for **12** in the Pd-catalyzed reaction of **10** with **11**. Jérôme Waser of the Ecole Polytechnique Fédérale de Lausanne used (*Org. Lett.* **2012**, *14*, 744) **14** to alkynylate **13** to give **15**.

Sulfonyl chlorides such as **16** are readily prepared from the corresponding arene, and many are commercially available. Jiang Cheng of Wenzhou University found (*Chem. Commun.* **2012**, *48*, 449) conditions for the direct cyanation of **16** to **17**.

Kenneth M. Nicholas of the University of Oklahoma effected (*J. Org. Chem.* **2012**, *77*, 5600) selective *ortho* bromination of the carbamate **18** to give **19**. Stefan Bräse of KIT observed (*Angew. Chem. Int. Ed.* **2012**, *51*, 3713) *ortho* trifluoromethylation of the triazene **20** to give **21**. Ji-Quan Yu of Scripps/La Jolla designed (*Nature* **2012**, *486*, 518) the benzyl ether **22** to activate the arene for C–C bond formation at the meta position to give **23**.

Guo-Jun Deng of Xiangtan University employed (*Org. Lett.* **2012**, *14*, 1692) a borrowed hydrogen strategy to effect aromatization of **24** with nitrobenzene to give the aniline **25**. Zheng-Hui Guan of Northwest University assembled (*Org. Lett.* **2012**, *14*, 3506) the arene **28** by the oxidative combination of **26** and **27**.

En route to (–)-akaol A **32**, Enrique Alvarez-Manzaneda of the Universidad de Granada prepared (*Chem. Commun.* **2012**, *48*, 606) the diene **29** from (–)-sclareol. Diels-Alder cyclization followed by aromatization then established the aromatic ring of **31**.

62. Substituted Benzenes: The Subba Reddy Synthesis of 7-Desmethoxyfusarentin

Douglass F. Taber
June 17, 2013

ANDREY P. ANTONCHICK OF the Max-Planck-Institut Dortmund devised (*Org. Lett.* **2012**, *14*, 5518) a protocol for the direct amination of an arene **1** to give the amide **3**. Douglass A. Klumpp of Northern University showed (*Tetrahedron Lett.* **2012**, *53*, 4779) that under strong acid conditions, an arene **4** could be carboxylated to give the amide **6**. Eiji Tayama of Niigata University coupled (*Tetrahedron Lett.* **2012**, *53*, 5159) an arene **7** with the α-diazo ester **8** to give **9**. Guy C. Lloyd-Jones and Christopher A. Russell of the University of Bristol activated (*Science* **2012**, *337*, 1644) the aryl silane **11** to give an intermediate that coupled with the arene **10** to give **12**.

Ram A. Vishwakarma and Sandip P. Bharate of the Indian Institute of Integrative Medicine effected (*Tetrahedron Lett.* **2012**, *53*, 5958) ipso nitration of an areneboronic acid **13** to give **14**. Stephen L. Buchwald of MIT coupled (*J. Am. Chem. Soc.* **2012**, *134*, 11132) sodium isocyanate with the aryl chloride **15** (aryl triflates also worked well) to give the isocyanate **16**, which could be coupled with phenol to give the carbamate or carried onto the unsymmetrical urea.

Zhengwu Shen of the Shanghai University of Traditional Chinese Medicine used (*Org. Lett.* **2012**, *14*, 3644) ethyl cyanoacetate **18** as the donor for the conversion of the aryl bromide **17** to the nitrile **19**. Kuo Chu Hwang of the National Tsig Hua University showed (*Adv. Synth. Catal.* **2012**, *354*, 3421) that under the stimulation of blue LED light the Castro-Stephens coupling of **20** with **21** proceeded efficiently at room temperature.

Lutz Ackermann of the Georg-August-Universität Göttingen employed (*Org. Lett.* **2012**, *14*, 4210) a Ru catalyst to oxidize the amide **23** to the phenol **24**. Both Professor Ackermann (*Org. Lett.* **2012**, *14*, 6206) and Guangbin Dong of the University of Texas (*Angew. Chem. Int. Ed.* **2012**, *51*, 13075) described related work on the *ortho* hydroxylation of aryl ketones. George A. Kraus of Iowa State University rearranged (*Tetrahedron Lett.* **2012**, *53*, 7072) the aryl benzyl ether **25** to the phenol **26**. The synthetic utility of the triazene **27** was demonstrated (*Angew. Chem. Int. Ed.* **2012**, *51*, 7242) by Yong Huang of the Shenzen Graduate School of Peking University. The triazene effectively mediated *ortho* C–H functionalization to give **29**, then was carried on, inter alia, to the iodide **30**.

The dihydroisocoumarin 7-desmethoxyfusarentin **34** was isolated from the insect pathogenic fungus *Ophiocordyceps communis*. B.V. Subba Reddy prepared (*Tetrahedron Lett.* **2012**, *53*, 4051) the arene of **33** by the Alder-Rickert reaction of **31** with the Birch reduction product **32**.

63. Substituted Benzenes: The Gu Synthesis of Rhazinal

Douglass F. Taber
October 14, 2013

SISIR K. MANDAL of Asian Paints R&T Centre, Mumbai used (*Tetrahedron Lett.* **2013**, *54*, 530) a Ru catalyst to couple **2** with an electron-rich arene **1** to give **3**. Jun-ichi Yoshida of Kyoto University (*J. Am. Chem. Soc.* **2013**, *135*, 5000) and John F. Hartwig of the University of California, Berkeley (*J. Am. Chem. Soc.* **2013**, *135*, 8480) also reported direct amination protocols. Tommaso Marcelli of the Politecnico di Milano and Michael J. Ingleson of the University of Manchester effected (*J. Am. Chem. Soc.* **2013**, *135*, 474) the electrophilic borylation of the aniline **4** to give **5**. The regioselectivity of Ir-catalyzed borylation (*J. Am. Chem. Soc.* **2013**, *135*, 7572; *Org. Lett.* **2013**, *15*, 140) is complementary to the electrophilic process. Professor Hartwig carried (*Angew. Chem. Int. Ed.* **2013**, *52*, 933) the borylated product from **6** onto Ni-mediated coupling to give the alkylated product **7**. Weiping Su of the Fujian Institute of Research on the Structure of Matter devised (*Org. Lett.* **2013**, *15*, 1718) an intriguing Pd-mediated oxidative coupling of nitroethane **9** with **8** to give **10**. The coupling is apparently not proceeding via nitroethylene.

Peiming Gu of Ningxia University developed (*Org. Lett.* **2013**, *15*, 1124) an azide-based cleavage that converted the aldehyde **11** into the formamide **13**. Zhong-Quan Liu of Lanzhou University showed (*Tetrahedron Lett.* **2013**, *54*, 3079) that an aromatic carboxylic acid **14** could be oxidatively decarboxylated to the chloride **15**. Gérard Cahiez of the Université Paris 13 found (*Adv. Synth. Catal.* **2013**, *355*, 790) mild Cu-catalyzed conditions for the reductive decarboxylation of aromatic carboxylic acids, and Debabrata Maiti of the Indian Institute of Technology, Mumbai found (*Chem. Commun.* **2013**, *49*, 252) Pd-mediated conditions for the dehydroxymethylation of benzyl alcohols (neither illustrated). Pravin R. Likhar of the Indian Institute of Chemical Technology prepared (*Adv. Synth. Catal.* **2013**, *355*, 751) a Cu catalyst that effected Castro-Stephens coupling of **16** with **17** at room temperature. Arturo Orellana of York University (*Chem. Commun.* **2013**, *49*, 5420) and Patrick J. Walsh of the University of Pennsylvania (*Org. Lett.* **2013**, *15*, 2298) showed that a cyclopropanol **20** can couple with an aryl halide **19** to give **21**.

Yunkui Liu of Zhejiang University of Technology effected (*J. Org. Chem.* **2013**, *78*, 5932) specific *ortho* nitration of the methoxime **22** to give **23**. Jin-Quan Yu of Scripps/La Jolla devised (*J. Am. Chem. Soc.* **2013**, *135*, 9322) conditions for specific *ortho* phosphorylation of **25** to give **26**.

Sunggak Kim of Nanyang Technological University and Phil Ho Lee of Kangwon National University found (*Chem. Commun.* **2013**, *49*, 4682) that the monophosphoric acid group of **27** could direct *ortho* coupling with ethyl acrylate to give **28**. Professor Yu found (*J. Am. Chem. Soc.* **2013**, *135*, 7567) that the ether of **29** was also effective for directing *ortho* coupling with ethyl acrylate to give **30**.

Zhenhua Gu of the University of Science and Technology of China, following a protocol developed by Catellani, used (*J. Am. Chem. Soc.* **2013**, *135*, 9318) norbornene to direct the coupling and cyclization of **31** to give **32**. Reduction followed by lactam formation completed the synthesis of rhazinal **34**.

64. Heteroaromatic Construction: The Sperry Synthesis of (+)-Terreusinone

Douglass F. Taber
July 9, 2012

AKIO SAITO AND Yuji Hanzawa of Showa Pharmaceutical University found (*Tetrahedron Lett.* **2011**, *52*, 4658) that an alkynyl keto ester **1** could be oxidatively cyclized to the furan **2**. Eric M. Ferreira of Colorado State University showed (*Org. Lett.* **2011**, *13*, 5924) that depending on the conditions, a Pt catalyst could cyclize **3** to either **4** or **5**.

Shunsuke Chiba of Nanyang Technological University used (*J. Am. Chem. Soc.* **2011**, *133*, 13942) Cu catalysis for the oxidation of **6** to the pyrrole **7**. Vladimir Gevorgyan of the University of Illinois at Chicago devised (*Org. Lett.* **2011**, *13*, 3746) a convergent assembly of the pyrrole **10** from the alkyne **8** and the alkyne **9**.

Dale L. Boger of Scripps La Jolla extended (*J. Am. Chem. Soc.* **2011**, *133*, 12285) the scope of the Diels-Alder addition of the triazine **11** to an alkyne **12** to give the pyridine **13**. Tomislav Rovis, also of Colorado State University, used (*Chem. Commun.* **2011**, *47*, 11846) a Rh catalyst to add an alkyne **15** to the oxime **14** to give the pyridine **16**. Sensuke Ogoshi of Osaka University, under Ni catalysis, added (*J. Am. Chem. Soc.* **2011**, *133*, 18018) a nitrile **18** to the diene **17** to give the pyridine **19**. Alexander Deiters of North Carolina State University showed (*Org. Lett.* **2011**, *13*, 4352) that the complex tethered diyne **20** combined with **21** with high regiocontrol to give **22**.

Yong-Min Liang of Lanzhou University prepared (*J. Org. Chem.* **2011**, *76*, 8329) the indole **24** by cyclizing the alkyne **23**. Xiuxiang Qi and Kang Zhao of Tianjin University found (*J. Org. Chem.* **2011**, *76*, 8690) that the enamine **25** could be oxidatively cyclized to the indole **26**. Kazuhiro Yoshida and Akira Yanagisawa of Chiba University established (*Org. Lett.* **2011**, *13*, 4762) that ring-closing metathesis converted the keto ester **27** to the indole **28**. Alessandro Palmieri and Roberto Ballini of the Università di Camerino observed (*Adv. Synth. Catal.* **2011**, *353*, 1425) that the pyrrole **30** spontaneously added to the nitro acrylate **29** to give an adduct that cyclized to **31** on exposure to acid.

Jonathan Sperry of the University of Auckland effected (*Org. Lett.* **2011**, *13*, 6444) tandem Sonogashira/Larock coupling of **32** with two equivalents of the alkyne **33** to give **34**. Further cyclization followed by oxidation delivered (+)-terreusinone **35**.

65. Heteroaromatic Construction: The Sato Synthesis of (−)-Herbindole

Douglass F. Taber
October 15, 2012

TROELS SKRYDSTRUP OF Aarhus University devised (*Angew. Chem. Int. Ed.* **2012**, *51*, 4681) a gold-catalyzed protocol for the condensation of **1** with **2** to deliver the furan **3**. Thomas A. Moss of AstraZeneca Mereside found (*Tetrahedron Lett.* **2012**, *53*, 3056) that readily-available α-chloroaldehydes such as **4** could be combined with **5** to make the furan **6**. This same approach can be used to assemble pyrroles.

Yong-Qiang Tu and Shao-Hua Wang of Lanzhou University developed (*J. Org. Chem.* **2012**, *77*, 4167) a Pd-cascade cyclization that transformed the ester **7** into the pyrrole **8**. Cheol-Min Park of the Nanyang Technological University rearranged (*Chem. Commun.* **2012**, *48*, 3996; *J. Am. Chem. Soc.* **2012**, *134*, 4104) the oxime ether **10** to the pyrrole **11**.

Glenn C. Micalizio of Scripps/Florida established (*J. Am. Chem. Soc.* **2012**, *134*, 1352) a Ti-mediated coupling of **12** with an aromatic aldehyde to deliver the pyridine **13**. Yoichiro Kuninobu, now at the University of Tokyo, and Kazuhiko Takai of Okayama University observed (*Org. Lett.* **2012**, *14*, 3182) high regioselectivity in the Re-mediated condensation of **14** with **15** to give the pyridine **16**. Douglas M. Mans of GlaxoSmithKline, King of Prussia, cyclized (*Org. Lett.* **2012**, *14*, 1604) the amide **17** to the oxazole (not illustrated), leading, after intramolecular 4+2 cycloaddition, to the pyridine **18**. Karl Hemming of the University of Huddersfield combined (*Org. Lett.* **2012**, *14*, 126) the cyclopropenone **20** with the imine **19** to construct the pyridine **21**.

Shu-Jiang Tu of Xuzhou University and Guigen Li of Texas Tech University condensed (*Org. Lett.* **2012**, *14*, 700) enamine **22** with the aldehyde hydrate **23** to give the pyrrole **24**, which should be readily aromatized to the corresponding indole. Biaolin Yin of the South China University of Technology cyclized (*Org. Lett.* **2012**, *14*, 1098) the furan **25** to the indole **26**. Richmond Sarpong of the University of California, Berkeley rearranged (*J. Am. Chem. Soc.* **2012**, *134*, 9946) the alkynyl cyclopropane **27** to an intermediate that was aromatized to the indole **28**. Stefan France of Georgia Tech uncovered (*Angew. Chem. Int. Ed.* **2012**, *51*, 3198) an In catalyst that rearranged the cyclopropene **29** to the indole **30**.

Nozomi Saito and Yoshihiro Sato of Hokkaido University cyclized (*Org. Lett.* **2012**, *14*, 1914) **31** to the indoline **32**, which they carried on to (–)-herbindole A **33**. To transform the indoline into the indole later in the synthesis, they first deprotected the amine (Na/naphthalene), then oxidized. Likely, exposure of **32** to a strong base (*Tetrahedron* **2012**, *68, 4732*) could effect elimination directly to the indole.

66. Advances in Heterocyclic Aromatic Construction

Tristan H. Lambert
June 24, 2013

RUBÉN VICENTE AND Luis A. López at the University of Oviedo in Spain reported (*Angew. Chem. Int. Ed.* **2012**, *51*, 8063) the synthesis of cyclopropyl furan **2** from alkylidene **1** and styrene by way of a zinc carbene intermediate. The same substrate **1** was also converted (*Angew. Chem. Int. Ed.* **2012**, *51*, 12128) to furan **3** via catalysis with tetrahydrothiophene in the presence of benzoic acid by J. Stephen Clark at the University of Glasgow. Xue-Long Hou at the Shanghai Institute of Organic Chemistry discovered (*Org. Lett.* **2012**, *14*, 5756) that palladacycle **6** catalyzes the conversion of bicyclic alkene **4** and alkynone **5** to furan **7**. A silver-mediated C–H/C–H functionalization strategy for the synthesis of furan **9** from alkyne **8** and ethyl acetoacetate was developed (*J. Am. Chem. Soc.* **2012**, *134*, 5766) by Aiwen Lei at Wuhan University.

Ning Jiao at Peking University and East China Normal University found (*Org. Lett.* **2012**, *14*, 4926) that azide **10** and aldehyde **11** could be converted to either pyrrole **12** or **13** with complete regiocontrol by judicious choice of a metal catalyst. Meanwhile, Michael A. Kerr at the University of Western Ontario developed (*Angew. Chem. Int. Ed.* **2012**, *51*, 11088) a multicomponent synthesis of pyrrole **16** involving the merger of nitrone **14** and the donor–acceptor cyclopropane **15**. The pyrrole **16** was subsequently converted to an intermediate in the synthesis of the cholesterol-lowering drug compound Lipitor.

A robust synthesis of the ynone trifluoroboronate **17** was developed (*Org. Lett.* **2012**, *14*, 5354) by James D. Kirkham and Joseph P.A. Harrity at the University of Sheffield, which thus allowed for the ready production of trifluoroboronate-substituted pyrazole **18**.

An alternative pyrazole synthesis via oxidative closure of unsaturated hydrazine **19** to produce **20** was reported (*Org. Lett.* **2012**, *14*, 5030) by Yu Rao at Tsinghua University.

A unique fluoropyrazole construction was developed (*Angew. Chem. Int. Ed.* **2012**, *51*, 12059) by Junji Ichikawa at the University of Tsukuba that involved nucleophilic substitution of two of the fluorides in **21** to form pyrazole **22**. Yunfei Du and Kang Zhao at Tianjin University demonstrated (*Org. Lett.* **2012**, *14*, 5480) that β-acyloxylation of enamine **23** with acid **24** followed by dehydrative cyclization led to the formation of oxazole **25**. Amide formation between acid chloride **26** and propargyl amine (**27**) followed by iron(III) chloride-promoted cyclization led to oxazole **28** as reported (*Org. Lett.* **2012**, *14*, 4478) by Jeh-Jeng Wang at Kaohsiung Medical University in Taiwan. Ning Jiao at Peking University discovered (*Angew. Chem. Int. Ed.* **2012**, *51*, 11367) that phenylacetaldehyde (**29**) and amine **30** were converted to oxazole **31** by a copper-mediated oxygenation/annulation procedure.

An interesting approach to indole synthesis involving the cascade combination of aniline derivative **32** and sulfur ylide **33** was reported (*Angew. Chem. Int. Ed.* **2012**, *51*, 9137) by Wen-Jing Xiao at Central China Normal University and Lanzhou University. Finally, Jieping Zhu at the EPFL in Switzerland developed (*Angew. Chem. Int. Ed.* **2012**, *51*, 12311) a method to couple *ortho*-alkynylaniline **35** with 3-butyn-1-ol to produce the complex indole **36**.

67. Synthesis of Heteroaromatics

Tristan H. Lambert
October 21, 2013

PETER WIPF AT the University of Pittsburgh utilized (*J. Org. Chem.* **2013**, *78*, 167) an alkynol-furan Diels-Alder reaction to convert **1** into the hydroxyindole **2**. An intramolecular Larock indole synthesis was employed (*Angew. Chem. Int. Ed.* **2013**, *52*, 4902) by Yanxing Jia at Peking University for the conversion of aniline **3** to tricyclic indole **4**.

The reaction of boronodiene **5** with nitrosobenzene to produce pyrrole **6** was reported (*Chem. Commun.* **2013**, *49*, 5414) by Bertrand Carboni at CNRS University of Rennes and Andrew Whiting at Durham University. The merger of imine **7** with propargyl amine **8** in the presence of a strong base, leading to pyrrole **9**, was disclosed (*Org. Lett.* **2013**, *15*, 3146) by Boshun Wan at the Chinese Academy of Sciences. Bin Li and Baiquan Wang at Nankai University found (*Org. Lett.* **2013**, *15*, 136) that pyrrole **12** could be prepared by the oxidative annulation of enamide **10** with alkyne **11** via ruthenium catalysis in the presence of copper(II). Naohiko Yoshikai at Nanyang Technological University demonstrated (*Org. Lett.* **2013**, *15*, 1966) that *N*-allyl imine **13** could be cyclized to pyrrole **14** via dehydrogenative intramolecular Heck cyclization.

Rhett Kempe at the University of Bayreuth developed (*Nature Chem.* **2013**, *5*, 140) a "sustainable" pyrrole synthesis in which iridium complex **17** catalyzed the dehydrogenative coupling of alcohol **15** and phenylalaninol (**16**) to produce pyrrole **18**. In a related process, David Milstein at the Weizmann Institute of Science found (*Angew. Chem. Int. Ed.* **2013**, *52*, 4012) that the ruthenium complex **20** effected the transformation of 2-octanol (**19**) and **16** to furnish pyrrole **21**.

Synthesis of Heteroaromatics

An alternative ruthenium-catalyzed pyrrole synthesis from readily available components was developed (*Angew. Chem. Int. Ed.* **2013**, *52*, 597) by Matthias Beller, allowing for the preparation of **25** from ketone **22**, diol **23**, and amine **24**. Meanwhile, with a bit of heteroaromatic alchemy, Huw M.L. Davies at Emory University converted (*J. Am. Chem. Soc.* **2013**, *135*, 4716) the furan **26** to pyrrole **28** by reaction with triazole **27** under rhodium catalysis.

Professor Kempe also developed (*Angew. Chem. Int. Ed.* **2013**, *52*, 6326) a method for the synthesis of pyridine **30** from amino alcohol **29** and propanol using an iridium catalyst closely related to **17**. Copper and secondary amine "synergistic" catalysis was used (*J. Am. Chem. Soc.* **2013**, *135*, 3756) by Professor Yoshikai for the construction of pyridine **33** from oxime **31** and cinnamaldehyde (**32**). Tomislav Rovis at Colorado State University developed (*J. Am. Chem. Soc.* **2013**, *135*, 66) a rhodium-catalyzed procedure to generate pyridine **35** from unsaturated oxime **34** and ethyl acrylate, which proceeded with very high regioselectivity. Finally, the copper-mediated preparation of furan **38** from propiophenone (**36**) and cinnamic acid (**37**) was reported (*Org. Lett.* **2013**, *15*, 3206) by Yuhong Zhang at Lanzhou University.

68. Organocatalytic Carbocyclic Construction: The You Synthesis of (−)-Mesembrine

Douglass F. Taber
August 20, 2012

FRANK GLORIUS OF the Universität Münster devised (*Angew. Chem. Int. Ed.* **2011**, *50*, 12626) a catalyst for the enantioselective acylation of a cyclopropene **1** to the ketone **3**. Geum-Sook Hwang of Chungnam National University and Do Hyun Ryu of Sungkyunkwan University effected (*J. Am. Chem. Soc.* **2011**, *133*, 20708) the enantioselective addition of the diazo ester **5** to an α,β-unsaturated aldehyde **4** to give the cyclopropane **6**.

We showed (*J. Org. Chem.* **2011**, *76*, 7614) that face-selective allylation of an α-iodo enone **7** followed by Suzuki coupling and oxy-Cope rearrangement delivered the cyclopentanone **9**. Karl Anker Jørgensen of Aarhus University combined (*Org. Lett.* **2011**, *13*, 4790) *two* organocatalysts to effect the addition of **11** to an α,β-unsaturated aldehyde **10**, leading to the cyclopentenone **12**. Tomislav Rovis of Colorado State University also used (*Chem. Sci.* **2011**, *2*, 1835) two organocatalysts to condense **13** with **14** to give the cyclopentanone **15**. Gregory C. Fu, now at CalTech, found (*J. Am. Chem. Soc.* **2011**, *133*, 12293) that both enantiomers of the racemic allene **16** combined with **17** to give the cyclopentene **18** in high ee.

Piotr Kwiatkowski of the University of Warsaw found (*Org. Lett.* **2011**, *13*, 3624) that under elevated pressure (8–10 kbar), enantioselective conjugate addition of nitromethane proceeded well even with a β-substituted cyclohexenone **19**. Marco Bella of the Università di Roma observed (*Adv. Synth. Catal.* **2011**, *353*, 2648) remarkable diastereoselectivity in the addition of the aldehyde **22** to an activated acceptor **21**. Following the procedure of List, Jiong Yang of Texas A&M University cyclized (*Org. Lett.* **2011**, *13*, 5696) **24** to **25** in high ee. Bor-Cherng Hong of the National Chung Cheng University described (*Synthesis* **2011**, 1887) the double Michael combination of **26** with **27** to give **28** in high ee.

Observing a secondary ^{13}C isotope effect only at the β-carbon of **30**, Li Deng of Brandeis University concluded (*Chem. Sci.* **2011**, *2*, 1940) that the addition to **29** was stepwise, not concerted. In contrast, the cyclization of **32** to **33** reported (*Org. Lett.* **2011**, *13*, 3932) by Tadeusz F. Molinski of the University of California San Diego likely was concerted.

En route to (−)-mesembrine **36**, Shu-Li You of the Shanghai Institute of Organic Chemistry prepared (*Chem. Sci.* **2011**, *2*, 1519) the prochiral cyclohexadienone **34**. Kinetic organocatalyzed cyclization to **35** proceeded in high ee.

69. Organocatalyzed Carbocyclic Construction: (+)-Roseophilin (Flynn) and (+)-Galbulin (Hong)

Douglass F. Taber
December 10, 2012

ARMIDO STUDER OF Wilhems-University Münster effected (*Chem. Commun.* 2012, *48*, 5190) the enantioselective conjugate addition of **2** to **1**, leading to the cyclopropane **3**. Karl Anker Jørgensen of Aarhus University devised (*J. Am. Chem. Soc.* 2012, *134*, 2543) a route to cyclobutanes based on the enantioselective addition of **5** to the nitroalkene **4**. Jose L. Vicario of the Universidad del País Vasco reported (*Angew. Chem. Int. Ed.* 2012, *51*, 4104) a similar procedure.

Benjamin List of the Max-Planck-Institute Mülheim epoxidized (*Adv. Synth. Catal.* 2012, *354*, 1701) cyclopentenones such as **7** with high ee. Lutz H. Gade of the Universität Heidelberg observed (*J. Am. Chem. Soc.* 2012, *134*, 2946) high ee in the benzylation of **9**. Cheng Ma of Zhejiang University formylated (*J. Org. Chem.* 2012, *77*, 2959) cyclopentanone, then condensed the resulting aldehyde **12** with **13** to give **14**. Hao Xu of Georgia State University cyclized (*Org. Lett.* 2012, *14*, 858) **15** to the cyclopentenone **16**.

(+)-Rosephilin **19** inhibits several phosphatases. Bernard L. Flynn of Monash University prepared (*Org. Lett.* 2012, *14*, 1740) the carbocyclic core of **19** by cyclizing **17** to the cyclopentenone **18**.

Masanori Yoshida of Hokkaido University designed (*J. Org. Chem.* **2011**, *76*, 8513) a very simple organocatalyst for the enantioselective conjugate addition of **21** to **20**. Samuel H. Gellman of the University of Wisconsin showed (*Org. Lett.* **2012**, *14*, 2582) that nitromethane could be added to **23** with high ee. Hiroaki Sasai of Osaka University effected (*Angew. Chem. Int. Ed.* **2012**, *51*, 5423) the enantioselective cyclization of the prochiral **25**. Ying-Chun Chen of Sichuan University found (*Angew. Chem. Int. Ed.* **2012**, *51*, 4401) that the diene **27** could be converted to **29** by way of the intermediate trienamine.

Bor-Cherng Hong of the National Chung Cheng University observed (*Chem. Commun.* **2012**, *48*, 2385) that under organocatalysis, only one enantiomer of **31** would add to **30**, delivering **32** in high ee. Aromatization of **32** led to (+)-galbulin **33**.

70. Organocatalytic C–C Ring Construction: Prostaglandin $F_2\alpha$ (Aggarwal)

Douglass F. Taber
August 12, 2013

MARCO LOMBARDO of the Università degli Studi di Bologna devised (*Adv. Synth. Catal.* **2012**, *354*, 3428) a silyl-bridged hydroxyproline catalyst that mediated the enantioselective addition of **2** to cinnamaldehyde **1** to give **3**. Yoann Coquerel and Jean Rodriguez of Aix Marseille Université showed (*Adv. Synth. Catal.* **2012**, *354*, 3523) that a hybrid epi-cinchonine catalyst directed the enantioselective and diastereoselective addition of the amide **4** to the nitro alkene **5** to give **6**.

Magnus Rueping of RWTH Aachen observed (*Angew. Chem. Int. Ed.* **2012**, *51*, 12864) that a chiral Brønsted acid mediated the diastereoselective and enantioselective formation of **9** by the addition of **8** to cyclopentadiene **7**. Marco Bandini, also of the University of Bologna, combined (*Chem. Sci.* **2012**, *3*, 2859) organocatalysis with gold catalysis to effect the cyclization of **10** to **11**. Min Shi of the Shanghai Institute of Organic Chemistry prepared (*Chem. Commun.* **2012**, *48*, 2764) the quaternary cyclic amino acid derivative **14** by adding **13** to the acceptor **12**.

Makoto Tokunaga of Kyushu University prepared (*Org. Lett.* **2012**, *14*, 6178) the ketone **17** by the hydrolytic enantioselective protonation of the enol ester **15**. Hiyoshizo Kotsuki of Kochi University developed (*Synlett* **2012**, *23*, 2554) a dual catalyst combination that effectively mediated the enantioselective addition of malonate even to the congested acceptor

18. Yoshitaka Hamashima and Toshiyuki Kan of the University of Shizuoka established (*Org. Lett.* **2012**, *14*, 6016) a protocol for the enantioselective brominative cyclization of **21**, readily available by the reductive alkylation of benzoic acid.

Polycarbocyclic ring systems can also be prepared by organocatalysis. Ying-Chun Chen of Sichuan University tuned (*J. Am. Chem. Soc.* **2012**, *134*, 19942) cinchona-derived catalysts to selectively convert **23** into either *exo* (illustrated) or *endo* **25**. Peng-Fei Xu of Lanzhou University developed (*Angew. Chem. Int. Ed.* **2012**, *51*, 12339) a supramolecular iminium catalyst for the intramolecular Diels-Alder cycloaddition of **26**.

In a spectacular illustration of the power of organocatalysis, Varinder K. Aggarwal of the University of Bristol dimerized (*Nature* **2012**, *489*, 278) succinaldehyde from the hydrolysis of commercial **28** directly to the unsaturated aldehyde **29**. Diastereoselective conjugate addition led to prostaglandin $F_2\alpha$ **30**.

71. Organocatalyzed C–C Ring Construction: The Hayashi Synthesis of PGE$_1$ Me Ester

Douglass F. Taber
December 16, 2013

XIAOHUA LIU AND Xiaoming Feng of Sichuan University devised (*J. Org. Chem.* **2013**, *78*, 6322) a catalyst that mediated the addition of the ylide **2** to the enone **1** to give **3**. Peng-fei Xu of Lanzhou University found (*Chem. Commun.* **2013**, *49*, 4625) that the vinyl pyrrole **4** was sufficiently nucleophilic to add to **5**, leading to the cyclobutane **6**.

Albert Moyano of the Universitat de Barcelona added (*Eur. J. Org. Chem.* **2013**, 3103) **8** to the unsaturated aldehyde **7** to give the β-amino acid precursor **9**. Eugenia Marqués-López and Mathias Christmann, now at Freie Universität Berlin effected (*Synthesis* **2013**, *45*, 1016) the intramolecular Michael cyclization of **10** to give **11**. Delong Liu and Wanbin Zhang of Shanghai Jiao Tong University showed (*Synthesis* **2013**, *45*, 1612) that **12** and **13** could be combined to give the cyclopentane **14**. Ismail Ibrahem and Armando Córdova of Mid Sweden University combined (*Angew. Chem. Int. Ed.* **2013**, *52*, 6050) **15** and **16** to give **17**, with good control of the quaternary center.

Kamal Nain Singh of Panjab University prepared (*Synthesis* **2013**, *45*, 1406) a proline-derived sulfoxide that mediated the addition of cyclohexanone **18** to **19**. Intramolecular aldehyde alkylation is underdeveloped as a synthetic method. David W.C. MacMillan of Princeton University established (*J. Am. Chem. Soc.* **2013**, *135*, 9358) a single-electron transfer variant, cyclizing **21** to **22**. Arianna Quintavalla of the University of

Bologna effected (*Adv. Synth. Catal.* **2013**, *355*, 938) the double addition of nitromethane **24** to **23** to give **25**. John Cong-Gui Zhao of the University of Texas at San Antonio reported (*Chem. Eur. J.* **2013**, *19*, 1666; *J. Org. Chem.* **2013**, *78*, 4153) parallel results (not pictured) with aryl enones as the acceptors.

Bor-Cherng Hong of the National Chung Cheng University condensed (*Eur. J. Org. Chem.* **2013**, 2472) **26** with the alcohol **27** to give **28**. Again, good control of the quaternary center was observed.

Marc C. Kimber of Loughborough University used (*J. Org. Chem.* **2013**, *78*, 3476) an organocatalyst to rearrange the prochiral endoperoxide **29** to the hydroxy enone, to which malonate **30** was added to give **31**. Shu-Li You of the Shanghai Institute of Organic Chemistry cyclized (*Synlett* **2013**, *24*, 1201) the readily prepared dienone **32** to the tricyclic diketone **33**.

Yujiro Hayashi, now at Tohoku University, combined (*Angew. Chem. Int. Ed.* **2013**, *52*, 3450) **34** and **35** to give the aldehyde **36**, which was expeditiously carried on to prostaglandin E$_1$ methyl ester **37**. Cis-disubstituted aldehydes such as **36** will also provide ready access to the isoprostanes and neuroprostanes, an important class of mammalian hormones (*Prostaglandins Other Lipid Mediators* **2005**, *78*, 14).

72. Metal-Mediated Carbocyclic Construction: The Chen Synthesis of Ageliferin

Douglass F. Taber
August 13, 2012

DJAMALADDIN G. MUSAEV AND Huw M.L. Davies of Emory University designed (*J. Am. Chem. Soc.* **2011**, *133*, 19198) a Rh catalyst that added **2** to **1** to give **3** with high dr and ee. Shunichi Hashimoto of Hokkaido University reported (*Angew. Chem. Int. Ed.* **2011**, *50*, 6803) a Rh catalyst that would add the α-diazo ester **5** to a terminal alkyne **4** to give the cyclopropene **6** in high ee.

Gaëlle Blond and Jean Suffert of the Université de Strasbourg cyclized (*Adv. Synth. Catal.* **2011**, *353*, 3151) the alkyne **7**, then coupled the Pd intermediate with a terminal alkyne **8** to give the cyclobutane **9**. Nuno Maulide of the Max-Planck-Institute Mülheim ionized (*Angew. Chem. Int. Ed.* **2011**, *50*, 12631) the lactone **10** to a prochiral intermediate, which could then be coupled with **11** to give either diastereomer of **12** in high ee.

Martin Hiersemann of the Technische Universität Dortmund devised (*Org. Lett.* **2011**, *13*, 4438) a Pd catalyst for the selective cyclization of **13** to **14**. Naoya Kumagai and Masakatsu Shibasaki of the Institute of Microbial Chemistry, Tokyo effected (*Angew. Chem. Int. Ed.* **2011**, *50*, 7616) the enantioselective Conia ene cyclization of **15** to **16**. Barry M. Trost of Stanford University developed (*J. Am. Chem. Soc.* **2011**, *133*, 19483) an enantioselective variant of the trimethylenemethane cycloaddition of **18** to **17** to give **19**. In the course of a synthesis of (−)-oseltamivir phosphate, Masahiko Hayashi of Kobe University found (*J. Org. Chem.* **2011**, *76*, 5477) conditions for the enantioselective oxidation of **20** to **21**.

Quanrui Wang of Fudan University and Andreas Goeke of Givaudan Fragrances (Shanghai) cyclized (*J. Org. Chem.* **2011**, *76*, 5825) the propargylic acetate **22** to the cyclohexenone **23**. Chuang-chuang Li, Tuoping Luo, and Zhen Yang of Peking University cyclized (*J. Am. Chem. Soc.* **2011**, *133*, 14944) the diyne **24** to the lactone **25**. Hiromitsu Takayama of Chiba University used (*Angew. Chem. Int. Ed.* **2011**, *50*, 8025) the silyl tether of **26** to constrain the diastereomeric outcome of the cyclization to **27**. E.J. Corey of Harvard University showed (*J. Am. Chem. Soc.* **2011**, *133*, 9724) that InI_3 catalyzed the conversion of **28** to **29**, with the secondary OH directing the absolute course of the cyclization.

En route to ageliferin, Chuo Chen of the University of Texas Southwestern Medical Center oxidized (*J. Am. Chem. Soc.* **2011**, *133*, 15350) **30** to a radical that cyclized to **31**. The secondary aminated center directed the cyclization cleanly, but in the opposite sense to what they had expected, so the final product was *ent*-ageliferin **32**.

73. Metal-Mediated Carbocyclic Construction: The Whitby Synthesis of (+)-Mucosin

Douglass F. Taber
December 17, 2012

ERICK M. CARREIRA OF ETH-Zürich generated (*Org. Lett.* **2012**, *14*, 2162) ethyl diazoacetate *in situ* in the presence of the alkene **1** and an iron catalyst to give the cyclopropane **3**. Joseph M. Fox of the University of Delaware inserted (*Chem. Sci.* **2012**, *3*, 1589) the Rh carbene derived from **5** into the alkene **4** to give the cyclopropene **6**, without β-hydride elimination. Masaatsu Adachi and Toshio Nishikawa of Nagoya University reduced (*Chem. Lett.* **2012**, *41*, 287) the enone **7** to give the cyclobutanol **8**.

Intramolecular ketene cycloaddition has been limited to very electron-rich acceptor alkenes. Xiao-Ping Cao and Yong-Qiang Tu of Lanzhou University devised (*Chem. Sci.* **2012**, *3*, 1975) a protocol that converted **9** into the cyclobutanone **10** with high diastereocontrol. The intermediate is the tosylhydrazone of the ketone, so a reductive workup would lead to the corresponding cycloalkane.

Koichi Mikami of the Tokyo Institute of Technology added (*J. Am. Chem. Soc.* **2012**, *134*, 10329) alkyl cuprates to the prochiral enone **11** to give the enolate trapping product **13** in high ee and with high diastereocontrol. Marcus A. Tius of the University of Hawaii found (*Angew. Chem. Int. Ed.* **2012**, *51*, 5727) a Pd catalyst for the Nazarov cyclization of **14** to **15**. Antoni Riera and Xavier Verdaguer of the Universitat de Barcelona prepared (*Org. Lett.* **2012**, *14*, 3534) **16** by enantioselective Pauson-Khand addition to tetramethyl norbornadiene. Conjugate addition followed by retro Diels-Alder could potentially lead to the cyclopentenone **17**.

The intermolecular Pauson-Khand cyclization often gives mixtures of regioisomers. José Barluenga of the Universidad de Oviedo demonstrated (*Angew. Chem. Int. Ed.* **2012**, *51*, 183) an alternative, the addition of an alkenyl lithium **19** to the Fischer carbene **18** leading to **20**.

Jian-Hua Xie and Qi-Lin Zhou of Nankai University hydrogenated (*Adv. Synth. Catal.* **2012**, *354*, 1105; see also *Org. Lett.* **2012**, *14*, 2714) the ketone **21** under epimerizing conditions to give the alcohol **22**. Kozo Shishido of the University of Tokushima observed (*Tetrahedron Lett.* **2012**, *53*, 145) that the intramolecular Heck cyclization of **23** proceeded with high diastereocontrol. Zhi-Xiang Yu of Peking University devised (*Org. Lett.* **2012**, *14*, 692) an Rh catalyst for the cyclocarbonylation of **25** to **26**. En route to (−)-atrop-abyssomycin C, Filip Bihelovic and Radomir N. Saicic of the University of Belgrade cyclized (*Angew. Chem. Int. Ed.* **2012**, *51*, 5687) the bromoaldehyde **27** to the cyclohexane **29**.

Richard J. Whitby of the University of Southampton prepared (*Chem. Commun.* **2012**, *48*, 3332) the eicosanoid (+)-mucosin **34** by cyclizing the triene **30** with stoichiometric zirconocene ($0.50/mmol). The Zr in **31** has an empty orbital, like boron, allowing the subsequent transformation. Many other applications can be envisioned for this equilibrating cyclozirconation.

74. Metal-Mediated C–C Ring Construction: (+)-Shiromool (Baran)

Douglass F. Taber
August 19, 2013

SEIJI IWASA OF the Toyohashi University of Technology devised (*Adv. Synth. Catal.* **2012**, *354*, 3435) a water-soluble Ru catalyst for enantioselective intramolecular cyclopropanation that could be separated from the product and recycled by simple water/ether extraction. Minoru Isobe of the National Tsing Hua University combined (*Org. Lett.* **2012**, *14*, 5274) the Nicholas and Hosomi-Sakurai reactions to close the cyclobutane ring of **4**.

Kazunori Koide of the University of Pittsburgh established (*Tetrahedron Lett.* **2012**, *53*, 6637) that the activity of a Ru metathesis catalyst, shut down by the presence of TBAF, could be restored by the inclusion of TMS_2O. Jan Streuff of Albert-Ludwigs-Universität Freiburg demonstrated (*Angew. Chem. Int. Ed.* **2012**, *51*, 8661) that the enantiomerically pure Brintzinger complex mediated the reductive cyclization of **7** to **8**. Huw M.L. Davies of Emory University prepared (*J. Am. Chem. Soc.* **2012**, *134*, 18241) the cyclopentenone **11** by the Rh-mediated addition of **10** to **9** followed by elimination. Christophe Meyer and Janine Cossy of ESPCI ParisTech showed (*Angew. Chem. Int. Ed.* **2012**, *51*, 11540) that the Rh-mediated rearrangement of **12** to **13** proceeded with substantial diastereocontrol.

Jian-Hua Xie and Qi-Lin Zhou of Nankai University observed (*Org. Lett.* **2012**, *14*, 6158) that the enantioselective hydrogenation of **14** followed by Claisen rearrangement established the cyclic quaternary center of **17** with high stereocontrol. Ken Tanaka of the Tokyo University of Agriculture and Technology devised (*Angew. Chem. Int. Ed.* **2012**, *51*, 13031) the Rh-mediated addition of the enyne **18** to **19** to give the highly substituted cyclohexene **20**. Daesung Lee of the University of Illinois at Chicago showed (*Chem. Sci.*

2012, *3*, 3296) that the ring-opening/ring-closing metathesis of **21** delivered **22** with high diastereocontrol.

Andreas Speicher of Saarland University cyclized (*Org. Lett.* **2012**, *14*, 4548) **23** to **24** with significant atropisomeric induction. Erick M. Carreira of the Eidgenössische Technische Hochschule Zürich effected (*J. Am. Chem. Soc.* **2012**, *134*, 20276) the polycyclization of racemic **25** to **26** with high enantiomeric excess.

Medium rings are often the most difficult to construct, because of the inherent congestion across the forming ring. Phil S. Baran of Scripps/La Jolla effected (*Angew. Chem. Int. Ed.* **2012**, *51*, 11491) the cyclization of **27** to **28** as a single dominant diastereomer. The epoxy alcohol **28** is a protean intermediate, convertible into a range of both natural products and of natural product-like substances. One of the simplest of the former was (+)-shiromool **29**.

75. Metal-Mediated Ring Construction: The Hoveyda Synthesis of (−)-Nakadomarin A

Douglass F. Taber
December 9, 2013

JOHN F. HARTWIG OF the University of California, Berkeley effected (*J. Am. Chem. Soc.* **2013**, *135*, 3375) selective borylation of the cyclopropane **1** to give **2**. It would be particularly useful if this borylation could be made enantioselective. Eric M. Ferreira of Colorado State University showed (*Org. Lett.* **2013**, *15*, 1772) that the enantiomeric excess of **3** was transferred to the highly substituted cyclopropane **4**. Antonio M. Echavarren of ICIQ Tarragona demonstrated (*Org. Lett.* **2013**, *15*, 1576) that Au-mediated cyclobutene construction could be used to form the medium ring of **6**. Joseph M. Fox of the University of Delaware developed (*J. Am. Chem. Soc.* **2013**, *135*, 9283) what promises to be a general enantioselective route to cyclobutanes such as **8** by way of the intermediate bicyclobutane (not illustrated). Huw M.L. Davies of Emory University reported (*Org. Lett.* **2013**, *15*, 310) a preliminary investigation in this same direction.

Masahisa Nakada of Waseda University prepared (*Org. Lett.* **2013**, *15*, 1004) the cyclopentane **10** by enantioselective cyclization of **9** followed by reductive opening. Young-Ger Suh of Seoul National University cyclized (*Org. Lett.* **2013**, *15*, 531) the lactone **11** to the cyclopentane **12**. Xavier Ariza and Jaume Farràs of the Universitat de Barcelona optimized (*J. Org. Chem.* **2013**, *78*, 5482) the Ti-mediated reductive cyclization of **13** to **14**. The hydrogenation catalyst reduced the intermediate Ti–C bond without affecting the alkene.

Erick M. Carreira of ETH Zürich observed (*Angew. Chem. Int. Ed.* **2013**, *52*, 5382) that a sterically demanding Rh catalyst mediated the highly diastereoselective cyclization of **15** to **16**. The ketone **16** was the key intermediate in a synthesis of the epoxyisoprostanes.

Jianrong (Steve) Zhou of Nanyang Technological University used (*Angew. Chem. Int. Ed.* **2013**, *52*, 4906) a Pd catalyst to effect the coupling of **17** with the prochiral **18**. Geum-Sook Hwang and Do Hyun Ryu of Sungkyunkwan University devised (*J. Am. Chem. Soc.* **2013**, *135*, 7126) a boron catalyst to effect the addition of the diazo ester **21** to **20**. They showed that the sidechain stereocenter was effective in directing the subsequent hydrogenation of **22**.

Luis A. Maldonado of the Universidad Nacional Autónoma de México found (*J. Org. Chem.* **2013**, *78*, 5282) conditions for aldol condensation of the Cu/Al enolate from the enantioselective addition of Me$_3$Al to **23**. David A. Evans of Harvard University observed (*J. Org. Chem.* **2013**, *78*, 175) that the Z-acceptor of **26** constrained the intramolecular Michael addition to proceed with high diastereocontrol.

Amir H. Hoveyda of Boston College developed (*Chem. Eur. J.* **2013**, *19*, 2726) W catalysts that effected kinetic ring-closing metathesis with high Z selectivity, as illustrated by the cyclization of **28** to **29**. The catalyst was not sensitive to moisture and worked well even in the presence of a basic N.

76. Intramolecular Diels-Alder Cycloaddition: 7-Isocyanoamphilecta-11(20),15-diene (Miyaoka), (–)-Scabronine G (Kanoh), Basiliolide B (Stoltz), Hirsutellone B (Uchiro), Echinopine A (Chen)

Douglass F. Taber
August 27, 2012

THE AMPHILECTANE DITERPENES, exemplified by 7-isocyanoamphilecta-11(20),15-diene **3**, have been little investigated. In the course of a synthesis of **3**, Hiroaki Miyaoka of the Tokyo University of Pharmacy and Life Sciences took advantage (*Synlett* **2011**, 547) of the kinetic enolization and silylation of **1** to convert it into a trienone that spontaneously cyclized to **2**.

Scabronine G **6**, isolated from the mushroom *Sarcodon scabrosus*, was found to enhance the secretion of neurotrophic factors from 1321N1 astrocytoma cells. To set the absolute configuration of the two quaternary centers that are 1, 4 on the cyclohexane ring of **6**, Naoki Kanoh and Yoshiharu Iwabuchi of Tohoku University cyclized (*Org. Lett.* **2011**, *13*, 2864) **4** to **5**. Although described by the authors as a double Michael addition, this transformation has the same connectivity as an intramolecular Diels-Alder cycloaddition.

The diterpenes isolated from the genus *Thapsia*, represented by basiliolide B **9**, induce rapid mobilization of intracellular Ca^{2+} stores. Brian M. Stoltz of Caltech effected (*Angew. Chem. Int. Ed.* **2011**, *50*, 3688) Claisen rearrangement of **7** to give an intermediate that cyclized to **8** as a mixture of diastereomers. A significant challenge in the synthesis was the assembly of the delicate enol ether/lactone of **9**.

Hirsutellone B **12**, isolated from *Hirsutella nivea*, shows significant antituberculosis activity. Hiromi Uchiro of the Tokyo University of Science found it useful (*Org. Lett.* **2011**, *13*, 6268) to protect the intermediate unsaturated keto ester by intermolecular cycloaddition with pentamethylcyclopentadiene before constructing the triene of **10**. Simple thermolysis reversed the intermolecular addition, opening the way to intramolecular cycloaddition to give **11**.

The tetracyclic ring system of the diterpene echinopine A **15** represents a substantial synthetic challenge. David Y.-K. Chen of Seoul National University approached this problem (*Org. Lett.* **2011**, *13*, 5724) by Pd-mediated cyclization of **13** to the diene, which then underwent intramolecular Diels-Alder cycloaddition to give **14**, with control of the relative configuration of two of the three ternary centers of **15**. Double bond migration followed by oxidative cleavage of the resulting cyclohexenone then set the stage for the intramolecular cyclopropanation that completed the synthesis of **15**.

77. Diels-Alder Cycloaddition: Fawcettimine (Williams), Apiosporic Acid (Helmchen), Marginatone (Abad-Somovilla), Okilactomycin (Hoye), Vinigrol (Barriault), Plakotenin (Bihlmeier/Klopper)

Douglass F. Taber
December 24, 2012

HIGHLY SUBSTITUTED DIENES and dienophiles are often reluctant participants in intermolecular Diels-Alder cycloaddition. Nevertheless, Robert M. Williams of Colorado State University, in the course of a synthesis of fawcettimine **4**, was able (*J. Org. Chem.* **2012**, *77*, 4801) to prepare **3** by combining the enone **1** with the diene **2**.

Günter Helmchen of the Universität Heidelberg set (*J. Org. Chem.* **2012**, *77*, 4491) the single stereogenic center of **5** by Ir-catalyzed allylic alkylation. The Lewis acid that promoted the cycloaddition also conveniently removed the trityl protecting group, leading to **6**, that was saponified to apiosporic acid **7**.

Antonio Abad-Somovilla of the Universidad de Valencia prepared (*J. Org. Chem.* **2012**, *77*, 5664) the triene **8** in enantiomerically pure form from carvone. Despite the additional substitution on the diene, cycloaddition proceeded smoothly to give **9**, which was carried on to marginatone **10**.

One could envision that okilactomycin **13** could be formed by an intramolecular Diels-Alder cycloaddition. Thomas R. Hoye of the University of Minnesota observed (*Org. Lett.* **2012**, *14*, 828) that the tetraene tetronic acid corresponding to **11** was inert, but that the methyl ether **11** cyclized smoothly to **12**. Demethylation then gave the natural product **13**.

The complex polycyclic structure of vinigrol **16** challenged organic synthesis chemists for many years, until a route was established by Phil Baran of Scripps/La Jolla (Highlights September 6, 2010). Louis Barriault cyclized (*Angew. Chem. Int. Ed.* **2012**, *51*, 2111) **14** to **15** en route to a late intermediate in the Baran synthesis

It had been hypothesized that the natural product plakotenin **19** was formed naturally from a tetraene corresponding to **17**. The tetraene **17** was prepared and the cyclization was successful, "confirming" both the structure of the natural product and the biosynthetic hypothesis. Angela Bihlmeier and Wim Klopper of the Karlsruhe Institute of Technology calculated (*J. Am. Chem. Soc.* **2012**, *134*, 2154) the relative energies of the four competing transition states for the cyclization, leading to a correction of the structure of **18**, and so of the natural product **19**.

78. Diels-Alder Cycloaddition: Defucogilvocarcin V (Bodwell), (+)-Carrisone (Danishefsky), (+)-Fusarisetin A (Theodorakis), 9β-Presilphiperfolan-1α-ol (Stoltz), 7-Isocyano-11(20),14-epiamphilectadiene (Shenvi)

Douglass F. Taber
August 26, 2013

GRAHAM J. BODWELL OF Memorial University constructed (*J. Org. Chem.* **2012**, *77*, 8028) the third aromatic ring of defucogilvocarcin V **4** by the inverse electron demand addition of **1** to **2**. The methyl ester **3** provided a useful departure point for the preparation of analogues of **4**.

Samuel J. Danishefsky of Columbia University and Sloan-Kettering found (*Chem. Sci.* **2012**, *3*, 3076) that the kinetic product from the addition of **5** to **6** could be equilibrated with a trace of acid to the more stable regioisomer **7**. Oxidation to the enone followed by deoxygenation led to (+)-carissone **8**. Michael E. Jung of UCLA developed (*Org. Lett.* **2012**, *14*, 5169) Me$_3$Al-triflimide catalysts (not illustrated) for promoting difficult additions such as **5** to **6**.

Professor Danishefsky had demonstrated the efficacy of cyclobutenones as Diels-Alder dienophiles. More recently, he showed (*J. Am. Chem. Soc.* **2012**, *134*, 16080) that *intramolecular* cyclization of the cyclobutenone **9** led to the transfused, angularly substituted product **11**.

To prepare (+)-fusarisetin A **14**, Emmanuel A. Theodorakis of the University of California San Diego needed (*Chem. Sci.* **2012**, *3*, 3378) the all-*E* geometric isomer of **12**. He showed that equilibration of a 3:2 mixture with I_2 led to a single dominant isomer that could be taken directly into the cycloaddition.

Brian M. Stoltz of CalTech prepared (*Angew. Chem. Int. Ed.* **2012**, *51*, 9674) the triene **15** in enantiomerically enriched form by enantioselective allylation of a cycloheptenone derivative. Intramolecular cycloaddition of **15** established the tricyclic skeleton of 9β-presilphiperfolan-1α-ol **17**.

Ryan A. Shenvi of Scripps/La Jolla devised (*J. Am. Chem. Soc.* **2012**, *134*, 19604) the triene **19**. Addition of **18** to **19** gave an intermediate that was unraveled with catalytic Yb(OTf)$_3$ to give a trienone, which on heating engaged with the distal alkene to cyclize to **20**. This set the stage for diastereoselective conjugate addition leading to 7-isocyano-11(20),14-epiamphilectadiene **21**.

79. Diels-Alder Cycloaddition: (+)-Armillarivin (Banwell), Gelsemiol (Gademann), (+)-Frullanolide (Liao), Myceliothermophin A (Uchiro), Peribysin E (Reddy), Caribenol A (Li/Yang)

Douglass F. Taber
December 23, 2013

MARTIN G. BANWELL OF the Australian National University prepared (*Org. Lett.* **2013**, *15*, 1934) the enantiomerically pure diol **1** by fermentation of the aromatic precursor. Diels-Alder addition of cyclopentenone **2** proceeded well at elevated pressure to give **3**, the precursor to (+)-armillarivin **4**.

Karl Gademann of the University of Basel found (*Chem. Eur. J.* **2013**, *19*, 2589) that the Diels-Alder addition of **6** to **5** proceeded best without solvent and with Cu catalysis to give **7**. Reduction under free radical conditions led to gelsemiol **8**.

Chun-Chen Liao of the National TsingHua University carried out (*Org. Lett.* **2013**, *15*, 1584) the diastereoselective addition of **10** to **9**. A later oxy-Cope rearrangement established the octalin skeleton of (+)-frullanolide **12**.

D. Srinivasa Reddy of CSIR-National Chemical Laboratory devised (*Org. Lett.* **2013**, *15*, 1894) a strategy for the construction of the angularly substituted *cis*-fused aldehyde **15** based on Diels-Alder cycloaddition of **14** to the diene **13**. Further transformation led to racemic peribysin-E **16**. An effective enantioselective catalyst for dienophiles such as **14** has not yet been developed.

Hiromi Uchiro of the Tokyo University of Science prepared (*Tetrahedron Lett.* **2012**, *53*, 5167) the bicyclic core of myceliothermophin A **19** by $BF_3{\cdot}Et_2O$-promoted cyclization of the tetraene **17**. The single ternary center of **17** mediated the formation of the three new stereogenic centers of **18**, including the angular substitution.

En route to caribenol A **22**, Chuang-Chuang Li and Zhen Yang of the Peking University Shenzen Graduate School assembled (*J. Org. Chem.* **2013**, *78*, 5492) the triene **20** from two enantiomerically pure precursors. Inclusion of the radical inhibitor BHT sufficed to suppress competing polymerization, allowing clean cyclization to **21**. Methylene blue has also been used (*J. Am. Chem. Soc.* **1980**, *102*, 5088) for this purpose.

80. Chloranthalactone (Liu), Rumphellaone A (Kuwahara), Lactiflorin (Bach), Echinosporin (Hale), Harveynone (Taylor), (6,7-deoxy)-Yuanhuapin (Wender)

Douglass F. Taber
December 31, 2012

THE LINDENANE SESQUITERPENES, exemplified by chloranthalactone **4**, display interesting physiological activity. Bo Liu of Sichuan University assembled (*Organic Lett.* **2011**, *13*, 5406) **4** by opening the epoxide **1** to the carbene, which cyclized to **3**.

Establishment of the relative configuration of sidechain stereogenic centers is a continuing issue in carbocyclic synthesis. Shigefumi Kuwahara of Tohoku University paired (*Tetrahedron Lett.* **2012**, *53*, 705) Sharpless epoxidation, to prepare **5**, with the Stork epoxy nitrile cyclization, leading to (+)-rumphellaone A **7**.

Three competing structures had been put forward for the structure of (+)-lactiflorin **10**. Thorsten Bach of the Technische Universität München settled (*Angew. Chem. Int. Ed.* **2012**, *51*, 1261) this controversy by preparing the most likely structure, **10**, and showing that it was congruent with the natural product. A key step in the synthesis was the tethered 2+2 cycloaddition of **8** to give **9**.

The conversion of a carbohydrate to a carbocycle is a powerful strategy for the enantiospecific construction of natural products. En route to (−)-echinosporin **14**, Karl J. Hale of Queen's University Belfast added (*Org. Lett.* **2012**, *14*, 3024) the allene **12** to the enone **11**, prepared from glucose, to give the cyclopentene **13**.

Richard J.K. Taylor of the University of York prepared (*Tetrahedron Lett.* **2010**, *51*, 6619) the enone **16** by oxidation of *m*-iodophenol **15** followed by asymmetric epoxidation. Reduction followed by deprotection and Pd-mediated coupling delivered (−)-harveynone **17**.

Some of the daphnane diterpene orthoesters, exemplified by (*6,7-deoxy*)-yuanhuapin **20**, are single-digit nanomolar inhibitors of protein kinase C. Paul A. Wender of Stanford University, in the course of initial studies to optimize this remarkable activity, prepared (*Nature Chem.* **2011**, *3*, 615) **20** by way of the thermal cyclization of **18** to **19**.

81. Other Methods for C–C Ring Construction: The Liang Synthesis of Echinopine B

Douglass F. Taber
December 30, 2013

JINBO HU OF the Shanghai Institute of Organic Chemistry added (*Angew. Chem. Int. Ed.* **2012**, *51*, 6966) the enantiomerically pure sulfoximine **2** to **1** to give **3** in high de and ee. Richard P. Hsung of the University of Wisconsin devised (*Org. Lett.* **2012**, *14*, 5562) conditions for the 2+2 cyclization of **4** to the cyclobutane **5**.

Susumi Hatakeyama of Nagasaki University cyclized (*J. Org. Chem.* **2012**, *77*, 7364) the Sharpless-derived epoxide **6** to the cyclopentane nitrile **7**. Daesung Lee of the University of Illinois at Chicago generated (*Org. Lett.* **2013**, *15*, 2974) an intermediate silyloxy diazo alkane from **8** that cyclized to the diazene (Δ^1-pyrazoline) **9**. Claude Spino and Claude Y. Legault of the Université de Sherbrooke cyclized (*J. Am. Chem. Soc.* **2012**, *134*, 5938) **10** to the cyclopentene **11**. This reaction apparently proceeded via the intermediate alkenyl cyclopropane.

Pher G. Andersson effected (*J. Am. Chem. Soc.* **2012**, *134*, 13592) enantioselective hydrogenation of a variety of cyclic sulfones including **12**. Subsequent Ramberg-Bäcklund rearrangement completed the assembly of the cyclopentene **13**.

Enrique Mann of CSIC Madrid prepared (*Adv. Synth. Catal.* **2013**, *355*, 1237) **15** by gentle thermolysis of **14**. This cascade reaction proceeded by dipolar cycloaddition of the azide to the alkene, loss of N_2 to give the exocyclic enamine, and intramolecular conjugate addition.

Cyrille Kouklovsky and Guillaume Vincent of the Université de Paris-Sud added (*Chem. Eur. J.* **2013**, *19*, 5557) the nitroso sugar **17** to **16** to give **18** in high ee. Kozo Shishido of the University of Tokushima observed (*Synlett* **2013**, *24*, 61) that the intramolecular dipolar cycloaddition of the nitrile oxide derived from **19** gave **20** with high diastereocontrol. Isabelle Chataigner and Serge R. Piettre of the Université de Rouen showed (*Chem. Eur. J.* **2013**, *19*, 7181) that the dipole derived from **22** was powerful enough to add twice to the benzene derivative **21** to give **23**.

Ryan A. Shenvi of Scripps/La Jolla established (*Nat. Chem.* **2012**, *4*, 915) conditions for the "nonstop" cyclization of **24** to **25**. E.J. Corey of Harvard University devised (*J. Am. Chem. Soc.* **2012**, *134*, 11992) conditions for the enantioselective cyclization of **26** to **27**.

The cyclization of **28** to **29** was a key step in the synthesis of echinopine B **30** reported (*Org. Lett.* **2013**, *15*, 1978) by Guangxin Liang of Nankai University. This reaction proceeded by conversion of the ketone to the corresponding diazo alkane, followed by dipolar cycloaddition to the unsaturated ester, and then photochemically induced loss of N_2 from the cyclic diazene. It is instructive to compare this synthesis to the two previous routes to the echinopines that we have highlighted (OHL20120827, OHL20130401).

82. The Reisman Synthesis of (+)-Salvileucalin B

Douglass F. Taber
January 2, 2012

SALVILEUCALIN B **3** exhibits modest cytotoxicity against A549 (human lung adenocarcinoma) and HT-29 (human colon adenocarcinoma) cell lines. The compelling interest of **3** is its complex, highly functionalized heptacyclic skeleton. Sarah E. Reisman of the California Institute of Technology envisioned (*J. Am. Chem. Soc.* **2011**, *133*, 774) that the intramolecular cyclization of the diazo ketone **1** could offer an efficient entry to **2** and thus to **3**.

The key intermediate for the preparation of **1** was the acid **11**. It was not possible to achieve communication between the two stereogenic centers of **11**, so the decision was taken to establish these independently. This led to a strategy centered on the construction of the 1,2,3,4-tetrasubstituted aromatic ring.

The absolute configuration of the stereogenic center of **8** was set by enantioselective addition of **5** to the commercial aldehyde **4**. The absolute configuration of the second center was set using the Myers protocol. Although **10** could not be hydrolyzed without epimerization, cyclization followed by hydrolysis was effective, delivering **11** as a 10:1 mixture of diastereomers. From the algebra of mutual resolution, the major diastereomer, separated at a later stage, was of high enantiomeric purity.

The acid **11** was homologated, first by the Arndt-Eistert procedure, then by condensation of the methyl ester so prepared with the anion of acetonitrile. Exposure of the derived diazo nitrile **1** to Cu catalysis under brief microwave irradiation led to smooth cyclization to the hexacyclic ketone **2**.

Although the skeleton of **2** was readily assembled, it is highly strained. This was made clear on Dibal reduction of the derived enol triflate. The product was clearly not the desired aldehyde **2**, but rather **12**, the product of Claisen rearrangement.

Reasoning that the Claisen rearrangement is thermally reversible, and that the ether **12** would be stable to hydride, they carried forward with Dibal reduction—and were rewarded by the appearance of the desired primary alcohol from the reduction of **2**. Pd-mediated cyclocarbonylation delivered **13**, which was selectively oxidized to (+)-salvileucalin B **3**.

83. The Theodorakis Synthesis of (−)-Jiadifenolide

Douglass F. Taber
February 6, 2012

THERE HAS RECENTLY been a great deal of interest in the synthesis of natural products that promote neurite outgrowth. Emmanuel A. Theodorakis of the University of California, San Diego described (*Angew. Chem. Int. Ed.* **2011**, *50*, 3672) the preparation of one of the most potent (10 nM) of these, (−)-jiadifenolide **3**. Fittingly, a key transformation en route to this highly oxygenated *seco*-prezizaane was the oxidative rearrangement of **1** to **2**.

The starting point for the synthesis was the commercially available diketone **4**. Allylation followed by addition to **5** gave the prochiral triketone **6**. Enantioselective aldol condensation following the Tu/Zhang protocol then delivered the bicyclic enone **7**. Alkylation to give **8** proceeded with high diastereoselectivity, perhaps controlled by the steric bulk of the silyloxy group.

Exposure of the protected ketone to the McMurry reagent PhNTf$_2$ gave the enol triflate **9**, which smoothly carbonylated to the lactone **10**. Epoxidation with alkaline hydrogen peroxide followed by oxidation gave the carboxylic acid, which spontaneously opened the epoxide, leading to the bis lactone **1**.

With **1** in hand, the stage was set for the key oxidative rearrangement to **2**. It was envisioned that epoxidation would generate the *cis*-fused **11**, which on oxidation would undergo acid-catalyzed elimination to give **12**. The newly freed OH would then be in position to engage the lactone carbonyl, leading to **2**. In the event, oxidation of the epoxide with the Dess-Martin reagent required sonication for 2 h. The rearranged lactone, even though it was susceptible to further oxidation, was secured in 38% overall yield from **1**.

After hydrogenation and protection, preparation of the enol triflate **13** from the congested cyclopentanone necessitated the use of the more reactive Comins reagent. Hydrogenation of the trisubstituted alkene from coupling with Me$_3$Al then required 90 atmospheres of H$_2$ overpressure. Hydroxylation of the lactone **14** with the Davis oxaziridine followed by further oxidation to the ketone with the Jones reagent and deprotection then completed the synthesis of (−)-jiadifenolide **3**.

84. The Yamashita/Hirama Synthesis of Cortistatin A

Douglass F. Taber
March 5, 2012

A CENTRAL CHALLENGE in the synthesis of the antiangiogenic cortistatin A **3** is the stereocontrolled assembly of the cycloheptene ring. Shuji Yamashita and Masahiro Hirama of Tohoku University solved (*J. Org. Chem.* **2011**, *76*, 2408) this problem by the addition of the intermediate radical from the reduction of **1** in an intramolecular sense to the cyclohexenone of **1** to give **2**.

The starting point for the synthesis was the enantiomerically enriched enone **4**, prepared from the Hajos-Parrish ketone. Alkylation gave **6**, which was reduced, after some experimentation, selectively to the trans-fused ketone **7**. Pd-mediated oxidation of the silyl enol ether derived from **7** gave the enone, which was homologated to the aldehyde **8** by way of the corresponding enol triflate. Condensation with dihydroresorcinol **9** delivered the triene **10**, which was carried on the iodide **1**.

Unexpectedly, **1** readily epimerized at the indicated stereocenter, presumably by way of an equilibrating Claisen rearrangement. Fortunately, when the solid iodide was maintained at −30°C for 12 h, the desired diastereomer became dominant. The free radical reduction then proceeded smoothly to give **2**.

To introduce the pendant isoquinoline of the natural product, **2** was protected and oxidized to **11**. Reduction of the thiocarbamate derived from the tertiary alcohol **13**, with H atom transfer to the more open face of the intermediate free radical, then delivered **14**.

To oxidize **14** to the enone **15**, the ketone was deprotonated, then exposed to the Mukaiyama reagent **15**. Nucleophilic epoxidation followed by reduction, following the Nicolaou precedent, then set the stage for selective opening with dimethylamine, to complete the synthesis of (+)-cortistatin A **3**.

85. The Reisman Synthesis of (−)-Maoecrystal Z

Douglass F. Taber
April 2, 2012

(−)-MAOECRYSTAL Z **3** was isolated as a minor constituent from the Chinese medicinal herb *Isodon eriocalyx*. The synthesis of **3** reported (*J. Am. Chem. Soc.* **2011**, *133*, 14964) by Sarah E. Reisman of the California Institute of Technology, featuring as a key step the cyclization of **1** to **2**, is a tribute to the power of one-electron reduction for carbon–carbon bond construction.

The synthesis began with a Myers alkylation to prepare **6**. The amide was reduced to the alcohol with the convenient ammonia–borane complex, and the alcohol was carried on to the iodide **7**.

The first carbocyclic ring of **3** was prepared by classic chemistry, the condensation of dimethyl malonate **9** with mesityl oxide **8**, followed by selective removal of one of the ketone carbonyls. A salt-free Wittig reaction followed by hydrolysis, resolution, and reduction then completed the synthesis of **12**.

Exposure of **12** to peracid led to the epoxide **13** as an inconsequential mixture of diastereomers. The one-electron Nugent/RajanBabu/Gansäuer protocol was low yielding with methyl acrylate, but dramatically improved when the trifluoroethyl acrylate **14** was used as the acceptor. The lactone **15** was formed as a single diastereomer. Alkylation of **15** with **7** followed by oxidation gave **16**, which was deprotected and oxidized to give **1**.

The cascade cyclization of **1** presumably proceeded by initial one-electron reduction of the more accessible aldehyde. The cyclization of the resulting radical onto the alkene may have been assisted by complexation of the lactone carbonyl with the required second equivalent of SmI_2. The Sm enolate so prepared was then added to the second aldehyde to give **2**. This cyclization sets one quaternary and three ternary stereogenic centers.

Attempted monoprotection of **2** was not successful, so the bis acetate was prepared and ozonized, and the aldehyde was condensed with Eschenmoser's salt to give **17**. Careful monohydrolysis then completed the synthesis of (−)-maoecrystal Z **3**.

86. The Tan/Chen/Yang Synthesis of Schindilactone A

Douglass F. Taber
May 7, 2012

SCHINDILACTONE A **3** IS one of a closely related family of polycyclic lactones that have been used in China for the treatment of rheumatic disease. The synthesis of **3** reported (*Angew. Chem. Int. Ed.* **2011**, *50*, 7373) by Ye-Feng Tang of Tsinghua University and Jia-Hua Chen and Zhen Yang of Peking University is an elegant tour of metal-mediated bond construction, as exemplified by the cyclization of **1** to **2**.

The preparation of **1** began with the Diels-Alder reaction of **4** with the butadiene **5**. Addition of methyl magnesium chloride converted **6** to the crystalline lactone **7**. Angular hydroxylation followed by ring expansion gave the bromo enone **8**, which was homologated to the lactone **11**. Apparently, the bulky silyloxy group directed the addition of the butenyl Grignard reagent **10** to the top face of the ketone carbonyl. Hydroxylation of the lactone followed by the addition of **12** then gave **1** as a mixture of diastereomers.

Only one of the two diastereomers of **1** could undergo ring-closing metathesis to form the second of the three carbocyclic rings of **3**. The two lactol diastereomers were in equilibrium with each other by way of the open-chain enone. When $MgBr_2$ was added to encourage equilibration, the metathesis proceeded to completion to give **2**.

The tertiary alcohol of **2** was esterified with 2-butynoic acid to give **13**. Intramolecular Pauson-Khand cyclization, using the optimized protocol developed by the authors, then delivered the enone **13**, completing the last carbocyclic ring of **3**.

The last remarkable metal-mediated reaction in the synthesis was the oxidative carbonylation of **14** to **15**. It is not clear if the postcarbonylation event is direct Pd-mediated C–O bond formation or the intramolecular addition of alkoxide to a transient butenolide.

To complete the synthesis, **15** was methylated, then deprotonated and kinetically quenched to set the proper relative configuration of the last methyl group. Remarkably, despite the presence in the molecule of three other acidic protons, including the one that had just been removed and kinetically reset, exposure of the acetate **16** to a large excess of base, followed by oxidation, gave clean conversion to schindilactone A **3**.

87. The Garg Synthesis of (−)-*N*-Methylwelwitindolinone C

Douglass F. Taber
June 4, 2012

OF THE SEVERAL welwitindolinones, (−)-*N*-methylwelwitindolinone C **3** uniquely reverses P-glycoprotein-mediated multiple drug resistance. The preparation of **3** reported (*J. Am. Chem. Soc.* **2011**, *133*, 15797) by Neil K. Garg of UCLA illustrates the power in complex target-directed synthesis of late stage C–H functionalization.

The starting material **7** for this enantiospecific synthesis was prepared following the Natsume strategy (*Chem. Pharm. Bull.* **1994**, *42*, 1393) in the enantiomeric series. Commercial carvone **4** was reduced and protected, then oxidized and equilibrated to the dienone **6**. The pivalate efficiently directed the Cu-catalyzed conjugate addition of vinyl magnesium bromide, delivering **7**.

Hydrolysis of **7** gave **8**, to which the bromoindole **9** was added in a conjugate sense to give the adduct as a mixture of diastereomers, of which **1** was the more stable. Exposure of **1** to NaNH$_2$ in *t*-BuOH presumably generated the benzyne [indolyne] **10**, which cyclized to the ketone **2**.

The silyl ether **2** was deprotected and the alcohol was oxidized to give the diketone, which was selectively carried on to the enol triflate and thus to the stannane **11**. The alkenyl chloride of the natural product was installed by the oxidation of **11** with CuCl$_2$. Further oxidation with *N*-bromosuccinimide then delivered the oxindole **12**.

In the last stage of the synthesis, it was necessary to selectively aminate one of the bridgehead C–H's of **12**. To this end, the ketone was reduced and carried on to the carbamate **13**. Attempts to oxidatively cyclize **13** with Rh catalysts failed, but Ag was successful, delivering **14**. The final conversion of **15** to (−)-*N*-methylwelwitindolinone C **3** was achieved by exposure to the Kim reagent **16**.

88. The Krische Synthesis of Bryostatin 7

Douglass F. Taber
July 2, 2012

THE BRYOSTATINS, AS exemplified by bryostatin 7 **5**, are an exciting class of natural products. In addition to being effective antineoplastic agents, they show activity against Alzheimer's disease. The central ring-forming step in the synthesis of **5** reported (*J. Am. Chem. Soc.* **2011**, *133*, 13876) by Michael J. Krische of the University of Texas, Austin is the triply convergent coupling of the chirons **1** and **2** with the linchpin reagent **3**. The preparation of **1** and of **2** showcases the hydrogen transfer strategy for carbon–carbon bond construction developed by the Krische group.

The synthesis of **2** began with the previously described double coupling of the simple starting materials **6** and **7**. The product diol **8** had >99% ee. Ozonolysis of **8** was followed by a reductive coupling with the allene, which installed the gem dimethyl substituents of **2**, and also the third oxygenated stereogenic center.

The preparation of **1** proceeded from the aldehyde **10**, prepared by Sharpless asymmetric dihydroxylation of 3-pentenenitrile. The chelate-controlled addition of propargyl zinc **11** led to the alkyne **12**. Reductive coupling of the alkyne of **12** with the aldehyde of **13**, again following a Krische procedure, delivered **1**.

The triply convergent Keck-Yu condensation of **1** with **3**, and then with **2**, gave, after some manipulation, the desired tetrahydropyran **4**. Selective hydrolysis of the methyl ester in the presence of the acetates followed by selective silylation of two of the three secondary hydroxyls gave a suitable substrate for Yamaguchi cyclization to give **14**. Selective oxidative cleavage of two of the three alkenes then gave an intermediate keto aldehyde that was carried on to bryostatin 7 **5** following known procedures.

The key to the synthesis of the complex bryostatin 7 **5** was the ready supply of the chirons **1** and **2**, prepared by the simple but powerful enantioselective reductive couplings developed by the Krische group. These couplings will have many other applications in target-directed synthesis.

89. The Fukuyama Synthesis of Gelsemoxonine

Douglass F. Taber
August 6, 2012

THE COMPACT AND highly functionalized *Gelsemium* alkaloids, exemplified by gelsemine (OHL20060403) and gelsemoxonine **3**, offer a substantial challenge. The cytotoxicity of closely related alkaloids adds to the interest in this class. Tohru Fukuyama of the University of Tokyo envisioned (*J. Am. Chem. Soc.* **2011**, *133*, 17634) that cyclopropane-accelerated Cope rearrangement of **1** could deliver **2**, ready for further functionalization to **3**.

The starting material for the synthesis was the enantiomerically pure acetate **4**, for which a practical synthetic route was developed. Conjugate addition of **5** then proceeded away from the acetoxy group to give, after intramolecular alkylation, the cyclopropane **6**. Selective protection of the derived triol **7** led to a monopivalate that was oxidized to the keto aldehyde **8**. Condensation with the oxindole **9** followed by silylation then completed the assembly of **1**.

The trisubstituted alkene of **1** was established as a single geometric isomer. It followed that in the product **2**, the oxindole and the bridging ether had the appropriate relative stereochemical arrangement. The product silyl enol ether was deprotected with fluoride to liberate the ketone **2**.

With **2** in hand, the next challenge was the kinetic installation of the less stable secondary aminated stereogenic center. To this end, the aldehyde **10** was exposed to TMS-CN and

DBU. Under the reaction conditions, the alkene of the intermediate β,γ-unsaturated silylated cyanohydrin was brought into conjugation. Kinetic quench with allyl alcohol gave **11** with a 4:1 preference for the desired endo diastereomer **11**. Inversion of the carboxyl then led to the protected amine **12**. The ketone **12** was formylated under modified Vilsmeier-Haack conditions, first with Bredereck's reagent **13** and then with oxalyl chloride, leading to the chloro aldehyde **14**. The chlorine was removed by selective Pd-catalyzed reduction, and the product aldehyde was exposed to ethyl magnesium bromide followed by IBX to give the ethyl ketone **15**. Epoxidation of the α,β-unsaturated ketone proceeded across the expected exo face leading to **16**. The deprotected amine then opened the epoxide to establish the aminated quaternary center and complete the synthesis of gelsemoxonine **3**.

This synthesis of **3** is an elegant illustration of designed stereochemical control. It is noteworthy that the secondary acetate of **4**, which sets the absolute configuration of the final product, is not in that product, and in fact was removed as soon as it had served its purpose.

90. The Carreira Synthesis of (+)-Daphmanidin E

Douglass F. Taber
September 3, 2012

(+)-DAPHMANIDIN E **3**, isolated from the leaves of *Daphniphyllum teijsmanni*, shows moderate vasorelaxant activity on the rat aorta. Considering the curiously compact structure of **3**, Erick M. Carreira of ETH Zürich chose (*Angew. Chem. Int. Ed.* **2011**, *50*, 11501) to start the synthesis from the enantiomerically pure bicyclic diketone **2**.

The mono enolate of **2** was readily prepared, but the steric bulk of the ketal of **4** was needed to direct the subsequent hydroboration. Indeed, the alkene of **5** was so congested that excess BH_3 at elevated temperature was required. Under those conditions, the esters were also partially reduced, so the reduction was completed with Dibal to deliver the crystalline triol **6**. After protection of the alcohols, the remaining carbon atoms of **3** were added by sequential Claisen rearrangements. *O*-Alkylation with **7** delivered **8**, which rearranged with 10:1 diastereoselectivity. After *O*-allylation, the second Claisen rearrangement led to **9** as the only isolable product.

Selective hydroboration of **9** led to **10**, which was deprotected, then dehydrated following the Grieco protocol. Functional group manipulation of **11** led to the aldehyde **12**, which was condensed with nitromethane to give **13**. Direct conjugate addition to **13** gave at best a 1:3 preference for the wrong diastereomer. With a chiral Cu catalyst, this was improved to 5:1 in favor of the desired diastereomer.

Ozonolysis of **14** followed by selective reduction of the aldehyde gave the primary alcohol, which was carried onto the iodide. Elimination with DBU then delivered **15**, setting the stage for the key intramolecular bond connection. After extensive exploration, it was found that irradiation of **15** in the presence of a catalytic amount of a cobaloxime catalyst and a stoichiometric amount of Hünig's base gave clean cyclization to **16**.

The last carbocyclic ring of (+)-daphmanidin E **3** was closed by intramolecular aldol addition of the aldehyde of **17** to the ketone, followed by dehydration. The seemingly simple intramolecular imine formation to prepare the natural product, initially elusive, was effected by heating the ammonium salt in ethanol.

The Co-catalyzed cyclization of **15** to **16** is particularly striking. In concurrent work, the Carreira group further explored (*Angew. Chem. Int. Ed.* **2011**, *50*, 11125) the scope of this transformation.

91. The Qin Synthesis of (+)-Gelsemine

Douglass F. Taber
October 1, 2012

(+)-GELSEMINE **3** HAS no particular biological activity, but its intricate architecture continues to inspire the ingenuity of organic synthesis chemists. Yong Qin of Sichuan University devised (*Angew. Chem. Int. Ed.* **2012**, *51*, 4909) an enantiospecific synthesis of **3**, a key step of which was the cyclization of **1** to **2**.

The starting material for the synthesis was the inexpensive diethyl tartrate **4**, which was converted over six steps into the *N*-sulfonyl aziridine **5**. The addition of **6** was highly regioselective, leading, after *N*-methylation, to the alkyne **7**. After alcohol protection, the sulfonyl group was smoothly removed by sonication with Mg powder in methanol. Addition to acrylonitrile then gave **8**.

Semihydrogenation of **8** set the stage for construction of the lactone **1**. The anion of **1**, generated by exposure to LDA, cyclized to **2** with significant diastereoselectivity.

The lactone of **2** was selectively reduced with Dibal, to give an aldehyde that was protected as the acetal. The exposed primary alcohol was then oxidized to the aldehyde **9**. Condensation of **9** with the enolate of **10** followed by dehydration delivered the alkene **11**, with the stage set for a second intramolecular nitrile anion addition.

In the event, the cyclization of **11** delivered **12**, the wrong diastereomer. This was corrected by selenation and oxidation to give an alkene, which was hydrogenated to **13**. Exposure to acid deprotected both the MOM group of **13** and the acetal, then promoted cyclization to **14**. Reduction of the nitrile to the aldehyde followed by methylenation completed the synthesis of (+)-gelsemine **3**. It should be noted that the hydrogenation to form **13** had to be carried out carefully to avoid premature removal of the *N*-methoxy group. That group was critical for the successful conversion of **13** to **14**.

92. The Carreira Synthesis of Indoxamycin B

Douglass F. Taber
November 5, 2012

SOME MEMBERS OF the indoxamycin family show potent antineoplastic activity. The key cyclopentene-forming step in the route to indoxamycin B **3** devised (*Angew. Chem. Int. Ed.* **2012**, *51*, 3474) by Erick M. Carreira of ETH Zürich was the Pd-catalyzed cyclization of **1** to **2**.

The starting material for the preparation of **1** was the symmetrical methyl benzoate **4**. Dissolving metal reduction followed by alkylation of the resulting ester enolate delivered the diene **5**. Reduction and protection followed by allylic oxidation converted **5** into **6**, which was carried onto **8** as a mixture of geometric isomers. The dissociated potassium alkoxide of **8** underwent smooth oxy-Cope rearrangement to give an enolate that was trapped as the silyl ether **1**. Pd-catalyzed oxidative cyclization then completed the synthesis of **2**.

With the ketone **2** in hand, two challenges remained: distinguishing the two hydroxymethyl groups and functionalizing the allylic methine to construct the third quaternary center. Both problems were solved by the V-mediated epoxidation of the diol corresponding to **2**. *In situ*, the anti-hydroxyl opened the epoxide to give the cyclic ether. Gold-mediated rearrangement of the *O*-propargylated enol ether **10** delivered an allene, which was selectively reduced to the alcohol **11**. A second gold-mediated cyclization then completed the synthesis of **12**.

Indoxamycin B had been assigned as having the butenyl sidechain as the more stable endo diastereomer, so the synthesis was initially finished that way. When that product proved to not be congruent with the natural material, it seemed likely that the butenyl sidechain was in fact exo. Selective hydration of **12** gave a mixture of all four alcohol diastereomers. The two exo diastereomers were separated and oxidized to the ketone **13**. Wittig olefination gave a pair of geometric isomers that were separated. The cyclic ether of the *E* isomer **14** was reduced to give a keto alcohol, which was oxidized to the keto aldehyde. Horner-Wadsworth-Emmons chain extension gave **15**, which was carried onto indoxamycin B **3**.

An alternative construction of **3** by intramolecular carbene insertion into the allyic methine of **2** can be imagined. The protocol developed by Alexei V. Novikov of the University of North Dakota (*Tetrahedron Lett.* **2009**, *50*, 6963; *Heterocycles* **2009**, *78*, 2531) could, for instance, be employed with the secondary alcohol corresponding to **2**.

93. The Nicolaou/Li Synthesis of Tubingensin A

Douglass F. Taber
December 3, 2012

THE COMPLEX INDOLE diterpene alkaloids, isolated both from *Aspergillus* sp. and from *Eupenicillium javanicum*, display a wide range of physiological activity. K.C. Nicolaou of Scripps/La Jolla and Ang Li, now at the Shanghai Institute of Organic Chemistry, conceived (*J. Am. Chem. Soc.* **2012**, *134*, 8078) a divergent strategy for the assembly of these alkaloids that enabled syntheses of both anominine (not illustrated) and tubingensin A **3**. A key step in the assembly of the carbocyclic skeleton of both alkaloids was the radical cyclization of **1** to **2**, establishing the second of the two alkylated quaternary centers of **3**.

The starting point for the preparation of **1** was commercial pulegone **4**. Methylation followed by acid-mediated retro aldol condensation delivered the enantiomerically pure 2,3-dimethyl cyclohexanone **5**. To maximize yield, the subsequent Robinson annulation was carried out over three steps, formation of the silyl enol ether, condensation of the enol ether with methyl vinyl ketone **6**, and base-mediated cyclization and dehydration of the 1,5-diketone to give **7**. The secondary hydroxyl group was introduced by exposure to Oxone of the methyl dienol ether derived from **7**. The mixture of diastereomers from the radical Ueno-Stork cyclization of **1** was equilibrated to the more stable **2** by exposure to acid.

The authors took advantage of the regioselective enolization of **2**, preparing the silyl enol ether, which could then be condensed with formaldehyde to give **10**. This hydroxy ketone was carried onto **11** over four steps, commencing with silylation and proceeding through Wittig condensation, desilylation, and oxidation. The addition of the Grignard reagent **12** to the aldehyde **11** gave a secondary alcohol, which was readily dehydrated to the diene **13**. The diene resisted thermal cyclization, but on exposure to CuOTf at room temperature it was smoothly cyclized and oxidized to **14**.

The elaboration of the sidechain had already been worked out in the anominine synthesis. The free lactol derived from **14** resisted many nucleophiles, but vinyl magnesium bromide did add. Bis acetylation of the resulting diol followed by Pd-mediated ionization and reduction of the allylic acetate, and reductive removal of the residual acetate, delivered the terminal alkene **15**. Metathesis with isobutylene gave **16**, which was deprotected to give tubingensin A **3**.

A key early intermediate in this synthesis was the 1,5-diketone that was cyclized to **7**. There is a good chance, for instance following the protocol of Silas P. Cook of Indiana University (*J. Am. Chem. Soc.* **2012**, *134*, 13577), that **7** could be prepared by direct enantioselective conjugate addition/Robinson annulation from 2-methyl cyclohexenone.

94. The Thomson Synthesis of (−)-GB17

Douglass F. Taber
January 7, 2013

(−)-GB17 **3** is one of the *Galbulimima* alkaloids, a family that shows a wide range of interesting physiological activity. Regan J. Thomson of Northwestern University devised (*Angew. Chem. Int. Ed.* **2012**, *51*, 2481) a convergent assembly of **3**, a key step of which was the intramolecular Michael cyclization of **1** to **2**.

The hydroxy aldehyde **6** was prepared by alkylation of the dithiane **4** with **5**, followed by hydrolysis. The preparation of **9**, by condensation of **8** with **7** followed by hydrogenation and protection, had been reported by Lhommet. Condensation of **9** with the linchpin reagent **10** gave an intermediate keto phosphonate, which was combined with **6** to give, after oxidation, the aldehyde **1**.

Two new stereogenic centers are created in the course of the cyclization of **1**. The authors found that the TFA salt **11** of the Hayashi catalyst delivered **2** with high diastereocontrol. Control experiments showed that the buttressing effect of the dithiane was required for the cyclization.

The authors then explored the next intramolecular Michael cyclization of **13** to **14**. In this cyclization, the stereogenic center at 6 is in jeopardy by elimination and readdition. Cyclization of the trans unsaturated ester led to the wrong diastereomer of **14**, but cyclization of the cis ester **13**, prepared by the Still-Gennari protocol, cleanly gave the desired diastereomer. The reaction worked best with the free amine. Under the conditions of the reaction the Michael addition product spontaneously cyclized to the lactam **14**.

Synthesis of (−)-GB17

The ketone of **14** was selectively enolized, then converted to its enol triflate, which under Pd-mediated reduction gave the alkene **15**. Alkylation of **15** with **16** predominantly gave the diene **18**. Hydrolysis of the dithiane to the ketone followed by reduction gave mainly the desired equatorial alcohol, which was cleaved oxidatively to (−)-GB17 **3**.

Although there have been many isolated reports of the utility of intramolecular Michael addition as a synthetic method, there has been little systematic investigation. The optimization studies that are the heart of this work are a welcome addition.

95. The Li Synthesis of (–)-Fusarisetin A

Douglass F. Taber
February 4, 2013

FUSARISETIN A **3** IS an intriguing inhibitor of cell migration and invasion that is not itself cytotoxic. Ang Li of the Shanghai Institute of Organic Chemistry developed (*J. Am. Chem. Soc.* **2012**, *134*, 920) a total synthesis of (–)-fusarisetin A, demonstrating that the natural material had the absolute configuration opposite to that originally assigned. A key step in the synthesis was the highly diastereoselective cyclization of **1** to **2**.

The absolute configuration of **1** and so of synthetic **3** was derived from commercial citronellol, which is prepared on an industrial scale by asymmetric synthesis. To this end, the reagents **6** and **8** were required. The β-ketothio ester **6** was prepared from the Meldrum's acid **4** and the phosphonate **8** was derived from methyl sorbate **7**.

The acetal of citronellal **9** was ozonized with reductive work-up to give the alcohol **10**. Protection followed by hydrolysis gave the aldehyde **11**, which was condensed with **8** to give the triene **12**. Deprotection followed by oxidation delivered an aldehyde, which was condensed with **6** to give the Diels-Alder precursor **1**.

With BF$_3$ • OEt$_2$ catalysis, the Diels-Alder cycloaddition proceeded under mild conditions, −40°C for 40 min, leading to **2** as a single diastereomer. Comparable intramolecular Diels-Alder cyclizations with *single* carbonyl activation gave mixtures of diastereomers.

The alcohol **13** was prepared by transesterification of **2** with trifluoroethanol. Activation with MsCl led directly to the kinetic *O*-alkylation product **14**. Following the precedent of Trost (*J. Am. Chem. Soc.* **1980**, *102*, 2840), exposure to a Pd catalyst smoothly converted **14** into **15** as the desired diastereomer.

Condensation of the ester **15** with the amine **16** gave the diene **17**. Selective oxidation of the monosubstituted alkene under Wacker conditions gave the ketone, which was reduced selectively by the Luche protocol to the alcohol **18**. Exposure of **18** to NaOCH$_3$ initiated Dieckmann cyclization, leading to (−)-fusarisetin A **3**.

96. The Carreira Synthesis of (−)-Dendrobine

Douglass F. Taber
March 4, 2013

THE TETRACYCLIC ALKALOID (−)-dendrobine **3** has at its core a cyclohexane that is substituted at each of its six positions, including one quaternary center. Erick M. Carreira of ETH Zürich chose (*Angew. Chem. Int. Ed.* **2012**, *51*, 3436) to assemble this ring by the Ireland-Claisen rearrangement of the lactone **1**.

The absolute configuration of the final product stemmed from the commercial enantiomerically pure acetonide **4**, which was selectively converted to the Z-ester **5**. Following the precedent of Costa, TBAF-mediated conjugate addition of 2-nitropropane to **5** proceeded with high diastereocontrol, to give, after free radical reduction, the ester **6**, which was carried on the aldehyde **7**.

Exposure of the alkyne **9** to an *in situ*-generated Schwartz reagent followed by iodination gave **10** with 10:1 regioselectivity. It was possible to separate **10** from its regioisomer by careful silica gel chromatography. Metalation followed by the addition to **7** gave an intermediate that was conveniently debenzoylated with excess ethyl magnesium bromide to deliver the diol **11**. Selective oxidation led to the lactone **1**.

Synthesis of (−)-Dendrobine

Exposure of **1** to LDA and TMS-Cl induced rearrangement to the cyclohexene acid, which was esterified to give **2**. Deprotection and oxidation then gave the enone **12**. Cyclohexene construction by tethered Claisen rearrangement is a powerful transformation that has been little used in target-directed synthesis.

Selective addition of pyrrolidine to the aldehyde of **12** generated an enamine, leading to an intramolecular Michael addition to the enone. This selectively gave the cis ring fusion, as expected, but the product was a mixture of epimers at the other newly formed stereogenic center. This difficulty was overcome by forming the enamine from *N*-methylbenzylamine. After cyclization, hydrogenation set the additional center with the expected clean stereocontrol, and also effected debenzylation to give **14**.

To close the last ring, the ketone **14** was brominated with the reagent **15**, which was developed (*Can. J. Chem.* **1969**, *47*, 706) for the kinetic bromination of ketones. Exposure of the crude α-bromo ketone to 4-dimethylaminopyridine then effected cyclization to **16**. Following the literature precedent, reduction of the ketone of **16** with NaBH$_4$ followed by gentle warming led to (−)-dendrobine **3**.

97. The Vanderwal Synthesis of Echinopine B

Douglass F. Taber
April 1, 2013

INTRAMOLECULAR CYCLOPROPANATION HAS long been a powerful strategy for stereoselective polycarbocyclic construction. For many years, this was limited to diazo carbonyl insertion. More recently, alternative strategies for intramolecular cyclopropane construction have been developed. The power of such an approach is illustrated by the total synthesis of echinopine B **3** reported (*Angew. Chem. Int. Ed.* **2012**, *51*, 7572) by Christopher D. Vanderwal of the University of California, Irvine.

The starting material for the synthesis was the commercial keto ester **4**. Enol ether formation followed by cyclopropanation set the stage for fragmentation to the enone **7**. The cyclopentannulation reagent **9** was prepared in two steps from butynol **8**. Following the precedent of Heathcock (*J. Am. Chem. Soc.* **1983**, *105*, 2354), conjugate addition proceeded with significant diastereocontrol to give the ketone **10**. Exposure of the derived tosylate to less than one equivalent of lithium diisopropylamide gave clean cyclization to the bicyclic ketone **11**. It is a measure of the brevity of this approach that the cyclization of **10** to **11** was reported on a 5-gram scale.

Relatively little is known about conformational preference around seven-membered rings. Methylenation of **12** followed by reduction of the ester delivered the aldehyde **13**. Epimerization of the aldehyde with methanolic K_2CO_3 gave a 4:1 mixture, with the new aldehyde dominating. Inclusion of the Ohira reagent **13** in the same pot with **11** gave the alkyne **15**, also as an ~4:1 mixture of diastereomers. Alkylation with MOM-Cl then completed the assembly of **1**.

Warming of **1** with a catalytic amount of $PtCl_2$ led to the cyclopropane **2**. This reaction apparently proceeded through a series of steps leading to a Pt carbene that then underwent β-hydride elimination to give the enol ether. On oxidation, the enol ether was smoothly converted to the methyl ester, echinopine B **3**.

In this synthesis, the targeted natural product included a cyclopropane. Fused cyclopropanes are also versatile precursors to other polycyclic ring systems. Future developments in intramolecular cyclopropane construction will open efficient new strategies for polyalicyclic synthesis.

98. The Dixon Synthesis of Manzamine A

Douglass F. Taber
May 6, 2013

THE PENTACYCLIC ALKALOID manzamine A **4**, isolated from a sponge collected in the Okinawa Sea, displays a range of antibacterial, anticancer, and antimalarial activity. The preparation of **4** reported (*J. Am. Chem. Soc.* **2012**, *134*, 17482) by Darren J. Dixon of the University of Oxford showcases the versatility of the nitro group in organic synthesis.

The nitro alkene **2** was prepared from the commercial bromide **5**. Displacement with acetate followed by Swern oxidation led to the aldehyde **6**, which was condensed with nitromethane to give **2**.

Lactam **1** was an intermediate in Professor Dixon's synthesis (Org. Highlights May 3, 2010) of (–)-nakadomarin A. Lactam **1** was prepared from the tosylate **7**, which was derived from pyroglutamic acid.

The addition of **1** to the nitroalkene **2** delivered **3** as the dominant diastereomer of the four that were possible. Mannich condensation with formaldehyde and the amine **12** gave **13**.

The nitro group of **13** was removed by free radical reduction. Exposure of the reduced product to trimethylsilyl iodide gave, via ionization of the ketal, the primary iodide, which was carried onto the nitro compound **14**. Dibal selectively reduced the δ-lactam. Partial reduction of the γ-lactam then gave an intermediate that engaged in Mannich condensation with the nitro-activated methylene to give **15**. Although there are many protocols for the conversion of a nitro compound to a ketone, most of those were not compatible with the functional groups of **15**. Fortunately, Ti(III) was effective. Ce-mediated addition of the Grignard reagent **16** to the ketone followed by deprotection and protection then delivered the silyl ether **17**.

Remarkably, the ketone **17** could be deprotonated and carried on to the enol triflate **18** without eliminating the TMSO group. Coupling with the stannane **19** then completed the synthesis of manzamine A **4**. One-carbon homologation of 18 led to ircinol A, ircinal A, and methyl ircinate (not illustrated).

99. The Williams Synthesis of (−)-Khayasin

Douglass F. Taber
June 3, 2013

THE TETRANORTRITERPENOID (−)-KHAYASIN 3 recently emerged as a potent and selective insecticide against the Coconut leaf beetle *Brontispa longissima*. In considering a synthetic route to 3, Craig M. Williams of the University of Queensland envisioned (*J. Org. Chem.* **2012**, *77*, 8913) the convergent preparation of the allyl vinyl ether 1 and subsequent Claisen rearrangement to the enone 2.

To pursue this strategy, the ketone 8 and the allylic alcohol 15 had to be prepared in enantiomerically pure form. To this end, the DIP-Cl-derived enolate of the ketone 7 was added to the aldehyde 6 to give a secondary alcohol, exposure of which to KH led to the enone 8 in high ee. Methyl triflate converted the enone into the enol ether 9. The α-pinene used in the preparation of DIP-Cl was 83% ee.

The authors have optimized (*Adv. Synth. Catal.* **2009**, *351*, 1148) the Morita-Baylis-Hillman addition of cyclohexenone 10 to formaldehyde to give, after silylation, the enone 11. Methylation followed by DIP-mediated aldol condensation with 13 led to the alcohol 14. Exposure of the derived acetate to lithium diisopropylamide induced cyclization and dehydration. Deprotection completed the preparation (*Tetrahedron* **2006**, *62*, 7355) of 15. Fortunately, the enantiomers of 15 could be separated chromatographically. Material having >99% ee was taken onto the next step.

Warming of **9** and **15** in the presence of acid delivered the coupled ketone **2** accompanied by the ether **1**. Further heating of **1** converted it (*Chem. Commun.* **2011**, *47*, 2258) to **2**. To form the last ring, the enone **2** was epoxidized to give **16**. The reduction of **16** with aluminum amalgam gave preparatively useful amounts of **17**. Esterification completed the synthesis of **3**. Most total syntheses yield only the target natural product. In this biomimetic project, intermediates **15**, **2**, and **17** were themselves natural products, and oxidation of **17** delivered an additional natural product, **18**.

The preparation of **14** and of **8** underscores the importance of the asymmetric transformation of prochiral starting materials, cyclic and acyclic. Although DIP-Cl is used in stoichiometric amounts in both cases, it is not expensive. The preparation of **8**, in particular, offers a potentially general approach to high ee-substituted cyclohexenones.

100. The Kuwahara Synthesis of Paspalinine

Douglass F. Taber
July 1, 2013

THE HEXACYCLIC INDOLE diterpenoid paspalinine **3**, produced by the ergot *Claviceps paspali*, induces tremors in domestic animals that graze on pasture grass infected by that fungus. Shigefumi Kuwahara of Tohoku University envisioned (*Angew. Chem. Int. Ed.* **2012**, *51*, 12833) assembly of the tetracyclic nucleus of **3** by the oxidative cyclization of **1** to **2**. The challenge, then, was the assembly of the angularly substituted *trans*–anti-*trans*-6-6-5 alicyclic nucleus of **1**.

The synthesis began with the Wieland-Miescher ketone **4**, which is available commercially in enantiomerically pure form. Exposure to ethylene glycol under acidic conditions converted **4** to the known monoketal **5**. The alkylation with **6** followed by selective hydrolysis gave **7** as an inconsequential mixture of diastereomers. Exposure to base effected both equilibration to the more stable equatorial diastereomer and cyclization to give the enone **8**.

There was still the problem of the introduction of the axial angular methyl group. This was solved by selective reduction of **8** to the endo alcohol. Hydroxyl-directed Simmons-Smith cyclopropanation followed by oxidation gave **9**. The enolate resulting from the dissolving metal reduction of **9** was trapped with Comins reagent to generate the enol triflate **10**.

Acetanilide **11** was converted to the stannane **12** by *ortho* metalation following the literature protocol. Pd-mediated coupling of **12** with **10** proceeded efficiently to give **1**.

Oxidation with stoichiometric Pd trifluoroacetate then induced Type 5 indole formation (*Tetrahedron* **2011**, *67*, 7195). Hydrolysis and conjugation completed the synthesis of **2**.

To introduce the sidechain, the enone was converted to the allyl enol carbonate. Pd-mediated rearrangement converted that to the α-allyl enone, which participated in Ru-catalyzed metathesis with **14** to give **15**. Asymmetric dihydroxylation proceeded with only modest diastereoselectivity, but only the desired diastereomer cyclized onto the ketone to give **16**.

The ketone **16** was an intermediate in Smith's earlier synthesis. Professor Kuwahara devised an alternate end game, selenylation followed by oxidation and sigmatropic rearrangement, to install the axial OH and complete the synthesis of paspalinine **3**.

101. The Ma Synthesis of Gracilamine

Douglass F. Taber
August 5, 2013

THE AMARYLLIDACEAE ALKALOID gracilamine **3** was isolated in 2005 from the Turkish plant *Galanthus gracilis*. The supply of the natural product was not sufficient to assess the biological activity. Dawei Ma of the Shanghai Institute of Organic Chemistry envisioned (*Angew. Chem. Int. Ed.* **2012**, *51*, 10141) that the pentacyclic skeleton of **3** could be assembled by intramolecular dipolar cycloaddition, converting **1** to **2**. The successful completion of the synthesis also enabled the full establishment of the relative configuration of **3**.

The immediate precursor to the ylide **1** was the aldehyde **9**. The preparation of **9** began with the reductive amination of piperonal **4** with tyramine **5**. The crude product was formylated to give the amide **6**. Oxidative cyclization converted **6** to **7**, which was reduced to a 1:1 mixture of diastereomers, only one of which (illustrated) could be carried onto the natural product. The undesired diastereomer was oxidized and recycled. Further reduction gave the amine, which was protected to give **8**.

With **8** in hand, the stage was set for regioselective von Braun degradation. Exposure to Troc-Cl gave a benzylic chloride that was hydrolyzed with $AgNO_3$ to the benzylic alcohol. Dess-Martin oxidation completed the preparation of the aldehyde **9**.

Condensation of **9** with leucine ethyl ester **10** gave an imine, which on heating cyclized to racemic **2** with 5:1 diastereocontrol. Other diastereomers were possible, but the constraints of the fused 5/5 system ensured that the alternative transition states were significantly higher in energy.

On exposure of the amino alcohol from deprotection of **2** to modified Pfitzner-Moffatt conditions, the amine was again protected and the alcohol was oxidized to the ketone to give **11**. On deprotection, the amine added in a conjugate sense to give a ketone that was reduced to gracilamine **3**.

The diene **9** is prochiral, so there is the possibility that chiral catalysis could set the absolute configuration of **2** and so of **3**. Attempts by the authors to catalyze the intramolecular dipolar cycloaddition were, however, so far not successful.

102. The Carreira Synthesis of (±)-Gelsemoxonine

Douglass F. Taber
September 2, 2013

THE TRADITIONAL CHINESE pharmacopeia includes *Gelsemium elegans benth*, from which the alkaloid gelsemoxonine **3** was isolated. Erick M. Carreira of the Eidgenössische Technische Hochschule Zürich envisioned (*J. Am. Chem. Soc.* **2013**, *135*, 8500) that the unusual azetidine ring of **3** could be established by Brandi contraction of **1** to give **2**.

Following Brandi and Salaün (*Eur. J. Org. Chem.* **1999**, 2725), the hemiketal **4** was carried onto the aldehyde **9**. Condensation with nitromethane followed by dehydration gave the unsaturated nitrile oxide, which cyclized to **10**. Epoxidation of **10** across the more open face gave an intermediate epoxide. Addition of **11** to the epoxide, promoted by $InBr_3$, delivered **12** with good stereocontrol. $CeCl_3$-mediated addition of 1-propynyl lithium completed the assembly of **1**.

A cyclopropanone could be seen as the addition product of carbon monoxide to an alkene. On exposure of **1** to acid, this formal addition was reversed, leading to the β-lactam **2**. A computational study of this cleavage was recently reported (*Eur. J. Org. Chem.* **2011**, 5608). Conceptually, one can imagine protonation activating the C–N bond for cleavage, leading to an intermediate such as **14**, which then fragments to the acylium ion, leading to cyclization. It is unlikely that **14** would have any real lifetime.

On warming with the Petasis reagent, the Boc-protected β-lactam was converted to the alkene **15**. Hydroboration proceeded to give the alcohol **16** as a single diastereomer. Reduction followed by oxidation to **17** then set the stage for intramolecular aldol condensation to give **18**.

The last challenge was the diastereoselective assembly of the *N*-methoxyoxindole. To this end, oxidation and dehydration of **18** led to the bromo amide **20**. As hoped, Heck reductive cyclization proceeded across the more open face of the alkene, leading to **21**. Hydroxyl-directed hydrosilylation of the pendant alkyne to give the ethyl ketone then completed the synthesis of gelsemoxonine **3**.

Twice in this synthesis, advantage was taken of the preparation and reactivity of heteroatom-substituted alkenes. Dimethyl dioxirane, generated as a solution in acetone, was sufficiently water free that the epoxide derived from **10** could survive long enough to react in a bimolecular sense with the ketene silyl acetal **11**. Later in the synthesis, the Petasis reagent was sufficiently oxophilic to convert the β-lactam carbonyl to the methylenated product **15**, setting the stage for face-selective hydroboration.

103. The Evans Synthesis of (−)-Nakadomarin A

Douglass F. Taber
October 7, 2013

(−)-NAKADOMARIN A (**4**), ISOLATED from the marine sponge *Amphimedon* sp. off the coast of Okinawa, shows interesting cytotoxic and antibacterial activity. David A. Evans of Harvard University prepared (*J. Am. Chem. Soc.* **2013**, *135*, 9338) **4** by coupling the enantiomerically pure lactam **2** with the prochiral lactam **1**.

The preparation of **1** began with the aldehyde **5**. Following the Comins protocol, addition of lithio morpholine to the carbonyl gave an intermediate that could be metalated and iodinated. Protection of the aldehyde followed by Heck coupling with allyl alcohol gave the aldehyde **7**. Addition of the phosphorane derived from **8** followed by deprotection gave **9** with the expected *Z* selectivity. Addition of the phosphonate **10** was also *Z* selective, leading to the lactam **1**.

The preparation of **2** began with the enantiomerically pure imine **12**. The addition of **13** was highly diastereoselective, setting the absolute configuration of **15**. Alkylation with the iodide **16** delivered **17**, which was closed to **2** under conditions of kinetic ring-closing metathesis, using the Grubbs first generation Ru catalyst.

The condensation of **1** with **2** gave both of the diastereomeric products, with a 9:1 preference for the desired **3**. Experimentally, acid catalysis alone did not effect cyclization, suggesting that the cyclization is proceeding via silylated intermediates. The diastereoselectivity can be rationalized by a preferred extended transition state for the intramolecular Michael addition.

Selective activation of **3** followed by reduction gave **18**, which underwent Bischler-Napieralski cyclization to give an intermediate that could be reduced to (−)-nakadomarin A (**4**). It was later found that exposure of **3** to Tf$_2$O and **19** followed by the addition of Redal gave direct conversion to **4**.

It is instructive to compare this work to the two previous syntheses of **4** that we have highlighted, by Dixon (OHL May 3, 2010) and by Funk (OHL July 4, 2011). Together, these three independent approaches to **4** showcase the variety and dexterity of current organic synthesis.

104. The Procter Synthesis of (+)-Pleuromutilin

Douglass F. Taber
November 4, 2013

THE FUNGAL SECONDARY metabolite (+)-pleuromutilin **3** exerts antibiotic activity by binding to the prokaryotic ribosome. Semisynthetic derivatives of **3** are used clinically. The central step of the first synthesis of (+)-pleuromutilin **3**, devised (*Chem. Eur. J.* **2013**, *19*, 6718) by David J. Procter of the University of Manchester, was the SmI_2-mediated reductive closure of **1** to the tricyclic **2**.

The starting material for the synthesis was the inexpensive dihydrocarvone **4**. Ozonolysis and oxidative fragmentation following the White protocol delivered **5** in high ee. Conjugate addition with **6** followed by Pd-mediated oxidation of the resulting silyl enol ether gave the enone **7**. Subsequent conjugate addition of **8** proceeded with modest but useful diastereoselectivity to give an enolate that was trapped as the triflate **9**. The Sakurai addition of the derived ester **10** with **11** led to **12** and so **1** as an inconsequential 1:1 mixture of diastereomers.

The SmI_2-mediated cyclization of **1** proceeded with remarkable diastereocontrol to give **2**. SmI_2 is a one-electron reductant that is also a Lewis acid. It seems likely that one SmI_2 bound to the ester and the second to the aldehyde. Electron transfer then led to the formation of the cis-fused five-membered ring, with the newly formed alkoxy constrained to be exo to maintain contact with the complexing Sm. Intramolecular aldol condensation of the resulting Sm enolate with the other aldehyde then formed the six-membered ring, with the alkoxy group again constrained by association with the Sm.

Hydrogenation of **13** gave **14**, which could be brought to diastereomeric purity by chromatography. Elegantly, protection of the ketone simultaneously selectively deprotected one of the two silyl ethers, thus differentiating the two secondary alcohols. Reduction of the ester to the primary alcohol then delivered the diol **15**. Selective esterification of the secondary alcohol followed by thioimidazolide formation and free radical reduction completed the preparation of **16**.

Ketone deprotection followed by silyl ether formation and Rubottom oxidation led to the diol **17**. Protection followed by the addition of **18** and subsequent hydrolysis and reduction gave the allylic alcohol **19**. Coupling of the derived chloride with Me_2Zn gave **20** as a single diastereomer, setting the stage for the completion of the synthesis of (+)-pleuromutilin **3**.

105. The Harran Synthesis of (+)-Roseophilin

Douglass F. Taber
December 2, 2013

ANSA-BRIDGED PRODIGININES INCLUDE (+)-roseophilin B **3** and streptorubin B. The observation that streptorubin B potentiated apoptopic signaling in cell culture led to the development of obatoclax, currently being evaluated for the treatment of leukemia. Patrick G. Harran of UCLA devised (*J. Am. Chem. Soc.* **2013**, *135*, 3788) what promises to be a general route to the prodiginines, a key step of which was the cyclization of **1** to **2**.

In planning the synthesis of **1**, the authors took advantage of the relative inertness of a monosubstituted alkene. Friedel-Crafts acylation of **5** proceeded smoothly without affecting the distal double bond. Reduction then completed the preparation of **7**.

The preparation of **1** continued from the pyrrole **9**, prepared from the pyridine **8**. Addition of the derived enoate to the aldehyde **10** proceeded smoothly, to give, after oxidation and acid-mediated rearrangement, the furan **12**. Selective metalation followed by carboxylation gave the acid **13**, which was combined with **7** to give **15**. Deprotonation of **15** gave an intermediate that reacted primarily on the pyrrole N. This intermediate was then reacted with diethylchlorophosphite to give, after oxidation, the phosphoramide **16**. Advantage was then taken of the organometallic reactivity of the monosubstituted alkene of **16**, as Ru-mediated cross metathesis with **17** followed by reduction completed the preparation of **1**.

The diheteroaryl ketone of **1** is not enolizable. On exposure to KHMDS, the dialkyl ketone will be deprotonated reversibly. Either enolate could add to the diheteroaryl ketone, but only the adduct from deprotonation of the methylene could go on to alkene formation. This net dehydration may likely be driven by phosphoryl transfer to the intermediate alkoxide.

The enone **2** is prochiral. Hydrogenation with an enantiopure catalyst proceeded with high de and 67% ee. Remediated intramolecular Friedel-Crafts addition of the dialkyl ketone to the pyrrole followed by acid-mediated rearrangement then delivered (+)-roseophilin **3**.

There are several points along this synthesis at which diversity could be introduced. This should enable detailed structure–activity studies of the prodiginines.

Author Index

Abad-Somovilla, Antonio, **5**: 154
Abe, Manabu, **5**: 88
Abell, Andrew D., **4**: 60, **5**: 62
Ackermann, Lutz, **2**: 82, **5**: 125
Adachi, Masaatsu, **5**: 146
Adjiman, Claire S., **3**: 48
Aggarwal, Varinder, **1**: 82, **2**: 136, **4**: 82, 85, 104, 158, **5**: 60, 141
Agustin, Dominique, **5**: 56
Aitken, David J., **4**: 160
Akai, Shuji, **4**: 73, 126
Akamanchi, Krishnacharya G., **2**: 190, **3**: 7, **5**: 54
Akhrem, Irena S., **3**: 26, **4**: 34, **5**: 39
Akiyama, Takahiko, **5**: 33
Alabugin, Igor V., **4**: 124
Alajarín, Mateo, **2**: 159
Alam, Mahbub, **5**: 48
Albericio, Fernando, **3**: 20, **5**: 23
Alcázar, Jesús, **5**: 26
Alemán, José, **4**: 77, 139
Alexakis, Alexandre, **1**: 179, 204, **2**: 5, 6, 73, **3**: 73, 144, 146, 148, **4**: 71, 79, 81, 85, 141, 143, 147, **5**: 51, 79, 83
Alexanian, Erik J., **4**: 4, **5**: 57
Alfonso, Carlos A. M., **1**: 88
Alibés, Ramon, **3**: 158
Alinezhad, Heshmatollah, **4**: 12
Alonso, Diego A., **4**: 77
Alonso-Moreno, Carlos, **3**: 16
Alper, Howard, **2**: 178
Altmann, Karl-Heinz, **3**: 59
Alvarez-Manzaneda, Enrique, **3**: 127, **5**: 123
Amat, Mercedes, **1**: 192
An, Duk Keun, **3**: 8, **5**: 44
An, Gwangil, **3**: 3
Anabha, E. R., **3**: 129
Anderson, Edward A., **5**: 90
Anderson, James C., **2**: 62, **3**: 15
Anderson, Laura L., **4**: 128, **5**: 14
Andersson, Pher G., **4**: 74, 105, 149, **5**: 162
Ando, Kaori, **4**: 93

Andrade, Rodrigo B., **3**: 46
Andrus, Merritt B., **2**: 4
Annese, Cosimo, **5**: 35
Antilla, Jon C., **3**: 62
Antonchick, Andrey P., **5**: 124
Aouadi, Kaïss, **5**: 84
Aoyama, Toyohiko, **3**: 37
Aponick, Aaron, **3**: 88, **4**: 126
Arai, Takayoshi, **3**: 80
Arcadi, Antonio, **1**: 49
Ardisson, Janick, **3**: 166
Aribi-Zouioueche, Louisa, **1**: 34
Arimoto, Hirakazu, **1**: 140, **4**: 18
Ariza, Xavier, **5**: 150
Arndt, Hans-Dieter, **2**: 187
Arndtsen, Bruce A., **3**: 134, **4**: 130
Aron, Zachary D., **4**: 70
Arora, Paramjit, **2**: 151, **3**: 129
Arrayás, Ramón Gómez, **5**: 66
Arseniyadis, Stellios, **3**: 45
Asao, Naoki, **3**: 22
Ashfeld, Brandon L., **4**: 42, **5**: 7
Asokan, C. V., **3**: 129
Astashko, Dmitry A., **5**: 57
Aubé, Jeffrey, **1**: 112, 139, **2**: 37, **4**: 111, **5**: 107
Aubert, Corinne, **4**: 130
Aucagne, Vincent, **3**: 90
Audran, Gérard, **4**: 160
Augé, Jacques, **3**: 90
Augustine, John Kallikat, **5**: 23
Aurrecoechea, José M., **3**: 130
Avenoza, Alberto, **4**: 57
Ávila-Zárraga, José G., **4**: 156

Baba, Akio, **1**: 26, **3**: 35, **5**: 46
Baba, Toshihide, **4**: 53
Bach, Thorsten, **4**: 36, **5**: 160
Back, Thomas G., **4**: 71
Bäckvall, Jan-E., **2**: 8, **3**: 108
Badía, Dolores, **2**: 122
Bagley, Mark C., **4**: 90
Bahrami, Kiumars, **4**: 17

Author Index

Bailey, William F., **4:** 17
Baldwin, Jack E., **2:** 169
Ballini, Roberto, **5:** 129
Bandini, Marco, **5:** 140
Bandyopadhyay, Debkumar, **2:** 179
Bangdar, B. P., **3:** 3
Banik, Bimal K., **4:** 7
Bannwarth, Willi, **5:** 18
Banwell, Martin G., **1:** 170, **3:** 155, **4:** 101, **5:** 158
Bao, Ming, **4:** 145
Baran, Phil S., **2:** 63, **3:** 26, 29, **4:** 32, 36, 130, 178, **5:** 14, 36, 49, 149, 155
Barbas, Carlos F. III, **1:** 152, **2:** 7, 121, **3:** 63, 80, 82, **4:** 84, **5:** 15
Barbe, Guillaume, **5:** 113
Barker, David, **5:** 83
Barluenga, José, **2:** 75, **3:** 154, **4:** 18, **5:** 12, 147
Baroni, Adriano C. M., **4:** 51
Barrero, Alejandro F., **4:** 4
Barrett, Anthony G. M., **2:** 156, **3:** 125
Barriault, Louis, **5:** 155
Barua, Nabin C., **3:** 15
Baskaran, Sundarababu, **1:** 8, **4:** 4
Bassani, Dario M., **4:** 24
Basset, Jean-Marie, **4:** 64
Basu, Amit, **1:** 40
Bates, Roderick W., **3:** 159, **4:** 103
Batey, Robert A., **4:** 70
Baudoin, Olivier, **5:** 38, 39
Baumann, Marcus, **4:** 19
Bavetsias, V., **1:** 100
Bayón, Pau, **4:** 111
Bazzi, Hassan S., **4:** 56
Beau, Jean-Marie, **4:** 28
Beauchemin, André M., **4:** 127, **5:** 60
Bechara, William S., **3:** 75
Becht, Jean-Michel, **2:** 185
Becker, Daniel P., **4:** 54
Becker, James Y., **5:** 44
Bedford, Robin B., **3:** 124, **4:** 124
Behr, Arno, **4:** 53
Beier, Petr, **4:** 124
Béland, François, **5:** 59
Bélanger, Guillaume, **3:** 107
Bella, Marco, **5:** 104, 137
Beller, Matthias, **3:** 42, 126, **4:** 3, 8, 16, 28, **5:** 4, 16, 17, 135

Bennasar, M.-Lluïsa, **3:** 117, **4:** 117
Bergbreiter, David E., **4:** 56
Bergman, Jan, **5:** 45
Bergman, Robert G., **1:** 122, **2:** 41, 126, 178, **3:** 19, 37, 133, 180, **4:** 18, 130, **5:** 2, 107
Bergmeier, Stephen C., **2:** 192, **3:** 160
Bernardi, Luca, **2:** 58, **4:** 69, 84
Bernini, Roberta, **1:** 20
Berteina-Raboin, Sabine, **4:** 24
Bertozzi, Carolyn R., **3:** 20
Bertrand, Michèle P., **3:** 63
Betley, Theodore A., **5:** 32
Bettinger, Holger F., **3:** 26
Betzer, Jean-François, **3:** 166
Bhanage, Balchandra M., **3:** 12, 122
Bharate, Sandip P., **5:** 124
Bhat, Ramakrishna G., **5:** 108
Bhattacharyya, Ramgopal, **3:** 42
Bi, Xihe, **4:** 132
Bieber, Lothar, **2:** 55
Bielawski, Christopher W., **5:** 52
Biffis, Andrea, **3:** 18
Bihelovic, Filip, **5:** 147
Bihlmeier, Angela, **5:** 155
Bilodeau, François, **4:** 128
Birman, Vladimir B., **4:** 20
Bischoff, Laurent, **2:** 159
Biscoe, Mark R., **4:** 124, **5:** 7
Bjørsvik, Hans-René, **5:** 26
Blagg, Brian S. J., **3:** 33
Blakey, Simon, **3:** 68
Blanc, Aurélien, **5:** 22
Blanchet, Jérôme, **3:** 82
Blay, Gonzalo, **3:** 68
Blazejewski, Jean-Claude, **2:** 55
Blechert, Siegfried, **1:** 134, **2:** 109, 111, 152, 153, 205, **3:** 51, **4:** 62
Blond, Gadlle, **5:** 144
Bobbitt, James M., **4:** 17
Bochet, Christian, **3:** 17, **5:** 4
Bode, Jeffrey W., **1:** 114, **2:** 166, **3:** 85, 142, **4:** 89, **5:** 5, 120
Bodnar, Brian S., **4:** 12
Bodwell, Graham J., **5:** 121, 156
Boeckman, Robert K., Jr., **4:** 76
Boger, Dale L., **2:** 45, **4:** 132, 188, 200, **5:** 58, 61, 128
Bolm, Carsten, **3:** 5, 33, 76, **4:** 133
Bommarius, Andreas S., **4:** 80

Boncella, James M., **5:** 19
Bonjoch, Josep, **4:** 190, **5:** 118
Bonne, Damien, **3:** 141, **5:** 85
Booker-Milburn, Kevin I., **4:** 23, **5:** 4, 31
Boons, Geert-Jan, **4:** 26
Borhan, Babak, **2:** 196, **3:** 99, **5:** 78
Bornscheuer, Uwe T., **2:** 48
Bosch, Joan, **1:** 192
Boto, Alicia, **4:** 2
Boukouvalas, John, **2:** 189
Bouzbouz, Samir, **4:** 58, 61
Bowden, Ned B., **2:** 151, **4:** 57
Boyd, Derek R., **3:** 148
Bradshaw, Ben, **4:** 190
Bräse, Stefan, **5:** 123
Braun, Manifred, **1:** 178
Bray, Christopher D., **4:** 156, 158
Breinbauer, Rolf, **4:** 23
Breit, Bernhard, **1:** 148, **2:** 86, **3:** 41, 80, 108, 159, **4:** 50, 85, **5:** 32, 59, 66
Brenner-Moyer, Stacey E., **5:** 91
Brewer, Matthias, **3:** 33
Britton, Robert, **4:** 92, 114
Brookhart, Maurice, **3:** 25, 39, **4:** 13, **5:** 16
Brovetto, Margarita, **3:** 90
Browne, Duncan L., **5:** 29
Brückner, Reinhard, **3:** 64
Bryliakov, Konstantin P., **5:** 38
Buchwald, Stephen L., **1:** 164, **2:** 187, **3:** 32, 128, 129, **4:** 31, 118, 122, 123, **5:** 26, 27, 28, 30, 31, 95, 124
Buono, Frederic G., **3:** 125
Burés, Jordi, **4:** 29
Burgess, Kevin, **4:** 85
Burgos, Alain, **3:** 60
Burke, Martin D., **4:** 45, 119, **5:** 22
Burke, Steven D., **2:** 56, **3:** 172
Burkett, Brendan A., **4:** 22
Burkhardt, Elizabeth R., **3:** 14
Burrell, Adam J. M., **3:** 160
Burton, Jonathan W., **3:** 146, 152, **4:** 156
Busto, Jesús H., **4:** 57
Buszek, Keith R., **3:** 38

Cabral, Shawn, **3:** 9
Cacchi, Sandro, **3:** 132, **4:** 90
Caddick, Stephen, **4:** 43, **5:** 32
Caffyn, Andrew J. M., **3:** 124
Cahiez, Gérard, **3:** 31, **4:** 43, 45, **5:** 126

Cammidge, Andrew M., **1:** 174
Campagne, Jean-Marc, **3:** 49, **4:** 12
Campos, Kevin R., **2:** 91, **4:** 160
Canesi, Sylvain, **4:** 159
Canney, Daniel J., **4:** 90
Cantat, Thibault, **5:** 20
Cao, Xiao-Ping, **4:** 140, **5:** 146
Carbery, David R., **4:** 12, **5:** 15, 85
Carboni, Bertrand, **5:** 134
Cárdenas, Diego J., **2:** 125
Cardierno, Victoria, **2:** 145
Carreira, Erick, **1:** 98, 150, **2:** 6, 17, 53, 118, 161, 181, **3:** 9, 42, **4:** 50, 68, 160, **5:** 71, 107, 146, 149, 151, 180, 184, 192, 204
Carretero, Juan C., **2:** 92, 195, **3:** 70, 72, **4:** 83, **5:** 66
Carter, Rich G., **3:** 121, 142, 194, **4:** 17
Casar, Zdenko, **5:** 69
Casey, Charles P., **3:** 2
Casiraghi, Giovanni, **1:** 152, **5:** 82
Castarlenas, Ricardo, **2:** 110
Castillón Sergio, **2:** 94, **3:** 148
Castle, Steven L., **3:** 204, **4:** 5
Catellani, Marta, **3:** 26
Çetinkaya, Bekir, **2:** 22
Cha, Jin Kun, **4:** 55, 142, **5:** 50, 94
Chae, Junghyun, **4:** 26
Chain, William J., **5:** 96
Chakraborti, Asit K., **4:** 22
Chakraborty, Debashis, **4:** 19
Chakraborty, Tushar Kanti, **2:** 128, **3:** 86, 108, **4:** 146, 148
Challis, Gregory L., **5:** 41
Chan, Albert S. C., **1:** 65, **4:** 67, 71
Chan, Johann, **3:** 7
Chan, Philip Wau Hong, **5:** 11
Chandra Roy, Subhas, **2:** 93
Chandrasekaran, Srinivasan, **4:** 3
Chandrasekhar, Srivari, **1:** 86, **3:** 64, **5:** 26
Chang, Ching-Yao, **3:** 135
Chang, Ho Oh, **3:** 150
Chang, Junbiao, **3:** 131
Chang, Maosheng, **3:** 22
Chang, Sukbok, **2:** 43, 190, **3:** 122, 133, **5:** 120, 122
Charette, André B., **1:** 192, **2:** 58, 69, **3:** 12, 34, 59, 72, 75, 150, **4:** 18, 45, **5:** 48, 51, 104
Chass, Gregory A., **4:** 41

Chataigner, Isabelle, **4:** 161, **5:** 163
Chatani, Naoto, **3:** 126, **4:** 13, **5:** 35
Chattopadhyay, Shital K., **5:** 109
Chauvin, Remi, **2:** 110
Chavan, Subhash P., **5:** 22
Che, Chao, **4:** 60
Che, Chi-Ming, **1:** 175, **2:** 146, **3:** 102, 104, **4:** 54, **5:** 11, 20, 56, 84, 87
Chemler, Sherry R., **3:** 106, **4:** 106, **5:** 106
Chen, Cheng-Yi, **3:** 131
Chen, Chien-Tien, **2:** 47, 127
Chen, Chuo, **4:** 184, 185, **5:** 145
Chen, David Y.-K., **5:** 153
Chen, Gong, **4:** 35, 36, **5:** 33, 36, 107
Chen, Jia-Hua, **5:** 172
Chen, Jia-Rong, **4:** 140
Chen, Jihua, **1:** 201, **2:** 186
Chen, Kwunmin, **4:** 74
Chen, Wanzhi, **4:** 118
Chen, Ying-Chun, **3:** 107, 143, **4:** 103, 135, 139, 141, **5:** 104, 139, 141
Chen, Zili, **4:** 94
Cheng, Jiang, **5:** 122
Cheng, Jin-Pei, **3:** 136
Cheng, Xiaomin, **5:** 51
Chi, Dae Yoon, **4:** 2
Chiba, Kazuhiro, **5:** 27
Chiba, Shunsuke, **3:** 130, **4:** 127, 132, **5:** 128
Chida, Noritaka, **4:** 89, **5:** 111
Chiou, Wen-Hua, **4:** 109
Chirik, Paul J., **5:** 58
Chiu, Pauline, **3:** 161
Chmielewski, Marcin K., **5:** 21
Cho, Eun Jin, **5:** 60
Cho, Seung Hwan, **5:** 120
Chong, J. Michael, **2:** 140, **3:** 72
Christie, Steven D. R., **4:** 91
Christmann, Mathias, **3:** 155, **4:** 135, **5:** 142
Ciufolini, Marco A., **1:** 48, **3:** 160
Clapés, Pere, **2:** 165
Clark, J. Stephen, **2:** 201, **3:** 88, **5:** 132
Clark, James H., **3:** 17
Clarke, Matthew L., **5:** 76
Clarke, Paul A., **5:** 95
Clavier, Hervé, **3:** 48, 50
Clayden, Jonathan, **2:** 37, **3:** 63, 133, 159, **5:** 65
Clive, Derrick L. J., **1:** 74, **3:** 57, **4:** 107
Coates, Geoffrey W., **2:** 59, **3:** 32

Cobb, Alexander J. A., **4:** 134
Cobley, Christopher J., **5:** 76
Codée, Jeroen D. C., **5:** 24
Cohen, Theodore, **5:** 112
Colby, David A., **4:** 27, **5:** 25
Coldham, Iain, **3:** 161, **4:** 104, 108, **5:** 109
Cole, Kevin P., **3:** 154
Cole, Thomas E., **4:** 121
Cole-Hamilton, David J., **1:** 148
Coleman, Robert S., **2:** 62
Collins, Shawn K., **4:** 64
Coltart, Don M., **2:** 147, **3:** 31, **4:** 43, **5:** 72
Colvin, Ernest W., **5:** 47
Comins, Daniel, **5:** 21
Compain, Philippe, **3:** 14
Concellón, José M., **3:** 31
Connell, Brian T., **4:** 42
Connon, Stephen J., **5:** 94
Cook, James M., **4:** 6
Cook, Matthew J., **5:** 3
Cook, Silas P., **4:** 149, **5:** 103, 187
Coquerel, Yoann, **5:** 81, 140
Cordes, David B., **4:** 50
Córdova, Armando, **1:** 118, 151, **2:** 8, 68, 121, **3:** 64, 78, 79, 82, 83, 84, 102, 136, 138, 143, **5:** 82, 142
Corey, E. J., **1:** 168, 196, 197, **2:** 71, 100, 180, 208, **3:** 136, 137, 139, **4:** 157, 168, **5:** 145, 163
Corma, Avelino, **4:** 2
Correia, Carlos Roque Duarte, **4:** 51
Cossy, Janine, **1:** 109, **2:** 10, **3:** 31, 45, **4:** 46, 58, 61, 62, **5:** 8, 46, 148
Costa, Anna M., **5:** 3
Costas, Miquel, **4:** 48
Couturier, Michel, **4:** 6
Cox, Liam R., **3:** 23, 98
Cozzi, Pier Giorgio, **5:** 74
Craig, Donald, **3:** 110
Cramer, Nicolai, **4:** 78, **5:** 61
Crich, David, **2:** 33, 179, 191, **3:** 17, **4:** 10
Crimmins, Michael, **1:** 134, **2:** 30, 95, 115
Crooks, Peter A., **3:** 12
Crudden, Cathleen M., **4:** 52, 74
Csáky, Aurelio G., **5:** 92
Csuk, René, **2:** 144
Cuerva, Juan M., **2:** 125, 174
Cuevas-Yañez, Erick, **5:** 21
Cui, Dong-Mei, **4:** 38

Cumpstey, Ian, **3:** 88
Cunico, Robert, **1:** 126
Curci, Ruggero, **1:** 176, **3:** 24, 28, 29
Curran, Dennis P., **1:** 183, **2:** 50, **3:** 44, **4:** 18, **5:** 16
Cushman, Mark, **4:** 4
Czekelius, Constantin, **5:** 108

Da, Chao-Shan, **4:** 68
Dabdoub, Miguel J., **4:** 51
Dai, Liyan, **4:** 70
Dai, Wei-Min, **3:** 53
Dairi, Tohru, **5:** 33
Dake, Gregory R., **2:** 206, **3:** 114
Daly, John W., **3:** 113
Danheiser, Rick L., **2:** 40, **4:** 125, 160
Danishefsky, Samuel, **1:** 73, 197, **2:** 156, **4:** 9, **5:** 156
Darcel, Christophe, **3:** 16
Darses, Sylvain, **4:** 49
Das, Biswanath, **3:** 4, **4:** 94
Das, Parthasarathi, **4:** 7
Dauban, Phillipe, **2:** 179, **3:** 67
Daugulis, Olafs, **3:** 121, **4:** 130, **5:** 37
David, Michèle, **3:** 43
Davies, Huw M. L., **1:** 169, **2:** 61, 105, **3:** 28, 103, 208, **5:** 135, 144, 148, 150
Davies, Stephen G., **4:** 76, **5:** 79
Davis, Benjamin G., **3:** 50
Davis, Franklin A., **1:** 188
DeBoef, Brenton, **5:** 120
Deiters, Alexander, **2:** 83, **3:** 23, **5:** 128
Delpech, Bernard, **4:** 130
Dembinski, Roman, **3:** 132
Demir, Ayhan S., **4:** 130
Deng, Guo-Jun, **5:** 123
Deng, Li, **1:** 153, **2:** 4, 23, 101, 139, 164, **3:** 62, 63, 71, 154, **4:** 75, 155, **5:** 66, 74, 81, 137
Deng, Xiaohu, **3:** 130
Deng, Youquan, **1:** 45
Denmark, Scott E., **1:** 22, 154, **2:** 117, **5:** 69
Denton, Ross, **5:** 5
Désaubry, Laurent, **3:** 124
Deska, Jan, **5:** 47
Deslongchamps, Pierre, **3:** 155
de Vries, Johannes G., **3:** 74, **4:** 16
Diaz, Yolanda, **2:** 94
Dieter, R. Karl, **3:** 85

Diver, Steven T., **3:** 45
Dixneuf, Pierre, **1:** 182, **2:** 110
Dixon, Darren J., **3:** 21, **4:** 142, 170, **5:** 109, 196, 207
Doctorovich, Fabio, **3:** 41
Dodd, Robert H., **2:** 179, **3:** 67, **4:** 51
Doi, Takayuki, **2:** 66
Dolman, Sarah J., **4:** 30
Dong, Guangbin, **5:** 52, 125
Dong, Vy M., **5:** 61
Donohoe, Timothy J., **4:** 132, **5:** 106
Donsbach, Kai, **2:** 152
Dore, Timothy M., **2:** 88
Dorta, Reto, **4:** 60, 64
Dougherty, Dennis A., **4:** 18
Doye, Sven, **4:** 48
Doyle, Michael P., **1:** 177, **2:** 127, 192, **3:** 26
Dreher, Spencer D., **5:** 71
Driver, Tom G., **3:** 133, **5:** 36
Du, Yunfei, **5:** 133
Duan, Wenhu, **3:** 20, **4:** 74
Du Bois, Justin, **1:** 8, 137, 153, **2:** 118, 210, **3:** 25, 28, 29, **4:** 36, 108, **5:** 34, 37
Dudley, Gregory B., **2:** 47, 87, 91, **3:** 33, **4:** 45
Dujardin, Gilles, **3:** 43, **4:** 135
Durek, Thomas, **5:** 3
Dussault, Patrick H., **3:** 41, **5:** 56, 59
D'yakonov, Vladimir A., **4:** 146

Earle, Martyn, **1:** 21
Eberlin, Marcos N., **1:** 202
Echavarren, Antonio M., **5:** 150
Ellman, Jonathan A., **1:** 122, **2:** 41, 126, 178, **3:** 80, 133, 180, **4:** 18, 130, **5:** 107
Enders, Dieter, **1:** 185, **2:** 7, 62, 171, 203, **3:** 140
Endo, Kohei, **4:** 45
Ermolenko, Mikhail S., **1:** 186
Eskici, Mustafa, **5:** 47
Estévez, Ramon J., **1:** 9
Esumi, Tomoyuki, **4:** 145
Etzkorn, Felicia A., **4:** 42
Eustache, Jacques, **3:** 49
Evano, Gwilherm, **3:** 110
Evans, David A., **2:** 38, **3:** 72, **5:** 151, 206
Evans, P. Andrew, **1:** 140, **2:** 73

Faber, Kurt, **1:** 158
Fabis, Frederic, **5:** 120

Author Index

Fabris, Fabrizio, **5:** 34
Fabrizi, Giancarlo, **3:** 132
Fagnoni, Maurizio, **2:** 181, **3:** 25, **4:** 32, 43, **5:** 32
Fagnou, Keith, **2:** 25, 41, 156
Fairlamb, Ian J. S., **2:** 104
Falck, J. R., **2:** 129, **3:** 66, 68, 99, **4:** 52, 78
Falvey, Daniel E., **4:** 21
Fan, Chun-An, **5:** 104, 113
Fan, Renhua, **3:** 25
Fañanás, Francisco, **3:** 100, **5:** 100
Fandrick, Daniel R., **4:** 71
Fandrick, Keith R., **5:** 66
Fang, Jim-Min, **1:** 17
Fang, Shiyue, **4:** 23
Farina, Vittorio, **2:** 152
Farras, Jaume, **5:** 150
Faucher, Anne-Marie, **1:** 132, 161
Favi, Gianfranco, **4:** 132
Feng, Xiaoming, **2:** 93, **3:** 68, **4:** 141, **5:** 64, 94, 142
Feng, Xiujuan, **4:** 145
Feng, Yi-Si, **5:** 52
Fensterbank, Louis, **4:** 46, 120, **5:** 94
Feringa, Ben L., **1:** 151, 164, 192, 204, **2:** 6, 60, 100, 162, **3:** 50, 71, 74, 77, 152, **4:** 68, 80, 103, 146, **5:** 77
Fernandes, Ana C., **4:** 52
Fernández, Roberto, **3:** 96
Fernández-Mateos, A., **4:** 38
Ferraz, Helena M. C., **1:** 202, **2:** 198
Ferreira, Eric M., **5:** 128, 150
Ferroud, Clotilde, **3:** 21
Fiaud, Jean-Claude, **1:** 34
Figueredo, Marta, **4:** 111
Fillion, Eric, **3:** 92
Fini, Francesco, **4:** 84
Finn, M. G., **1:** 145
Firouzabadi, Habib, **1:** 106, 156, **3:** 15
Fleet, George W. J., **3:** 20
Fleming, Fraser F., **4:** 86
Fletcher, Stephen P., **5:** 80
Floreancig, Paul, **1:** 195, **2:** 198, **3:** 89, **4:** 95, 155
Flynn, Bernard L., **5:** 138
Fogg, Deryn E., **2:** 50, **3:** 45
Fokin, Andrey A., **4:** 94
Fokin, Valery V., **2:** 86, **3:** 132, **4:** 142, 144, **5:** 75

Forbes, David C., **1:** 44, **4:** 15
Forgione, Pat, **4:** 128
Foss, Frank W. Jr, **5:** 15
Foubelo, Francisco, **5:** 68
Fox, Joseph M., **2:** 70, **3:** 145, 154, **5:** 112, 146, 150
Fox, Martin E., **1:** 194
France, Stefan, **4:** 159, **5:** 131
Frantz, Doug E., **5:** 2
Fréchet, Jean M. J., **4:** 87
Friestad, Gregory K., **4:** 33
Fringuelli, Francesco, **2:** 99
Frontier, Alison J., **3:** 102
Frost, Christopher G., **4:** 104
Fu, Gregory C., **1:** 38, 60, 61, 104, **2:** 5, 24, 83, 101, 128, **3:** 30, 37, 75, 76, 92, **4:** 46, 71, 76, 78, **5:** 7, 72, 77, 136
Fu, Hua, **3:** 26
Fu, Xuefeng, **5:** 15
Fu, Yao, **4:** 8
Fuchs, Philip L., **5:** 18
Fügedi, Péter, **4:** 20
Fujii, Nobutaka, **3:** 117, 126, **4:** 98, **5:** 67, 109, 110
Fujioka, Hiromichi, **2:** 107, **3:** 157, **4:** 22, 161, **5:** 18, 23, 90
Fujita, Ken-ichi, **2:** 55, **4:** 6, **5:** 14, 54
Fujiwara, Kenshu, **1:** 195, **3:** 93
Fukumoto, Yoshiya, **2:** 146, **3:** 5
Fukuyama, Takahide, **5:** 30
Fukuyama, Tohru, **1:** 142, **2:** 141, **3:** 14, 52, 98, 152, **4:** 111, 131, **5:** 75, 117, 178
Fukuyama, Yoshiyasu, **4:** 145
Funk, Raymond L., **2:** 84, 136, 169, **4:** 198
Funk, Timothy W., **4:** 55, 61, **5:** 46, 207
Furket, Daniel P., **3:** 103
Fürstner, Alois, **1:** 126, **2:** 52, **3:** 33, 35, 55, 144, 164, **4:** 61, 65, **5:** 90, 98, 101
Fustero, Santos, **3:** 23, 102
Futjes, Floris, **1:** 92
Fuwa, Haruhiko, **3:** 89, **4:** 47, **5:** 88

Gade, Lutz H., **5:** 138
Gademann, Karl, **5:** 158
Gaffney, Piers R. J., **3:** 20
Gagné, Michel R., **2:** 198, **3:** 92, 98, 145, 149
Gagosz, Fabien, **2:** 49, 173, **3:** 130, **4:** 93, **5:** 88

Author Index

Gaich, Tanja, **3:** 161
Gais, Hans-Joachim, **2:** 128
Gallagher, Timothy, **1:** 106
Gallos, John K., **4:** 155
Gandelman, Mark, **5:** 2
Gandon, Vincent, **4:** 130
Ganem, Bruce, **4:** 29
Ganesan, A., **1:** 174
Gansäuer, Andreas, **4:** 142
Gao, Shuanhu, **5:** 102
Garcia Fernandez, José M., **2:** 91
Garg, Neil K., **3:** 127, **4:** 208, **5:** 174
Garner, Charles M., **2:** 129
Gastaldi, Stéphane, **3:** 63
Gau, Han-Mou, **2:** 162
Gaunt, Matthew J., **1:** 167, **3:** 114, 126, 139
Gauvin, Régis M., **4:** 64
Gawley, Robert E., **4:** 108, **5:** 66
Gellman, Samuel H., **2:** 60, 119, 190, **3:** 70, 75, 137, **4:** 134, **5:** 139
Gentili, Patrizia, **5:** 13
Georg, Gunda, **1:** 70, **5:** 91
Georgiadis, Dimitris, **2:** 66
Gervay-Hague, Jacquelyn, **2:** 133
Gevorgyan, Vladimir, **3:** 130, **4:** 128, **5:** 88, 128
Gharpure, Santosh J., **4:** 90
Ghorai, Manas K., **4:** 106, **5:** 110
Ghorbani-Vaghei, Ramin, **5:** 122
Ghosh, Arun, **1:** 50, **2:** 199, **4:** 96, **5:** 42, 96
Ghosh, Subhash, **4:** 98
Ghosh, Subrata, **2:** 178
Gibb, Bruce C., **5:** 18
Gil, Gérard, **3:** 63
Gimeno, José, **2:** 145
Gin, David Y., **2:** 140
Girijavallabhan, Vinay, **5:** 3
Gleason, James L., **1:** 114, **2:** 167
Glorius, Frank, **1:** 18, 139, **2:** 128, **5:** 17, 24, 67, 136
Gnaim, Jallal M., **1:** 174
Godfrey, Christopher R. A., **4:** 37
Goeke, Andreas, **3:** 149, **5:** 49, 145
Goel, Atul, **3:** 127
Goess, Brian C., **4:** 63, **5:** 54
Goldsmith, Christian R., **4:** 34
Gómez Arrayás, Ramón, **2:** 195
Gong, Liu-Zhu, **2:** 74, **3:** 78, 86, **4:** 84, 102, **5:** 111

Goossen, Lukas. J., **1:** 156, **2:** 185, **4:** 30
Gopalan, Aravamudan S., **5:** 19
Gopi, Hosahudya N., **5:** 6
Gorden, Anne E. V., **5:** 13
Gotor, Vicente, **5:** 66
Gouverneur, Véronique, **5:** 9
Gracias, Vijaya, **2:** 41
Graham, Andrew E., **4:** 90
Grainger, Richard S., **3:** 4
Greaney, Michael F., **3:** 120
Greck, Christine, **5:** 84
Grée, René, **4:** 14, 143
Greenberg, William E., **3:** 103
Gregg, Brian T., **4:** 40
Grela, Karol, **1:** 126, **2:** 110, **3:** 47, 48, **4:** 64
Griengl, Herfried, **3:** 65
Grimme, Stefan, **3:** 38, **5:** 16, 24
Grogan, Gideon, **3:** 156
Gröger, Harald, **2:** 143
Grotjahn, Douglas B., **3:** 40, **5:** 59
Groves, John T., **4:** 36, **5:** 38
Grubbs, Robert H., **1:** 28, **2:** 49, 110, 151, **3:** 45, 47, 48, 50, **4:** 56, 59, **5:** 25, 26, 56, 62
Grushin, Vladimir V., **5:** 120
Grützmacher, Hansjörg, **3:** 2
Gu, Peiming, **5:** 126
Gu, Yonghong, **4:** 120, **5:** 122
Gu, Zhenhua, **5:** 127
Guan, Zheng-Hui, **5:** 123
Guo, Chuangxing, **4:** 25
Guo, Hai-Ming, **5:** 39
Guo, Lin, **4:** 94
Guo, Qing-Xiang, **3:** 121, **4:** 8
Gürtler, C., **1:** 100

Hajipour, Abdoul Reza, **2:** 85
Hajra, Alakananda, **4:** 25
Hajra, Saumen, **3:** 88
Halcomb, Randall, **1:** 32
Hale, Karl J., **5:** 161
Hall, Dennis G., **1:** 62, **2:** 197, **3:** 11, 65, **4:** 63, 71, 122, **5:** 7, 46
Hamada, Hiroki, **3:** 79
Hamada, Yasumasa, **1:** 78, **4:** 41, 140, **5:** 111, 112
Hamann, Mark T., **4:** 16, **5:** 13
Hamashima, Yoshitaka, **5:** 141
Hammond, Gerald B., **3:** 16, 36

Author Index

Han, Hyunsoo, **3:** 65
Han, Li-Biao, **3:** 39, **4:** 11, **5:** 10
Hanessian, Stephen, **2:** 51, 177
Hansen, Karl B., **4:** 66
Hansen, Tore, **4:** 137
Hansen, Trond Vidar, **3:** 124, **4:** 118
Hanson, Paul, **1:** 40, **2:** 109
Hanson, Susan K., **5:** 16
Hanzawa, Yuji, **2:** 81, 188, **3:** 129, **5:** 128
Hao, Xiaojiang, **5:** 53
Harada, Tadao, **3:** 41
Harada, Toshiro, **1:** 151, **3:** 67, **4:** 73
Harder, Sjoerd, **2:** 125
Harman, W. D., **2:** 65, 99
Harran, Patrick G., **5:** 210
Harris, Thomas, **3:** 125
Harrity, Joseph P. A., **1:** 53, 193, **2:** 205, **4:** 121, 147, **5:** 105, 132
Harrowven, David C., **2:** 26, **5:** 10
Hartley, Richard C., **3:** 91, 102, **4:** 10
Hartwig, John F., **1:** 157, 160, **2:** 60, 92, 155, **3:** 23, 39, 66, 120, 122, 123, 124, **4:** 28, 129, **5:** 17, 36, 38, 126, 150
Harvey, Joanne, **3:** 101, **4:** 12
Hasegawa, Masayuki, **3:** 77
Hashimoto, Shunichi, **3:** 100, **4:** 146, **5:** 144
Hassner, Alfred, **5:** 23
Hatakeyama, Susumi, **1:** 196, **3:** 94, **4:** 116, **5:** 37, 162
Hatanaka, Minoru, **3:** 5, **4:** 42
Haufe, Günter, **5:** 70
Hayashi, Masahiko, **5:** 144
Hayashi, Tamio, **1:** 64, 66, **2:** 120, 129, **3:** 33, 107, 152, **4:** 2, 71, 72, 77, 81, 143, 144, **5:** 74, 80
Hayashi, Yujiro, **1:** 4, **2:** 60, 68, 172, **3:** 12, 58, 72, 74, 136, 137, 143, **4:** 66, 107, **5:** 78, 143
He, Chuan, **1:** 122, 175, **2:** 17, 177, **3:** 24
He, Ren, **3:** 44
Headley, Allan D., **5:** 83
Heck, Richard F., **4:** 41, 129
Heinrich, Markus R., **3:** 125, **4:** 53, **5:** 122
Helmchen, Günter, **1:** 138, 179, 202, **2:** 113, 161, **4:** 110, 112, 147, **5:** 64, 154
Helquist, Paul, **3:** 106, **4:** 5, 122
Hemming, Karl, **5:** 130
Heravi, Majid, **2:** 75
Hernández, Rosendo, **4:** 2

Herrera, Antonio J., **3:** 27
Herrera, Raquel, **2:** 58
Herrmann, Andreas, **5:** 22
Herzon, Seth B., **4:** 157, **5:** 17, 113
Hiemstra, Henk, **1:** 92
Hiersemann, Martin, **1:** 96, **2:** 61, **3:** 81, **5:** 144
Hiller, Michael C., **2:** 41
Hilmersson, Göran, **3:** 9, **4:** 21
Hilt, Gerhard, **2:** 156, **3:** 25, 127, **4:** 121, 144
Hilvert, Donald, **4:** 93
Hinkle, Kevin, **1:** 106
Hintermann, Lukas, **2:** 146, **3:** 5, **4:** 11
Hirama, Masahiro, **2:** 198, **4:** 21, **5:** 168
Hirano, Koji, **5:** 70
Hiroya, Kuo, **2:** 159, **4:** 155
Hiyama, Tamejiro, **3:** 116, **4:** 41, 130, **5:** 58
Ho, Chun-Yu, **4:** 55
Ho, Phil Lee, **4:** 9
Hocek, Michal, **5:** 90
Hodgson, David M., **1:** 81, 149, **2:** 137, **3:** 36, **4:** 47, 104, **5:** 98, 110
Hoerrner, Scott, **1:** 40
Hoffman, Reinhard W., **2:** 135
Holmes, Andrew B., **3:** 152
Hon, Yung-Son, **2:** 78
Honda, Toshio, **1:** 75, **3:** 161
Hong, Bor-Cherng, **4:** 135, **5:** 137, 139, 143
Hong, Fung-E, **5:** 56
Hong, Jiyong, **4:** 108, 140, **5:** 91, 100
Hong, Soon Hyeok, **5:** 6
Horni, Osmo E. O., **1:** 88
Hosomi, Akira, **3:** 88
Hosseini-Sarvari, Mona, **2:** 130
Hotha, Srinivas, **5:** 82
Hou, Duen-Ren, **2:** 153, **4:** 26
Hou, Xue-Long, **3:** 150, **4:** 17, 126, **5:** 132
Hou, Yuqing, **4:** 118
Houk, K. N., **2:** 198
Houpis, Joannis N., **3:** 125
Hoveyda, Amir H., **1:** 96, 141, 182, **2:** 24, 29, 48, 50, 94, 164, 196, 207, **3:** 71, 192, 193, **4:** 56, 57, 61, 69, 73, **5:** 62, 65, 73, 74, 92, 151
Hoye, Thomas, **1:** 130, **2:** 154, **5:** 62, 111, 155
Hoz, Shmaryahu, **1:** 18, **5:** 12
Hsiao, Yi, **4:** 66
Hsung, Richard P., **1:** 187, **2:** 101, **3:** 154, 156, **4:** 159, **5:** 162

Hu, Jinbo, **5:** 162
Hu, Longqin, **3:** 18
Hu, Qiao-Sheng, **1:** 110
Hu, Wen-Hao, **5:** 87
Hu, Xiang-Ping, **4:** 76
Hu, Xile, **5:** 44, 47
Hu, Xinquan, **3:** 3
Hu, Youhong, **5:** 121
Hu, Yulai, **4:** 3
Hua, Ruimao, **4:** 4
Huang, Danfeng, **4:** 3
Huang, Hanmin, **5:** 60
Huang, Jing-Mei, **4:** 10, **5:** 21
Huang, Kuo-Wei, **5:** 86
Huang, Pei-Qiang, **4:** 8, 18, 108, **5:** 50, 110, 116
Huang, Xiaojun, **4:** 105
Huang, Yong, **5:** 9, 125
Huang, Zhi-Zhen, **4:** 37, 53
Hudson, Richard A., **2:** 15
Hue, Xue-Long, **3:** 84
Hultzsch, Kai C., **2:** 92, **5:** 106
Hung, Shang-Cheng, **1:** 16
Hunson, Mo, **2:** 13
Hwang, Geum-Sook, **5:** 136, 151
Hwang, Kuo Chu, **5:** 125

Iadonisi, Alfonso, **5:** 24
Ibrahem, Ismail, **5:** 82, 142
Ichikawa, Junji, **5:** 133
Ichikawa, Satoshi, **5:** 19, 42
Ichikawa, Yoshiyasu, **5:** 65
Iguchi, Kazuo, **1:** 102
Ikariya, Takao, **2:** 192, **4:** 12, 146, 159
Ila, Hiriyakkanavar, **3:** 33
Imada, Yasushi, **2:** 77, **4:** 52
Imagawa, Hiroshi, **4:** 150
Imahori, Tatsushi, **3:** 56
Ingleson, Michael J., **5:** 126
Inomata, Katsuhiko, **4:** 88
Inoue, Masayuki, **2:** 198, **4:** 19, 32, **5:** 32, 34
Inoue, Yoshio, **1:** 98
Iqbal, Javed, **3:** 46
Iranpoor, Nasser, **1:** 106, 156, **3:** 15
Ishibashi, Hiroyuki, **2:** 145, 210, **3:** 109, 117
Ishihara, Kazuaki, **2:** 44, 65, 76, 100, **3:** 156, **4:** 14, 72, **5:** 14

Ishii, Yasutaka, **1:** 22, **3:** 128, **4:** 34, 42, **5:** 11
Isobe, Minoru, **1:** 136, **2:** 130, **4:** 154, **5:** 148
Itami, Kenichiro, **5:** 52
Ito, Hajime, **3:** 65, 85, **4:** 144
Ito, Hisanaka, **1:** 102, **3:** 22
Ito, Katsuji, **2:** 58
Ito, Yukishige, **3:** 22
Ivanova, Olga A., **4:** 15
Iwabuchi, Yoshiharu, **2:** 204, **3:** 13, **4:** 14, 177, **5:** 13, 14, 42, 152
Iwao, Masatomo, **4:** 128
Iwasa, Seiji, **4:** 146, **5:** 148
Iwasawa, Nobuharu, **4:** 126, **5:** 57

Jackson, James E., **3:** 23
Jacobi, Peter A., **3:** 85
Jacobsen, Eric N., **1:** 84, 138, 150, 160, 177, 205, **2:** 108, **3:** 71, 74, 115, 147, 153, **4:** 69, 137, 138, **5:** 79, 119
Jaekel, Christoph, **3:** 148
Jahn, Ullrich, **3:** 160, **4:** 156
Jain, Suman L., **4:** 124
James, Keith, **5:** 30
Jamison, Timothy F., **1:** 94, **2:** 78, 126, 136, 198, **3:** 39, 93, 112, **4:** 52, 91, **5:** 28, 29, 30, 31, 57
Jana, Umasish, **4:** 128
Jang, Doo Ok, **2:** 182, **4:** 25, 72
Jarosz, Slawomir, **4:** 154
Jarvo, Elizabeth R., **5:** 80
Jenkins, David M., **5:** 104
Jennings, Michael P., **1:** 187, **3:** 22, 58
Jensen, Klavs S., **4:** 31, **5:** 26
Jeon, Heung Bae, **1:** 188
Jeong, Nakcheol, **3:** 148
Jew, Sang-sup, **2:** 163, **4:** 78
Ji, Ya-Fei, **5:** 25
Jia, Guochen, **3:** 132
Jia, Xueshun, **2:** 189, **4:** 26
Jia, Yanxing, **4:** 109, 127, **5:** 134
Jian, Huanfeng, **4:** 52
Jiang, Biao, **3:** 33
Jiang, Biwang, **4:** 60
Jiang, Huanfeng, **5:** 34, 90
Jiang, Huan-Feng, **3:** 130, 134, **4:** 47, 50, 128
Jiang, Zhiyong, **5:** 14, 86
Jiao, Ning, **4:** 4, 32, **5:** 9, 132, 133

Author Index

Jin, Myung-Jong, **5:** 120
Joglar, Jesús, **2:** 165
Johnson, Jeffrey S., **2:** 29, **3:** 196, **4:** 91, 107, **5:** 63, 85, **5:** 86
Johnson, Marc J. A., **2:** 148, **3:** 31
Johnston, Jeffrey N., **1:** 38, **3:** 119
Jones, Christopher, **3:** 60
Jones, Paul B., **1:** 176
Jørgensen, Karl Anker, **1:** 119, 166, 205, **2:** 4, 14, 23, 60, 102, 121, 172, 203, **3:** 62, 64, 77, 85, 136, 137, 138, 139, 141, 178, **4:** 77, 134, 141, **5:** 136, 138
Joshi, N. N., **1:** 64
Joullié, Madeleine M., **4:** 88
Juhász, Zsuzsa, **3:** 87
Jun, Chul-Ho, **2:** 178, **3:** 42, **4:** 53
Jung, Kyung Woon, **3:** 112, **4:** 39, 78, 118
Jung, Michael E., **2:** 70, **3:** 154, **5:** 156
Jung, Young Hoon, **4:** 10
Jutand, Anny, **5:** 94

Kadyrov, Renat, **4:** 68
Kaeobamrung, Juthanat, **4:** 89
Kakiuchi, Fumitoshi, **2:** 209
Kalesse, Markus, **3:** 65, **4:** 82
Kallemeyn, Jeffrey M., **4:** 160
Kambe, Nobuaki, **3:** 36, **4:** 40, **5:** 46
Kamimura, Akio, **3:** 78
Kaminski, Zbigniew J., **2:** 44
Kamitanaka, Takashi, **3:** 41
Kan, Toshiyuki, **3:** 98, **5:** 141
Kanai, Motomu, **1:** 98, **2:** 3, 52, 87, **3:** 61, 74, **4:** 74, 81, **5:** 87, 108
Kaneda, Kiyotomi, **1:** 104, 107, **4:** 18, **5:** 10
Kanemasha, Shuji, **3:** 77
Kang, Sung Ho, **5:** 73
Kanger, Tõnis, **4:** 83, 156
Kanoh, Naoki, **5:** 152
Kappe, C. Oliver, **2:** 155, 187, **4:** 30, **5:** 29, 30
Karoyan, Philippe, **3:** 77, 106
Kato, Nobuo, **5:** 33
Katoh, Tadashi, **5:** 18
Katsuki, Tsutomu, **2:** 13, 58, **3:** 6, 40, 66, 148, 156, **4:** 90, 148, **5:** 108
Katsumura, Shigeo, **2:** 152, **3:** 133, **5:** 111
Kawabata, Takeo, **1:** 38, **3:** 105, 107, **5:** 23
Kawatsura, Motoi, **2:** 62
Kazmaier, Uli, **4:** 38

Keck, Gary E., **2:** 9, 32, **3:** 198, **5:** 89
Kelly, T. Ross, **1:** 108
Kempe, Rhett, **2:** 209, **5:** 134, 135
Kerr, Michael A., **3:** 119, **5:** 53, 132
Kerr, William J., **2:** 147
Khaksar, Samad, **3:** 21
Khodaei, Mohammad M., **4:** 17
Kigoshi, Hideo, **1:** 134
Kilic, Hamdullah, **4:** 102
Kim, B. Moon, **5:** 54
Kim, Deukjoon, **2:** 32, 170
Kim, Dong-Pyo, **4:** 30, **5:** 26, 31
Kim, Hyoungsu, **5:** 100
Kim, Ikyon, **3:** 132
Kim, Jae Nyoung, **2:** 41, 187
Kim, Kwan Soo, **1:** 188
Kim, Mahn-Joo, **1:** 88
Kim, Sanghee, **2:** 107
Kim, Sunggak, **3:** 85, **4:** 9, 36, 38, 81, 157, **5:** 127
Kim, Tae-Jeong, **3:** 144, 146
Kim, Yong Hae, **5:** 46
Kim, Young Gyu, **1:** 108
Kimber, Marc C., **5:** 143
Kingsbury, Jason S., **4:** 40
Kirimura, Kohtaro, **4:** 125
Kirkham, James D., **5:** 132
Kirsch, Stefan F., **2:** 206, **4:** 123
Kirschning, Andreas, **1:** 189, **2:** 151, **3:** 21, 177, **4:** 30
Kishi, Yoshito, **1:** 178, **2:** 191, **3:** 68, **5:** 5, 48
Kita, Yasuyuki, **2:** 13, 18, 107, **3:** 24, 157
Kitamura, Masato, **4:** 20, **5:** 106
Kitazume, Tomoya, **2:** 85
Klopper, Wim, **5:** 155
Klosin, Jerzy, **2:** 59
Klumpp, Douglass A., **5:** 124
Klussmann, Martin, **5:** 37
Knight, David W., **2:** 145, **3:** 128, **4:** 62
Knochel, Paul, **1:** 81, 110, 127, 149, **2:** 39, **3:** 129, **4:** 89
Kobayashi, Shu, **1:** 111, **2:** 39, 60, 162, 196, **3:** 34, 83, 104, **4:** 79, **5:** 15
Kobayashi, Susumu, **3:** 159, 206, **4:** 143, 155, **5:** 63
Kobayashi, Yoshihisa, **3:** 19
Kobayashi, Yuichi, **3:** 150
Kobayshi, Shoji, **5:** 99

Kocevar, Marijan, **3:** 131
Kocovsky, Pavel, **5:** 78, 90
Koenig, Stefan G., **4:** 20
Koert, Ulrich, **2:** 135, **3:** 54
Koide, Kazunori, **3:** 33, 46, **5:** 148
Kokotos, George, **2:** 48
Komatsu, Mitsuo, **2:** 137
Kondo, Yoshinori, **1:** 10
Koninobu, Yoichiro, **4:** 51
Konopelski, Joseph P., **4:** 106
Koo, Sangho, **5:** 10
Kotaki, Yoshihiko, **3:** 52
Kotsuki, Hiyoshizo, **1:** 153, **4:** 136, **5:** 140
Kouklovsky, Cyrille, **4:** 63, **5:** 163
Kowalski, Conrad, **1:** 107
Kozlowski, Marisa C., **2:** 185, **4:** 89
Kozmin, Sergey A., **3:** 174
Krafft, Marie E., **2:** 173, **4:** 158
Krajnc, Matzaz, **5:** 27
Kraus, George A., **4:** 23, **5:** 125
Krause, Norbert, **2:** 197, **4:** 85
Krische, Michael J., **2:** 195, **3:** 68, 82, **4:** 84, 86, **5:** 78, 82, 176
Krishna, Palakodety Radha, **5:** 116
Krompiec, Stanislaw, **4:** 21
Kroutil, Wolfgang, **1:** 2, **3:** 66, 69, **5:** 16, 41, 108
Krska, Shane W., **4:** 86
Kuang, Chunxiang, **5:** 45
Kudo, Kazuaki, **3:** 74, **5:** 64
Kuhakarn, Chutima, **3:** 14
Kulkarni, Mukund G., **2:** 127
Kumagai, Naoya, **4:** 81, **5:** 71, 78, 84, 144
Kumar, Pradeep, **4:** 6
Kumaraswamy, Gullapalli, **4:** 35
Kunai, Atsutaka, **2:** 185
Kündig, E. Peter, **1:** 137
Kuninobu, Yoichiro, **5:** 44, 51, 121, 130
Kunishima, Munetaka, **5:** 22
Kuniyasu, Hitoshi, **5:** 46
Kunz, Horst, **3:** 109
Kurahashi, Takuya, **4:** 47
Kurosu, Michio, **5:** 6
Kurth, Mark J., **3:** 141
Kusama, Hiroyuki, **5:** 55
Kutsumura, Noriki, **4:** 54, **5:** 11
Kuwahara, Shigefumi, **1:** 200, **3:** 44, **5:** 160, 200, 201
Kuwano, Ryoichi, **3:** 104

Kwiatkowski, Piotr, **5:** 136
Kwon, Ohyun, **5:** 16, 117
Kwong, Fuk Yee, **3:** 124

Lacôte, Emmanuel, **4:** 120
Lakouraj, M. M., **1:** 86
Lalic, Gojko, **5:** 49, 58
Lam, Hon Wai, **4:** 73, 76
Lambert, Tristan H., **3:** 92, 150, 151, **4:** 2, **5:** 71, 88
Landais, Yannick, **3:** 86
Landis, Clark R., **4:** 80, **5:** 72
Larhed, Mats, **4:** 122
Larock, Richard C., **2:** 82, **3:** 128, 132
Larsen, David S., **5:** 24
Lau, Chak Po, **5:** 2
Lau, Stephen Y. W., **4:** 125
Lautens, Mark, **1:** 74, **3:** 129, 131, **4:** 131, 144, **5:** 117
Lavigne, Guy, **2:** 151
Lawrence, Andrew L., **5:** 102
Leadbeater, Nicholas, **1:** 54, **2:** 22, **4:** 30
Lear, Martin J., **4:** 22, **5:** 97
Lebel, Hélène, **2:** 43, 210, **4:** 38, **5:** 67
Lectka, Thomas, **1:** 62, 119, **2:** 161, **5:** 38
Lee, Ai-Lan, **5:** 8
Lee, Chi-Lik Ken, **5:** 30
Lee, Chulbom, **2:** 138, 173
Lee, Daesung, **1:** 132, **3:** 56, 160, **4:** 58, 63, 156, **5:** 47, 148, 162
Lee, Eun, **1:** 72, **2:** 199, **4:** 58
Lee, Hee-Yoon, **1:** 36
Lee, Hyeon-Kyu, **4:** 70
Lee, Kieseung, **5:** 46
Lee, Nathan K., **2:** 152
Lee, Phil Ho, **4:** 39, 128
Lee, Sang-gi, **4:** 46, 133
Lee, Sang-Gyeong, **4:** 24
Lee, Seongmin, **5:** 34
Lee, Sungyul, **4:** 2
Lee, Sunwoo, **4:** 119
Lee, Su Seong, **3:** 51
Lee, Victor, **2:** 169
Lee, Wen-Cherng, **4:** 4
Lee, Yoon-Silk, **3:** 3
Lefenfeld, Michael, **3:** 23
Legault, Claude Y., **5:** 162
Legzdins, Peter, **3:** 24

Leighton, James L., **2:** 62, 89, 162, **4:** 107, **5:** 70
Leitner, Walter, **4:** 30
Lemaire, Marc, **4:** 5
Lendsell, W. Edward, **2:** 43
Leonard, Nicholas M., **5:** 3
Lepore, Salvatore D., **3:** 15
Lesma, Giordano, **1:** 70
Levacher, Vincent, **2:** 44
Ley, Steven V., **2:** 19, 67, **3:** 176, **4:** 19, 30, **5:** 30
Li, Ang, **5:** 186, 190
Li, Bin, **5:** 134
Li, Bryan, **2:** 130
Li, Chao-Jun, **2:** 144, **3:** 3, 28, **4:** 37, 42, 122
Li, Chaozhong, **2:** 173, **3:** 43, 106, **4:** 114, 130, **5:** 4, 51
Li, Chuang-Chuang, **4:** 153, 196, **5:** 145, 159
Li, Guigen, **5:** 131
Li, Hongmei, **4:** 20
Li, Jian, **5:** 76
Li, Jianqing, **5:** 4
Li, Jin-Heng, **2:** 155, 185
Li, Shun-Jun, **3:** 72
Li, Wei-Dong Z., **4:** 116
Li, Xuechen, **4:** 7
Li, Yahong, **4:** 128
Li, Zhi, **5:** 33
Li, Zhiping, **4:** 129
Li, Zhong, **3:** 114
Li, Zhong-Jun, **5:** 18
Li, Zigang, **5:** 53
Liang, Fushun, **3:** 135
Liang, Guangxin, **5:** 163
Liang, Xinmiao, **2:** 144, **3:** 140, 142
Liang, Yong-Min, **3:** 128, **4:** 32, 42, **5:** 49, 129
Liao, Chun-Chen, **3:** 158, **5:** 158
Liao, Wei-Wei, **5:** 48
Lièvre, Catherine, **1:** 75
Liguori, Angelo, **5:** 50
Likhar, Pravin R., **5:** 126
Limanto, John, **4:** 86
Lin, Chung-Cheng, **2:** 47
Lin, Guo-Qiang, **2:** 62, **3:** 63, **5:** 74
Lin, Rai-Shung, **4:** 146
Lin, Yun-Ming, **4:** 68
Lin, Zhenyang, **3:** 132, **5:** 71
Linclau, Bruno, **1:** 156
Lindsley, Craig W., **4:** 96, 106

Ling, Qing, **4:** 131
Linker, Torsten, **3:** 91, **5:** 82
Liotta, Dennis C., **3:** 83
Lipshutz, Bruce H., **3:** 13, 48, 72, 149, **4:** 70, **5:** 46, 62
List, Benjamin, **1:** 78, 166, **2:** 68, 203, **3:** 62, 73, 75, 76, 84, 139, 141, 143, 156, **4:** 88, 136, 138, **5:** 75, 81, 138
Little, R. Daniel, **1:** 194
Liu, Bo, **5:** 23, 25, 160
Liu, David R., **3:** 39
Liu, Delong, **5:** 142
Liu, Guoshen, **3:** 29, 40
Liu, Hong, **3:** 125
Liu, Kevin G., **2:** 160
Liu, Lei, **3:** 121, **4:** 7, 125
Liu, Pei Nian, **5:** 2, 57
Liu, Qun, **3:** 135
Liu, Rai-Shung, **1:** 171, **3:** 145
Liu, Xiaohua, **4:** 141, **5:** 142
Liu, Xue-Wei, **5:** 86, 96
Liu, Xue-Yuan, **5:** 2
Liu, Yunkui, **5:** 127
Liu, Zhong-Quan, **5:** 20, 52, 126
Livingstone, Tom, **2:** 33, **4:** 114, 152
Lloyd-Jones, Guy C., **4:** 23, 119, **5:** 4, 124
Lobo, Ana M., **3:** 135
Loh, Teck-Peng, **1:** 150, 178, **2:** 30, 96, **3:** 69, 73, 140, 156, **4:** 16, 36, 49, 138, 155, 159, **5:** 72, 121
Lombardo, Marco, **5:** 140
Long, Timothy E., **4:** 2
López, Fernando, **5:** 49
López, Luis A., **5:** 132
Lorenz, Jon C., **4:** 71
Lou, Hui, **5:** 12
Love, Jennifer, **3:** 36
Lu, Liang-Qiu, **5:** 24
Lu, Yixin, **3:** 140, **4:** 67, 136, 140, **5:** 64, 78, 107
Lubell, William D., **2:** 87
Lubin-Germain, Nadège, **3:** 88
Luo, Sanzhong, **3:** 136
Luo, Shi-Wei, **3:** 86
Luo, Tuoping, **5:** 94, 145
Lupton, David W., **4:** 90, 101
Luthra, Sajinder K., **5:** 9
Lyapkalo, Ilya M., **2:** 146, **3:** 16
Lygo, Barry, **4:** 152

Ma, Bin, **4:** 4
Ma, Cheng, **5:** 138
Ma, Dawei, **1:** 143, **2:** 164, **3:** 83, 112, 141, **4:** 88, 108, 138, 192, **5:** 202
Ma, Jun-An, **4:** 79
Ma, Shengming, **1:** 132, **2:** 34, **4:** 39, 132
MacMillan, David W. C., **1:** 4, 119, 124, **2:** 1, 6, **3:** 70, 75, 76, 143, **4:** 68, 80, 137, 138, 139, **5:** 76, 108, 115, 142
Madabhushi, Sridhar, **5:** 21
Maehr, Hubert, **4:** 39
Mäeorg, Uno, **3:** 21
Maffioli, Sonia I., **2:** 43
Maggini, Michele, **5:** 29
Magnus, Nicholas A., **5:** 110
Magnus, Philip, **4:** 172
Maguire, Anita R., **4:** 78
Maier, Martin E., **3:** 122, 164, **4:** 75
Mainolfi, Nello, **4:** 31
Maiti, Debabrata, **5:** 9, 12, 126
Majee, Adinath, **4:** 25
Majumdar, K. C., **4:** 131
Makosza, Mieczyslaw, **2:** 29
Makriyannis, Alexandros, **4:** 3
Mal, Dipakranjan, **4:** 129
Malachowski, William P., **2:** 208
Malacria, Max, **4:** 120, 130
Maldonado, Luis A., **5:** 151
Maleczka, Robert E., Jr., **2:** 160, **3:** 8
Malkov, Andrew V., **5:** 78, 90
Manabe, Kei, **3:** 120
Manabe, Shino, **3:** 22
Mancini, Pedro, **2:** 188
Mandal, Sisir K., **5:** 126
Mander, Lewis N., **1:** 12, 198
Mann, André, **3:** 108
Mann, Enrique, **5:** 162
Mans, Douglas M., **5:** 130
Marcelli, Tommaso, **5:** 126
Marciniec, Bogdan, **2:** 17
Marco, J. Alberto, **1:** 29
Marek, Ilan, **1:** 47, **5:** 81
Margaretha, Paul, **4:** 156
Mariano, Patrick, **1:** 139
Marini, Francesca, **4:** 75
Markó, István, **2:** 22, 93, 148, **3:** 49, 74, **4:** 16, 20, **5:** 21
Marks, Tobin, **1:** 30, **3:** 13, 92

Marque, Sylvain, **3:** 123
Marqués-López, Eugenia, **5:** 142
Marquis, Robert W., **1:** 184
Marsden, Stephen P., **4:** 17
Marshall, James A., **2:** 122, 134, **3:** 91
Martín, Angeles, **3:** 90
Martín, M. Rosario, **3:** 158
Martin, Stephen, **1:** 29, 83, **2:** 34, 51, 70, **4:** 65, **5:** 95
Martín, Victor S., **2:** 96, **3:** 104
Martínez, Ana, **5:** 61
Maruoka, Keiji, **1:** 90, 152, 170, **2:** 23, 117, **3:** 78, 82, 85, 109, **4:** 66, 72, 73, 77, 82, 104, 107, **5:** 9, 75, 81, 82, 84
Mascal, Mark, **4:** 109
Mascareñas, José L., **5:** 49
Mase, Nobuyuki, **4:** 138
Mashima, Kazushi, **5:** 5
Masson, Géraldine, **3:** 69, 105, **4:** 69, **5:** 69
Mata, Ernesto G., **3:** 48
Matsubara, Seijiro, **4:** 47
Matsuda, Akira, **5:** 19
Matsugi, Masato, **4:** 64
Matsunaga, Shigeki, **4:** 75, 86, 89, 142, **5:** 78, 87
Matsuo, Jun-ichi, **2:** 14, 145, 210, **3:** 155
Mauduit, Marc, **3:** 47, 48
Maulide, Nuno, **4:** 44, **5:** 144
May, Jeremy A., **5:** 39, 114
May, Oliver, **2:** 143
May, Scott A., **2:** 82
Mazet, Clément, **4:** 3, **5:** 79
Mazurkiewicz, Roman, **2:** 85
McCluskey, Adam, **3:** 23
McDonald, Frank E., **1:** 30, 70, **3:** 93
McLeod, Malcolm D., **5:** 89
McMurray, John S., **3:** 9
McNulty, LuAnne, **4:** 65
McQuade, D. Tyler, **5:** 64
Meek, Graham, **1:** 174
Mehta, Goverdhan, **2:** 113, **5:** 88
Melchiorre, Paolo, **3:** 84
Mellet, Carmen Ortiz, **2:** 88, 91
Menche, Dirk, **4:** 95, 99
Menzel, Karsten, **3:** 122
Metz, Peter, **2:** 66, **4:** 161
Meyer, Christophe, **4:** 62, **5:** 148
Miao, Chun-Bao, **5:** 90

Author Index

Micalizio, Glenn C., **2:** 122, 195, **3:** 36, **4:** 46, 93, **5:** 85, 116, 130
Michael, Forrest E., **3:** 108
Michelet, Véronique, **5:** 120
Miel, Hugues, **4:** 4
Mihara, Masatoshi, **4:** 24
Mihovilovic, Marko D., **2:** 134
Mikami, Koichi, **4:** 69, 102, **5:** 146
Militzer, H.-Christian, **1:** 191
Miller, Marvin J., **4:** 34
Miller, Scott J., **5:** 9, 14
Miller, Stephen A., **2:** 143
Milne, Jacqueline E., **5:** 120
Milstein, David, **2:** 86, **3:** 7, **4:** 18, **5:** 8, 19, 134
Minakata, Satoshi, **2:** 137
Minehan, Thomas G., **4:** 98
Minnaard, Adriaan J., **1:** 164, 204, **2:** 60, **3:** 50, 94, **4:** 103, 146
Mioskowski, Charles, **2:** 190, **3:** 99
Misaka, Tomonori, **5:** 64
Misaki, Tomonori, **5:** 71
Miura, Katsukiyo, **3:** 88, **4:** 40
Miura, Masahiro, **1:** 19, **3:** 37, **4:** 55, **5:** 70
Miyaoka, Hiroaki, **5:** 152
Miyashita, Masaaki, **1:** 146, **2:** 103, **4:** 119, 204
Miyoshi, Norikazu, **4:** 118
Mizuno, Noritaka, **2:** 77, **3:** 7, **4:** 34, **5:** 11
Mlynarski, Jacek, **4:** 138
Mobashery, Shahriar, **4:** 13
Moberg, Christina, **1:** 64
Moeller, Kevin, **1:** 80, **4:** 107
Mohan, Ram S., **4:** 24
Mohapatra, Debendra K., **3:** 45
Molander, Gary, **5:** 5
Molander, Gary A., **1:** 76, **3:** 122, **4:** 81, 119
Molinski, Tadeusz F., **5:** 137
Mongin, Florence, **3:** 130
Montgomery, John, **2:** 30, **3:** 31, 146, **5:** 93
Moody, Christopher, **3:** 121, **4:** 127, 131, 133
Moore, Jeffrey S., **2:** 110, **3:** 49, **4:** 41, 65
Moran, Wesley J., **4:** 132, 160
Morgan, Jeremy B., **5:** 56
Mori, Atsunori, **2:** 25
Mori, Miwako, **1:** 58, 83, **3:** 145
Mori, Yuji, **4:** 97
Morimoto, Yoshiki, **2:** 93, **3:** 94

Morken, James P., **1:** 6, **2:** 58, 119, **4:** 46, 68, 80, 84, 100, **5:** 70, 83
Morris, Robert H., **1:** 204
Mortier, Jacques, **2:** 186
Mortreux, André, **3:** 47
Morvan, François, **3:** 10
Moss, Thomas A., **5:** 130
Mottaghinejad, Enayatollah, **1:** 176
Moutevelis-Minakakis, Panagiota, **3:** 8
Movassaghi, Mohammad, **2:** 79, 154, 188, **3:** 14, **4:** 150
Moyano, Albert, **3:** 108, **5:** 142
Mukai, Chisato, **2:** 92, **5:** 63
Mukaiyama, Teruaki, **3:** 5, 12, 36, 70
Mukherjee, Debaraj, **5:** 88
Müller, Paul, **1:** 168, **2:** 179, **3:** 67
Müller, Thomas J. J., **2:** 41, **3:** 134, **4:** 90
Mullins, Richard J., **4:** 87
Mulzer, Johann, **1:** 183, **2:** 174, **3:** 145, 161, **4:** 150, **5:** 100
Muñiz, Kilian, **5:** 36, 38
Murahashi, Shun-Ichi, **3:** 10
Murai, Toshiaki, **4:** 40, **5:** 45
Murakami, Masahiro, **1:** 123, **2:** 69, 205, **4:** 96, **5:** 13, 52
Muraleedharan, Kannoth Manheri, **4:** 29
Murphree, S. Shaun, **5:** 11
Murphy, John A., **1:** 10, **3:** 134, **4:** 27, **5:** 24
Murphy, Paul V., **3:** 107
Murray, William V., **2:** 49
Musaev, Djamaladdin G., **5:** 144
Myers, Andrew G., **1:** 87, 190, **2:** 11, **3:** 77, **4:** 82, **5:** 76
Myrboh, Bekington, **4:** 24

Nadeau, Christian, **4:** 108
Nagao, Yoshimitsu, **2:** 59
Nagaoka, Hiroto, **1:** 36
Nagasawa, Kazuo, **4:** 72
Nagashima, Hideo, **3:** 8, **4:** 12, 16, **5:** 12
Nain Singh, Kamal, **5:** 142
Nájera, Carmen, **2:** 56, **4:** 77
Nakada, Masahisa, **1:** 4, 52, 165, **2:** 183, **4:** 151, 164, 165, **5:** 150
Nakagawa-Goto, Kyoko, **5:** 91
Nakamura, Eiichi, **3:** 126
Nakamura, Itaru, **4:** 9, **5:** 5
Nakamura, Masaharu, **4:** 41, **5:** 47, 48
Nakamura, Shinji, **3:** 38

Nakamura, Shuichi, **5:** 64
Nakanishi, Koji, **2:** 198
Nakanishi, Waro, **4:** 19
Nakao, Yoshiaki, **3:** 116, **4:** 41, 130, **5:** 58
Nakata, Masaya, **2:** 186, **4:** 121
Nakata, Tadashi, **4:** 91
Nantz, Michael H., **5:** 7
Naota, Takeshi, **2:** 77, **4:** 52
Narasaka, Koichi, **1:** 128, **2:** 188, **3:** 130
Naso, Francesco, **3:** 19
Nay, Bastien, **1:** 186
Negishi, Ei-chi, **3:** 76, **4:** 41, 129
Nelson, Scott G., **1:** 116, 201, **2:** 122, 140, **3:** 80
Nettekoven, Matthias, **5:** 28
Neumann, Ronny, **1:** 86, **2:** 77
Nevado, Cristina, **3:** 149, **4:** 11, 149
Nguyen, SonBinh T., **2:** 117, 143, **3:** 51
Nguyen, Thanh Binh, **5:** 15
Ni, Bukuo, **4:** 87, **5:** 83
Ni, Raney, **3:** 15, 67
Nicewicz, David A., **5:** 60
Nicholas, Kenneth M., **4:** 36, **5:** 123
Nichols, Paul J., **2:** 120
Nicolaou, K. C., **1:** 120, **2:** 44, 74, 76, 112, 131, 170, **3:** 137, **4:** 52, 88, 142, 174, 176, **5:** 186
Nielsen, Thomas E., **5:** 63
Nikas, Spyros P., **4:** 3
Nikonov, Georgii I., **5:** 12
Nishibayashi, Yoshiaki, **3:** 151
Nishikawa, Toshio, **2:** 130, **5:** 146
Nishimura, Takahiro, **3:** 74, **4:** 71, 77, 81, 144, **5:** 74, 80
Nishiyama, Hisao, **2:** 7
Nishiyama, Shigeru, **1:** 145, 157
Nishiyama, Yutaka, **4:** 26
Nishizawa, Mugio, **4:** 2, 150
Njardarson, Jon T., **3:** 106, **4:** 92, **5:** 12, 60, 92
Node, Manabu, **3:** 69, **4:** 157
Nokami, Junzo, **1:** 96, **2:** 57
Nolan, Steven P., **2:** 15, **3:** 48, 50
Notestein, Justin M., **5:** 56
Novick, Scott J., **2:** 162
Novikov, Alexei V., **2:** 209, **4:** 32, **5:** 185
Nozaki, Kyoko, **2:** 39, **4:** 18
Nugent, Thomas C., **3:** 67
Nugent, Willam A., **2:** 122, **4:** 143

Oba, Makoto, **4:** 102
Obora, Yasushi, **4:** 34, **5:** 11, 46
O'Brien, Peter, **1:** 89, **5:** 109
Ochiai, Masahito, **3:** 38, 126, **4:** 19, 48, 54, **5:** 4
Ochima, Koichiro, **4:** 102
O'Doherty, George A., **3:** 84, 89
Odom, Aaron L., **1:** 170
Oelgemöller, Michael, **4:** 31
Oestreich, Martin, **5:** 21
Ogasawara, Masamichi, **4:** 88
Ogawa, Akiya, **4:** 46, 48
Ogilvie, William G., **5:** 55
Ogoshi, Sensuke, **3:** 116, **4:** 51, **5:** 128
Ogura, Katsuyuki, **3:** 123
Oguri, Hiroki, **3:** 91
Oh, Kyungsoo, **4:** 84, 102, **5:** 78
Ohe, Kouichi, **5:** 122
Ohira, Susumu, **1:** 168, **2:** 31
Ohki, Yasuhiro, **5:** 21
Ohkuma, Takeshi, **5:** 72
Ohmiya, Hirohisa, **5:** 54, 55
Ohmura, Toshimichi, **4:** 85, **5:** 106
Ohno, Hiroaki, **3:** 117, 126, **4:** 98, **5:** 109, 110
Ohshima, Takashi, **5:** 5
Ohta, Tetsuo, **4:** 54
Oi, Shuichi, **1:** 98
Oii, Takashi, **2:** 118
Oikawa, Hideaki, **3:** 91
Ojima, Iwao, **2:** 108
Okamoto, Sentaro, **2:** 16, **4:** 28, **5:** 67
Olah, George A., **2:** 86
Olivo, Horacio F., **2:** 107
Ollivier, Cyril, **5:** 94
Ollivier, Jean, **3:** 102
Olofsson, Berit, **4:** 29
Oltra, J. Enrique, **2:** 125, 174
Ono, Yusuke, **5:** 33
Onomura, Osamu, **4:** 20
Ooi, Takashi, **3:** 80, **4:** 67, 72, 88, **5:** 64, 68, 86
Opatz, Till, **4:** 112
Orellana, Arturo, **5:** 126
Organ, Michael G., **3:** 41
Orita, Akihiro, **5:** 19
Oriyama, Takeshi, **3:** 2
Oshima, Koichiro, **2:** 88, **3:** 38, 125, **4:** 44
Otera, Junzo, **5:** 19

Otero, Antonio, **3:** 16
Ouchi, Akihiko, **3:** 23, **4:** 22
Ouellet, Stéphane G., **3:** 14
Ovaska, Timo V., **3:** 161
Overhand, Mark, **1:** 83
Overman, Larry E., **1:** 56, 143, 160, **2:** 27, 149, 174, 191, **3:** 24, 200, **4:** 180, 202, **5:** 87
Ozerov, Oleg V., **2:** 16, 56
Özkar, Saim, **4:** 145

Padwa, Albert, **1:** 22, **2:** 100, 157, **3:** 111, 115
Pagenkopf, Brian, **1:** 5, **3:** 81, **4:** 90, **5:** 88
Pagliaro, Mario, **5:** 59
Pale, Patrick, **3:** 18, **5:** 22
Palmieri, Alessandro, **4:** 130, **5:** 129
Palomo, Claudio, **2:** 57, 166, **3:** 65, 72, **5:** 76, 85
Panek, James, **1:** 73, **4:** 94, 96, 115, **5:** 96
Papini, Anna Maria, **2:** 44
Paquette, Leo A., **1:** 24, **2:** 189, **3:** 188
Paquin, Jean-François, **5:** 6
Paradies, Jan, **5:** 16
Pardo, Domingo Gomez, **5:** 8
Pariasamy, Mariappan, **5:** 49
Park, Cheol-Min, **5:** 130
Park, Hyeung-geun, **2:** 163, **4:** 78, **5:** 73, 104
Park, Jaiwook, **1:** 88, **2:** 13, **3:** 8
Park, Kwangyong, **4:** 119
Parker, Kathlyn A., **2:** 10, **3:** 83
Parkinson, Christopher J., **2:** 185
Parsons, Andrew F., **2:** 21
Parsons, Philip J., **3:** 46
Partridge, Ashton C., **3:** 36
Passchier, Jan, **5:** 9
Patel, Bhisma K., **2:** 75, **5:** 38
Patel, Sejal, **4:** 31
Paterson, Ian, **3:** 97, 99
Pathak, Tanmaya, **2:** 86, **3:** 160, **4:** 154
Pederson, Richard L., **4:** 62
Pedro, José R., **3:** 68
Pei, Tao, **3:** 131
Pelletier, Jeffrey C., **3:** 4
Percec, Virgil, **4:** 118
Perchyonok, V. T., **3:** 14
Pereira, Vera L. Patrocinio, **4:** 4
Pericàs, Miquel A., **4:** 31, **5:** 28
Petasis, Nicos A., **2:** 165

Peters, Jens-Uwe, **4:** 124
Peters, René, **3:** 65, 84, **5:** 84
Petrov, Ognyan I., **5:** 47
Pettus, Thomas R. R., **2:** 175
Petursson, Sigthur, **3:** 20
Pfaltz, Andreas, **2:** 69, 119, **4:** 78
Phillips, Andrew J., **1:** 180, **2:** 121, **3:** 41, 87, **4:** 59
Phillips, Scott T., **5:** 18
Piers, Edward, **4:** 125
Piers, Warren, **1:** 131
Piettre, Serge R., **4:** 161, **5:** 163
Pihko, Petri M., **2:** 99, **3:** 90
Pineschi, Mauro, **1:** 80
Pitchumani, Kasi, **5:** 2
Pizzo, Fernando, **2:** 99
Plattner, Dietmar A., **5:** 53
Plietker, Bernd, **3:** 82, **4:** 33
Poiakoff, Martyn, **4:** 30
Poirier, Donald, **5:** 10
Pombeiro, Armando J. L., **4:** 32
Popik, Vladimir, **2:** 129
Poppe, László, **5:** 26
Porco, John, **1:** 131, **4:** 159, **5:** 103
Porta, Ombretta, **3:** 34
Pospísil, Jirí, **5:** 51
Postema, Maarten H. D., **1:** 194
Potts, Barbara C. M., **1:** 196
Poulsen, Sally-Ann, **2:** 49
Poupon, Erwan, **3:** 118
Powell, David A., **2:** 180, **4:** 34
Prabhakar, Sundaresan, **3:** 135
Praly, Jean-Pierre, **5:** 84
Prashar, Sanjiv, **3:** 124
Prati, Fabio, **1:** 144
Preston, Peter N., **2:** 43
Prim, Damien, **3:** 123
Pritchard, Gareth J., **4:** 91
Procter, David J., **3:** 12, 150, **4:** 142, 148, **5:** 12, 208
Prunet, Joëlle, **4:** 86
Pu, Lin, **4:** 66
Punniyamurthy, T., **1:** 26, **3:** 2
Punta, Carlo, **3:** 34
Pyne, Stephen G., **2:** 165, **4:** 105

Qi, Xiuxiang, **5:** 129
Qin, Yong, **5:** 182
Qu, Gui-Rong, **5:** 39

Author Index

Quan, Junmin, **2**: 186
Que, Lawrence, Jr., **3**: 82
Quéléver, Gilles, **4**: 22
Quideau, Stéphane, **3**: 158
Quinn, Kevin J., **1**: 186
Quintavalla, Arianna, **5**: 142

Radivoy, Gabriel, **2**: 15
Radosevich, Alexander T., **5**: 16, 70
Raghavan, Sadagopan, **3**: 32
Raines, Ronald T., **3**: 47, **4**: 15
Rainier, Jon D., **2**: 50, **3**: 46, **4**: 143, 148
RajanBabu, T. V., **2**: 120, **4**: 44, 78, 143, **5**: 55
Ram, N. Ram, **3**: 34
Ramachandran, P. Veeraghavan, **2**: 33, **4**: 4
Ramaiah, Kandikere, **4**: 19, **5**: 16
Ramana, C. V., **5**: 121
Rama Rao, K., **2**: 18
Ramón, Diego J., **5**: 3
Rangappa, K. S., **5**: 13
Rao, J. Madhusudana, **2**: 44
Rao, K. Rama, **4**: 6
Rao, P. Shanthan, **4**: 23
Rao, Yu, **5**: 133
Rassu, Gloria, **1**: 52
Ratovelomanana-Vidal, Virginie, **3**: 148
Rawal, Viresh H., **2**: 166, **4**: 206
Ray, Jayanta K., **3**: 27
Raymond, Kenneth N., **3**: 19, 37, **5**: 2
Read de Alaniz, Javier, **4**: 158, **5**: 70
Ready, Joseph M., **2**: 62, 97, **3**: 67, **5**: 55
Reddy, B.V. Subba, **5**: 92, 120, 125
Reddy, D. Srinivasa, **4**: 158, **5**: 121, 159
Reddy, K. Rajender, **4**: 14, 15, **5**: 19
Reddy, Leleti Rajender, **5**: 69
Reek, Joost N. H., **5**: 77
Reetz, Manfred T., **2**: 91, **5**: 33
Reeves, Jonathan, **2**: 187
Reiser, Oliver, **3**: 55
Reisman, Sarah E., **5**: 93, 164, 170
Reissig, Hans-Ulrich, **3**: 129, **4**: 115
Renaud, Philippe, **2**: 126, **3**: 25, 40, **4**: 17, 54, **5**: 56, 57
Reuping, Magnus, **4**: 141
Reymond, Sébastien, **4**: 46
Rhee, Hakjune, **3**: 3
Ribas, Xavi, **4**: 48
Ribeiro, Nigel, **4**: 9

Ricci, Alfredo, **4**: 69
Richardson, David E., **3**: 13
Richert, Clemens, **4**: 26
Riera, Antoni, **1**: 193, **5**: 146
Riguet, Emmanuel, **4**: 77
Rincón, Juan A., **5**: 27
Rios, Ramon, **3**: 108
Ritter, Tobias, **4**: 10, **5**: 8
Robbins, Morris, **1**: 175
Roberts, Stanley, **1**: 191
Robichaud, Joël, **2**: 114
Robles, Rafael, **4**: 29
Rodríguez, Félix, **3**: 100
Rodriguez, Jean, **3**: 141, **5**: 81, 85, 140
Rodríguez-García, Ignacio, **5**: 48
Roelfes, Gerard, **2**: 100, **3**: 152
Roesky, Peter W., **2**: 125
Rojas, Christian M., **3**: 92
Rokach, Joshua, **3**: 17
Rombouts, Frederik, **4**: 27
Romo, Daniel, **1**: 202, **3**: 86, **4**: 138, **5**: 90, 94
Rosales, Antonio, **5**: 48
Rota, Paola, **4**: 25
Roush, William R., **1**: 174, **2**: 31, 62, **3**: 152, 182
Rovis, Tomislav, **1**: 78, 203, **2**: 139, **3**: 88, 105, 138, **4**: 83, **5**: 68, 86, 128, 135, 136
Rowlands, Gareth, **1**: 92
Rozen, Shlomo, **2**: 13, **3**: 4
Ruano, José Luis García, **3**: 16, 76, 158, **4**: 77, 139
Rueping, Magnus, **3**: 82, **4**: 68, **5**: 5, 140
Russell, Christopher A., **5**: 124
Rutjes, Floris P. J. T., **2**: 130, **3**: 74, **5**: 27
Rychnovsky, Scott D., **1**: 162, **2**: 30, 96, 191, 200, **3**: 30, 87, 170, **4**: 112, **5**: 99
Ryu, Do Hyun, **4**: 66, 84, **5**: 21, 136, 151
Ryu, Ilhyong, **4**: 42, 54, **5**: 30, 32, 55

Saá, Carlos, **2**: 103
Sab, Carlos, **5**: 37
Saba, Shahrokh, **5**: 10
Sabitha, Gowravaram, **4**: 10, 65
Saicic, Radomir N., **1**: 74, **2**: 153, **3**: 144, **5**: 147
Saikawa, Yoko, **2**: 186, **4**: 121
Saito, Akio, **2**: 81, 188, **3**: 129, **5**: 128
Saito, Nozomi, **5**: 131

Saito, Susumu, **3:** 16, **4:** 10
Saito, Takao, **4:** 54, **5:** 11
Sajiki, Hironao, **2:** 86, **3:** 20
Sakai, Norio, **3:** 8, **5:** 6
Samant, Shriniwas D., **2:** 39
Sames, Dalibor, **2:** 25, **3:** 29, **5:** 38
Sammakia, Tarek, **1:** 203, **2:** 198, **3:** 162
Sammis, Glenn M., **3:** 90, 92, **4:** 106, **5:** 6
Sánchez, Adrián, **5:** 25
Sanford, Melanie S., **1:** 157, **2:** 82, **3:** 41, 124, **4:** 34, **5:** 55, 122
Santelli, Maurice, **4:** 40
Santillo-Piscil, Fernando, **2:** 48
Santra, Swadeshmukul, **4:** 48
Sarandeses, Luis A., **2:** 209
Sarkar, Tarun, **1:** 140
Sarpong, Richmond, **2:** 187, **4:** 27, 113, **5:** 131
Sasai, Hiroaki, **4:** 102, **5:** 139
Sasaki, Makato, **3:** 89
Sasson, Yoel, **5:** 13
Sataki, Masayuki, **3:** 100
Sato, Fumie, **1:** 44
Sato, Ken-ichi, **2:** 191
Sato, Takaaki, **4:** 89, **5:** 111
Sato, Yoshihiro, **5:** 131
Sato, Yoshiro, **3:** 145
Satoh, Tsuyoshi, **1:** 110, **5:** 45
Saudan, Lionel A., **3:** 8
Sawamura, Masaya, **3:** 65, 84, **4:** 80, **5:** 54, 55
Scammells, Peter J., **4:** 8
Schafer, Laurel L., **1:** 1, **2:** 195, **3:** 151, **4:** 40, **5:** 110
Schaffner, Carl P., **4:** 39
Schafmeister, Christian E., **3:** 15
Schaus, Scott E., **1:** 66, **2:** 62, 133, 172, **3:** 80, **5:** 80
Scheidt, Karl A., **2:** 117, 203, **3:** 14, **4:** 14, 136, 140, **5:** 94, 99
Schmalz, Hans-Günther, **3:** 72
Schmid, Andreas, **1:** 35, **5:** 26, 105
Schmidt, Bernd, **2:** 109, **4:** 61
Schnatter, Wayne F. K., **4:** 121
Schneider, Christoph, **5:** 81, 82, 108
Schomaker, Jennifer M., **5:** 61
Schreiner, Peter R., **4:** 94, **5:** 73
Schrekker, Henri S., **2:** 181
Schrock, Richard R., **4:** 61, **5:** 92
Schrodi, Yann, **3:** 45

Schwan, Adrian L., **5:** 50
Scott, Colleen N., **4:** 24
Seashore-Ludlow, Brinton, **5:** 86
Sedelmeier, Jörg, **4:** 19
Seeberger, Peter H., **4:** 30, 93, **5:** 26, 28
Seeman, Jeffrey I., **5:** 13
Seitz, Oliver, **2:** 133
Sekar, Govindasamy, **3:** 10, 13, **4:** 124
Sello, Jason K., **4:** 126
Selvakumar, N., **3:** 54
Sestelo, José Pérez, **2:** 209
Severin, Kay, **2:** 178
Shair, Matthew D., **2:** 7, **4:** 182
Sharghi, Hashem, **2:** 130
Sharma, G. V. M., **1:** 144
Sharma, Pawan K., **3:** 10
She, Xuegong, **4:** 93, 100
Shen, Zhengwu, **5:** 125
Shenvi, Ryan A., **5:** 114, 157, 163
Sheppard, Tom D., **4:** 11
Sherburn, Michael, **1:** 68
Shi, Min, **4:** 64, 105, 126, 156, **5:** 140
Shi, Xiaodong, **3:** 108, **4:** 44, 74, **5:** 2, 5, 45
Shi, Yian, **1:** 5, 158, **2:** 77, 171, 210, **3:** 80, **4:** 110, **5:** 32, 66, 104
Shi, Zhang-Jie, **2:** 81, 186, **3:** 127, 148
Shibasaki, Masakatsu, **1:** 56, 90, 98, 159, **2:** 3, 52, 57, 74, 87, 111, 166, **3:** 61, 74, **4:** 74, 75, 81, 86, 89, 142, **5:** 71, 78, 84, 144
Shibata, Norio, **5:** 70
Shibata, Takanori, **3:** 147, **4:** 45, 122
Shibatomi, Kazutaka, **5:** 69
Shibuya, Masatoshi, **5:** 14
Shih, Tzenge-Lien, **1:** 56
Shiina, Isamu, **2:** 57, 136, **3:** 99, **4:** 80
Shimada, Kazuaki, **4:** 127
Shin, Hyunik, **4:** 46
Shin, Seunghoon, **3:** 144, **5:** 58
Shindo, Mitsuro, **2:** 187, **4:** 94
Shing, Tony K. M., **2:** 177, 207, **3:** 157, 159, **4:** 116, 155, 161
Shintani, Ryo, **3:** 107, **4:** 72, 143
Shipman, Michael, **3:** 104
Shiraishi, Yasuhiro, **3:** 42, **4:** 53
Shirakawa, Eiji, **3:** 33, **4:** 2
Shishido, Kozo, **3:** 151, **5:** 73, 118, 147, 163
Sibi, Mukund P., **1:** 52, 116, **2:** 9, **3:** 60, 62, 65, 71, 152

Siciliano, Carlo, **5:** 50
Sieburth, Scott McN., **5:** 72
Sierra, Miguel Á., **3:** 154
Sigman, Matthew S., **4:** 50, 54, **5:** 80
Silvani, Alessandra, **1:** 70
Silverman, Richard B., **5:** 20
Simpkins, Nigel S., **3:** 158, 159, **4:** 147
Singaram, Bakthan, **3:** 40, **5:** 12
Singer, Robert A., **2:** 155
Singh, Vinod K., **3:** 6, **5:** 74
Sinha, Anil K., **4:** 124
Sintim, Herman O., **4:** 34
Sirkecioglu, Okan, **1:** 16
Skrydstrup, Troels, **3:** 31, 32, **4:** 127, **5:** 130
Slater, Martin J., **3:** 104
Sliwka, Hans-Richard, **5:** 61
Smith, Amos B. III, **2:** 48, 111, 114, 135, **3:** 168, **4:** 22
Smith, Andrew D., **4:** 69
Smith, Milton R., **2:** 40, 160
Snaith, John S., **4:** 24
Snapper, Marc L., **2:** 48, 178, 206, **3:** 44, 57, 148, **5:** 48, 65
Snider, Barry B., **2:** 102, 169, **3:** 101, 159, **4:** 152
Snowden, Timothy S., **3:** 34
Snyder, Scott A., **4:** 155, **5:** 102
Sohtome, Yoshihiro, **4:** 72
Solin, Olof, **5:** 9
Solladié-Cavallo, Arlette, **1:** 92
Soltani, Mohammad Navid, **2:** 189, **3:** 30
Somfai, Peter, **3:** 108, 123, **5:** 86, 87
Somsák, László, **3:** 87
Song, Gonghua, **4:** 37
Song, Kwang Ho, **4:** 119
Song, Ling, **5:** 48
Song, Zhenlei, **5:** 92
Song, Zhiguo J., **5:** 105
Soós, Tibor, **3:** 75
Sordo, José A., **2:** 145
Sorenson, Erik J., **2:** 65, 123
Spanevello, Rolando A., **3:** 40
Speicher, Andreas, **5:** 149
Sperry, Jonathan, **5:** 129
Spicer, Mark D., **4:** 27
Spino, Claude, **1:** 46, **5:** 162
Spivey, Alan C., **4:** 99
Spring, David R., **3:** 96, **5:** 10
Srikrishna, A., **4:** 64, **5:** 35

Srogl, Jiri, **4:** 15
Stahl, Shannon S., **2:** 190, **3:** 40, **4:** 80, 125, **5:** 11, 106
Standen, Michael C., **1:** 44
Stark, Christian B. W., **4:** 92
Stawinski, Jacek, **4:** 47
Steel, Patrick, **1:** 54
Steinke, Joachim H. G., **2:** 49
Stephens, John C., **4:** 141
Stephenson, Corey R. J., **4:** 10, 28, 35, **5:** 28, 30, 58
Stewart, Jon D., **4:** 80
Stocker, Bridget L., **5:** 104
Stockman, Robert A., **4:** 61
Stoltz, Brian M., **1:** 164, **3:** 57, 68, 113, 116, 151, **4:** 148, **5:** 152, 157
Stork, Gilbert, **2:** 35, **3:** 192, **4:** 168
Streicher, Hansjörg, **4:** 7
Strukul, Giorgio, **2:** 177
Studer, Armido, **3:** 38, 67, **4:** 17
Su, Weiping, **4:** 49, **5:** 126
Suárez, Alejandra G., **3:** 154
Suárez, Ernesto, **3:** 27, 90
Suda, Kohji, **1:** 159
Sudalai, Arumugam, **3:** 28, 64, 78
Suffert, Jean, **5:** 144
Sugai, Takeshi, **3:** 38
Sugimura, Takashi, **5:** 64, 71
Suginome, Michinori, **3:** 126, **4:** 85, **5:** 106
Suh, Young-Ger, **4:** 67, 113, **5:** 150
Sun, Jianwei, **5:** 71
Sun, Wei, **3:** 37
Sun, Zhaolin, **1:** 20
Sureshbabu, Vommina, **5:** 4
Surya Prakash, G. K., **2:** 86
Suzuki, Akira, **4:** 129
Suzuki, Keisuke, **2:** 101, **4:** 78
Suzuki, Ken, **3:** 10
Szabó, Kálmán J., **3:** 25, 34, 81, **4:** 40, 52, **5:** 32
Szymoniak, Jan, **5:** 57

Taber, Douglass F., **1:** 28, 57, 141, 165, **2:** 34, 84, 104, 207, **3:** 33, 36, 69, 149, 156, 158, **4:** 26, 38, 75, 96, 129, 130, 133, 147, **5:** 107, 136
Tachibana, Kazuo, **3:** 100, **4:** 96
Tadano, Kin-ichi, **4:** 75
Taddei, Maurizio, **3:** 41, **5:** 54

Tae, Jinsung, **4:** 154
Taguchi, Takeo, **4:** 94
Tajbakhsh, Mahmood, **4:** 28
Takacs, James M., **3:** 66, **4:** 86
Takahashi, Takashi, **2:** 66, **3:** 145, **5:** 26
Takahashi, Tamotsu, **4:** 88
Takahata, Hiroki, **3:** 56
Takai, Kazuhiko, **4:** 49, 51, **5:** 44, 51, 121, 130
Takamura, Norio, **2:** 160
Takayama, Hiromitsu, **3:** 184–85, **4:** 103, **5:** 145
Takeda, Takeshi, **1:** 11, **2:** 21, 205, **5:** 87
Takemoto, Yoshiji, **1:** 63, **2:** 163, **3:** 43, 142, **5:** 37, 104
Talbakksh, M., **1:** 86
Tambar, Uttam K., **5:** 38, 70
Tamm, Matthias, **5:** 51
Tamooka, Katsuhiko, **2:** 92
Tamura, Osamu, **3:** 43, 109
Tan, Choon-Hong, **3:** 140, **5:** 14, 86
Tan, Derek S., **2:** 94
Tan, Kian L., **3:** 42, **4:** 49, 80, **5:** 68
Tanabe, Yoo, **2:** 148
Tanaka, Fujie, **1:** 152, **3:** 63
Tanaka, Ken, **2:** 73, 103, **3:** 123, 146, **4:** 76, 149, **5:** 148
Tanaka, Masato, **2:** 181
Tanaka, Tetsuaki, **1:** 46, 166, **3:** 24
Taneja, Subhash Chandra, **3:** 86
Tang, Weiping, **3:** 148, **4:** 45, 149, **5:** 98
Tang, Yefeng, **5:** 94, 172
Tang, Yong, **4:** 41, 144
Tang, Yun, **2:** 203
Taniguchi, Nobukazu, **5:** 54
Taniguchi, Tsuyoshi, **4:** 54, **5:** 8
Tanino, Keiji, **1:** 14, **2:** 103, **4:** 119, 186, 204
Tanner, David, **4:** 102
Taoufik, Mostafa, **4:** 64
Tatsumi, Kazuyuki, **5:** 21
Tayama, Eiji, **4:** 108, **5:** 20, 124
Taylor, Mark S., **4:** 28, **5:** 20
Taylor, Paul C., **3:** 48
Taylor, Richard E., **3:** 87
Taylor, Richard J. K., **3:** 96, **4:** 100, 116, **5:** 119, 161
Taylor, Scott D., **4:** 21, 22
Tedrow, Jason S., **3:** 8
Tellers, David M., **5:** 105
Teo, Yong-Chua, **4:** 122

Terada, Masahiro, **2:** 120, **4:** 67, 91, 92, **5:** 78
Terao, Jun, **3:** 36
Tevelkar, Vikas N., **3:** 10
Theodorakis, Emmanuel A., **4:** 95, **5:** 157, 166
Theodorou, Vassiliki, **3:** 20
Thierry, Josiane, **4:** 51
Thomson, Regan J., **3:** 35, **4:** 44, 141, **5:** 51
Tian, Kian L., **5:** 79
Tian, Ping, **5:** 74
Tian, Shi-Kai, **4:** 18, **5:** 44
Tietze, Lutz, **1:** 142
Timmer, Mattie S. M., **4:** 22, **5:** 104
Tius, Marcus A., **3:** 40, **4:** 136, **5:** 146
Tobisu, Mamoru, **3:** 127, **4:** 13, **5:** 35
Togo, Hideo, **4:** 121
Tokunaga, Makoto, **3:** 6, **4:** 50, **5:** 140
Tomioka, Kiyoshi, **1:** 200, **2:** 5, **3:** 161, **4:** 48
Tomioka, Takashi, **4:** 44, **5:** 46
Tomishige, Keiichi, **4:** 13
Tomkinson, Nicholas C. O., **4:** 123
Tomooka, Katsuhiko, **3:** 116, **5:** 3, 22
Tong, Xiaofeng, **4:** 129
Tori, Motoo, **4:** 57
Toshima, Kazunobu, **2:** 47
Toste, F. Dean, **2:** 41, 73, 84, 93, 159, 195, **3:** 106, 178, **4:** 53, 55, 142, 145, **5:** 61
Toullec, Patrick Y., **5:** 120
Toy, Patrick H., **4:** 6, 47
Trabanco, Andrés A., **4:** 27
Trauner, Dirk, **1:** 1, **2:** 26, **3:** 155, 157, **4:** 153, **5:** 114
Troisi, Luigino, **4:** 42
Trost, Barry M., **2:** 32, 108, 139, 146, 163, 193, **3:** 82, 95, 103, 113, 146, 202, **4:** 49, 82, 104, 108, 111, 148, 166, 194, **5:** 84, 108, 144
Trudell, Mark, **1:** 41
Tsai, Yeun-Mi, **4:** 154
Tsanaktsidis, John, **5:** 10
Tsuji, Yasushi, **3:** 6, 134
Tsukamoto, Hirokazu, **3:** 18
Tu, Shu-Jiang, **5:** 131
Tu, Yong-Qiang, **2:** 138, **5:** 43, 52, 74, 94, 130, 146
Tuck, Kellie L., **3:** 14
Tudge, Matthew, **3:**
Tunge, Jon A., **4:** 16, 44

Uchiro, Hiromi, **5:** 153, 159
Uchiyama, Masanobu, **1:** 101, **2:** 78, **3:** 38, 130
Uedo, Ikao, **1:** 34
Uenishi, Jun'ichi, **2:** 130, **4:** 101
Ukaji, Yutaka, **4:** 88
Umemoto, Teruo, **4:** 8
Underwood, Toby, **4:** 30
Unverzagt, Carlo, **5:** 18
Uozumi, Yasuhiro, **3:** 2
Urabe, Hirokazu, **4:** 8, 86, 91
Uriac, Philippe, **3:** 120
Urpí, Fèlix, **3:** 58
Uskokovic, Milan, **4:** 39
Uziel, Jacques, **3:** 88

Vakulya, Benedek, **3:** 75
Valdés, Carlos, **4:** 18, **5:** 12, 21
van der Marel, Gijsbert A., **5:** 24
Vanderwal, Christopher D., **3:** 109, **4:** 61, 117, **5:** 194
van de Weghe, Pierre, **3:** 120
Vankar, Yashwanl D., **2:** 130
Van Vranken, David L., **5:** 107
Varea, Teresa, **5:** 53
Vasse, Jean-Luc, **5:** 57
Vazquez, Alfredo, **5:** 25
Vederas, John, **1:** 54, **2:** 38
Veisi, Hojat, **5:** 3
Velezheva, Valeriya S., **3:** 133
Venkateswarlu, Y., **4:** 37
Verardo, Giancarlo, **4:** 39
Verdaguer, Xavier, **5:** 146
Verkade, John K., **2:** 155
Vesely, Jan, **3:** 108
Vicario, Jose L., **5:** 104, 138
Vicente, Rubén, **5:** 132
Vidal-Ferran, A., **2:** 77
Vidari, Giovanni, **4:** 27
Vijaykumar, Pujari, **5:** 23
Vilarrasa, Jaume, **3:** 16, 58, **4:** 2, 6, 29, **5:** 3, 25
Villar, Ramón, **2:** 49
Vincent, Guillaume, **4:** 63, **5:** 163
Vincent, Jean-Marc, **3:** 86
Vinod, Thottumakara K., **2:** 76, **4:** 54
Vishwakarma, Ram A., **5:** 33, 124
Vogel, Pierre, **1:** 60, 144
Vogt, Dieter, **3:** 41, **4:** 8

Wallace, Debra J., **4:** 60
Walsh, Patrick J., **1:** 66, 152, **2:** 3, 61, 69, **3:** 130, **5:** 71, 126
Walters, Iain A. S., **2:** 83
Walton, John C., **5:** 50
Wan, Boshun, **5:** 134
Wang, Baiquan, **5:** 134
Wang, Chun-Jiang, **3:** 108
Wang, David Zhigang, **5:** 53
Wang, Ge, **3:** 6
Wang, Hong, **4:** 140
Wang, Jeh-Jeng, **5:** 133
Wang, Jianbo, **3:** 104, **4:** 47, 120, 133, **5:** 44, 51, 120
Wang, Jianhui, **4:** 62
Wang, Limin, **4:** 132
Wang, Mei-Xiang, **3:** 66
Wang, Pengfei, **3:** 19, **4:** 29, **5:** 18
Wang, Quanri, **3:** 148, **5:** 49, 145
Wang, Shao-Hua, **5:** 130
Wang, Wei, **2:** 9, 203, **3:** 20, 79, 106, **4:** 74, **5:** 76, 108
Wang, Xiaolai, **2:** 75
Wang, Yan-Guang, **3:** 135
Wang, Youming, **5:** 72
Wang, Zhigang, **5:** 53
Wang, Zhongwen, **5:** 93
Wang, Zhong-Xia, **4:** 124
Wardrop, Duncan J., **2:** 135, **4:** 108
Waser, Jérôme, **5:** 122
Watanabe, Yoshihito, **5:** 33
Watson, Donald A., **5:** 9, 36
Watson, Mary P., **5:** 80
Watts, P., **5:** 26
Weck, Marcus, **3:** 60
Wee, Andrew G. H., **2:** 180, **5:** 40
Wei, Xudong, **2:** 152, 182
Weinreb, Steven M., **4:** 27, 43
Weissman A., Steven, **2:** 21
Weix, Daniel J., **4:** 120, **5:** 44, 48, 50
Weller, Andrew S., **2:** 178
Wendeborn, Sebastian, **2:** 147
Wender, Paul A., **2:** 104, **5:** 161
Wennemers, Helma, **3:** 75
Wessjohan, Ludger A., **2:** 181
West, Frederick G., **3:** 106
Westermann, Bernhard, **2:** 62
Whitby, Richard J., **5:** 147
White, James D., **3:** 97

White, M. Christina, **2:** 18, 134, 210, **3:** 24, 40, **4:** 33, 34, 84, **5:** 36
Whitehead, Roger C., **1:** 200
Whiting, Andrew, **5:** 134
Wicha, Jerzy, **2:** 102
Widenhoefer, Ross A., **2:** 92, 137, **5:** 106
Widlanski, Theodore S., **1:** 144
Wiemer, David F., **5:** 89
Wiles, Charlotte, **4:** 30, **5:** 26
Williams, Craig M., **3:** 208–09, **4:** 24, **5:** 10, 198
Williams, David, **1:** 42, **2:** 208, **4:** 162
Williams, Jonathan M. J., **1:** 26, 156, **2:** 189, **3:** 2, 10, 16, **4:** 3, 19, **5:** 7
Williams, Lawrence J., **1:** 172
Williams, Robert M., **4:** 158, **5:** 154
Williard, Paul G., **1:** 176, **2:** 210, **4:** 9, **5:** 35
Willis, Christine, **2:** 135, **5:** 60, 92
Willis, Michael C., **2:** 178, **3:** 76
Winssinger, Nicolas, **2:** 112, 192
Wipf, Peter, **3:** 135, **4:** 133, **5:** 134
Wirth, Thomas, **4:** 30
Wise, Christopher, **5:** 48
Wishka, Donn G., **4:** 109
Woehl, Pierre, **5:** 29
Woerpel, Keith A., **3:** 4, **5:** 87
Wolf, Christian, **2:** 144
Wolfe, John, **1:** 138, **2:** 134, **4:** 92, 104, 106
Wong, Chi-Huey, **3:** 103
Wong, Henry N. C., **4:** 151
Wong, Man-Kin, **2:** 146, **5:** 20
Wood, John L., **3:** 186, **5:** 53
Wood, Mark E., **3:** 28
Woodward, R. B., **2:** 35
Woodward, Simon, **1:** 204, **2:** 3
Wright, Dennis L., **5:** 97
Wright, Stephen W., **4:** 28
Wu, Jie, **3:** 120, **4:** 122
Wu, Wenjun, **5:** 58
Wu, Xiaoyu, **4:** 82
Wu, Yikang, **5:** 43
Wu, Yun-Dong, **1:** 114, **3:** 84
Wulff, Jeremy E., **4:** 39, 158
Wulff, William D., **2:** 195, **3:** 147, **4:** 106

Xia, Chungu, **3:** 37
Xiao, Jianliang, **3:** 35, **4:** 66
Xiao, Wen-Jing, **1:** 184, **2:** 67, **4:** 134, 140, **5:** 24, 133
Xie, Jian-Hua, **5:** 147, 148
Xie, Jian-Wu, **4:** 94
Xie, Shiping, **3:** 104
Xie, Xingang, **4:** 100
Xu, Bin, **4:** 38
Xu, Bo, **3:** 16, **5:** 11
Xu, Feng, **4:** 66, 105
Xu, Hao, **5:** 138
Xu, Hua-Jian, **5:** 120
Xu, Jian-He, **2:** 161
Xu, Ming-Hua, **2:** 62, **3:** 63
Xu, Peng-Fei, **5:** 141, 142
Xu, Qing, **5:** 8
Xu, Wei-Ming, **4:** 26
Xu, Zhen-Jiang, **3:** 104

Yadav, J. S., **2:** 18, 197, **3:** 1, 4, 11, 30, 31, 36, 92, 122, 123, **4:** 143
Yamada, Hidetoshi, **5:** 103
Yamada, Tohru, **4:** 70
Yamaguchi, Junichiro, **5:** 52
Yamaguchi, Masahiko, **2:** 125
Yamaguchi, Ryohei, **2:** 55, **4:** 6, **5:** 14–15
Yamamoto, Hisashi, **1:** 62, 118, 158, **2:** 61, 76, 117, 165, 171, 198, **3:** 61, 78, 152, **4:** 82, 86, 135, 136
Yamamoto, Yoshinori, **2:** 37, 40, 137
Yamamura, S., **4:** 18
Yamashita, Makoto, **4:** 18
Yamashita, Shuji, **5:** 168
Yamazaki, Takashi, **4:** 93
Yan, Ming, **4:** 136
Yan, Tu-Hsin, **1:** 148
Yanagisawa, Akira, **3:** 127, **5:** 129
Yang, Dan, **2:** 172, **4:** 6, 16
Yang, Hai-Tao, **5:** 90
Yang, Hengquan, **4:** 64
Yang, Jiong, **5:** 137
Yang, Qing, **5:** 45
Yang, Zhen, **1:** 201, **2:** 186, **4:** 60, 196, **5:** 94, 145, 159, 172
Yao, Ching-Fa, **1:** 108
Yao, Qizheng, **4:** 160
Yao, Xiaojun, **4:** 42
Yavari, Issa, **4:** 11, 158
Ye, Jinxing, **3:** 140, 142, **4:** 140, **5:** 78, 79, 104
Ye, Song, **5:** 67, 74
Ye, Xin-Shan, **5:** 90
Yeung, Ying-Yeung, **4:** 35, **5:** 34, 95
Yin, Biaolin, **5:** 131

Yin, Dali, **3:** 134
Yin, Shuangfeng, **5:** 10
Ying, Jackie Y., **3:** 51
Yinghuai, Zhu, **4:** 60
Yonehara, Koji, **5:** 57
Yoon, Tehshik P., **3:** 38, **4:** 52, 53, 154, **5:** 70, 93
Yoon, Yong-Jin, **4:** 24
Yorimitsu, Hideki, **2:** 88, **3:** 15, 38, 125, **4:** 44, 102
York, Mark, **5:** 27
Yoshida, Hiroto, **2:** 185
Yoshida, Hisao, **3:** 124
Yoshida, Jun-ichi, **2:** 104, **5:** 29, 31, 126
Yoshida, Kazuhiro, **3:** 127, **5:** 129
Yoshida, Masanori, **3:** 77, **5:** 139
Yoshida, Mashiro, **3:** 132, **4:** 126
Yoshikai, Naohiko, **5:** 134, 135
Yoshimi, Yasuharu, **3:** 5, **4:** 42
Yoshimitsu, Takehiko, **3:** 24, **5:** 40
You, Shu-Li, **4:** 6, 157, **5:** 137, 143
Youn, So Won, **5:** 53
Young, Damian W., **5:** 63
Yu, Biao, **3:** 104
Yu, Chan-Mo, **1:** 150, **2:** 95, **3:** 89, **4:** 110, **5:** 64
Yu, Hongwei, **4:** 70
Yu, Jin-Quan, **1:** 1, **3:** 26, 121, 124, **4:** 32, 36, 78, 118, 124, 125, 127, 129, **5:** 39, 40, 123, 127
Yu, Wing Yiu, **4:** 67, 123
Yu, Xiao-Qi, **2:** 189
Yu, Zhengkun, **1:** 184
Yu, Zhi-Xiang, **3:** 147, **4:** 144, 148, **5:** 58, 147
Yuan, Wei-Cheng, **5:** 83
Yudin, Andrei K., **3:** 160, **4:** 104
Yun, Jaesook, **4:** 74
Yus, Miguel, **2:** 15, **5:** 68

Zacuto, Michael J., **3:** 18, **4:** 93
Zakarian, Armen, **3:** 81, 190, **4:** 107, **5:** 91
Zaman, Shazia, **4:** 60, **5:** 62
Zanardi, Franca, **5:** 82
Zanoni, Giuseppe, **4:** 27
Zard, Samir, **1:** 23, **3:** 34, 39, **4:** 161, **5:** 58
Zarei, Amin, **4:** 118
Zeitler, Kirsten, **2:** 146, **5:** 72
Zeng, Wei, **5:** 20
Zercher, Charles K., **2:** 207

Zhai, Hongbin, **3:** 105, 114, 151
Zhang, Ao, **4:** 160
Zhang, Chen, **4:** 38
Zhang, Fu-Ming, **5:** 43, 52
Zhang, Hongbin, **4:** 83
Zhang, Hong-Kui, **5:** 116
Zhang, Ji, **4:** 83
Zhang, Li, **3:** 17
Zhang, Liming, **2:** 103, 182, 206, **3:** 11, 90, 118, **4:** 94, 108
Zhang, Qian, **4:** 132
Zhang, Wanbin, **4:** 72, **5:** 142
Zhang, Wei, **4:** 120
Zhang, Weige, **3:** 22
Zhang, X. Peter, **3:** 144, 150, **4:** 36, 146, **5:** 34, 110
Zhang, Xumu, **1:** 88, **2:** 59, **3:** 42, **4:** 78, **5:** 58
Zhang, Yihua, **4:** 89
Zhang, Yuhong, **4:** 33, **5:** 135
Zhang, Zhaoguo, **3:** 64
Zhao, Gang, **4:** 136, **5:** 82
Zhao, John Cong-Gui, **3:** 86, **5:** 143
Zhao, Kang, **2:** 160, **3:** 131, 135, **5:** 129, 133
Zhao, Matthew M., **2:** 56
Zhdankin, Viktor V., **1:** 176, **2:** 185, **3:** 16
Zheng, Nan, **4:** 131
Zheng, Xiao, **4:** 108, **5:** 110
Zheng, Zhuo, **2:** 163, **4:** 76
Zhong, Guofu, **1:** 152, **3:** 84, 138, 140, **4:** 134
Zhou, Gang, **3:** 123
Zhou, Jianrong (Steve), **5:** 75, 151
Zhou, Qi-Lin, **2:** 120, **3:** 118, **4:** 70, 73, 103, **5:** 77, 111, 147, 148
Zhou, Xiang, **4:** 73
Zhou, Xiangge, **5:** 54
Zhou, Yong-Gui, **1:** 48, **2:** 91, **3:** 67, **4:** 68, **5:** 68
Zhou, Zhenghong, **5:** 72
Zhu, Chengjian, **4:** 66, **5:** 6
Zhu, Gangguo, **5:** 44
Zhu, Jieping, **2:** 21, **3:** 66, 69, 105, **4:** 69, **5:** 118, 133
Zhuan, Zhuang-ping, **3:** 132
Zoghlami, H., **3:** 40
Zou, Gang, **5:** 82
Zou, Jian-Ping, **4:** 120
Zubia, Eva, **5:** 114
Zutter, Ulrich, **3:** 159

Reaction Index

acid (amide, ester)
  aldol, intramolecular **1**: 202
  aldol, with thioester **2**: 147
  alkylation
    intermolecular, enantioselective **3**: 77
    4: 77, 79
    intramolecular **1**: 14, 39, 201
  alkynyl, reduction to alkenyl **5**: 10
  amide ester, from amino acid **5**: 19
  amide from acyltrifluoroborate **5**: 5
  amide from alcohol **5**: 6
  amide from aldehyde **2**: 190 **3**: 14 **5**: 11
  amide from amide **2**: 76, 190 **5**: 4, 5, 7, 9
  amide from ester **2**: 190
  amide from azide **3**: 17 **5**: 6
  amide from isocyanate **4**: 10
  amide, to enamine **4**: 12
  α-amination **5**: 71
  anhydride, enantioselective opening
    2: 59 **4**: 136
  α-alkenylation, enantioselective **5**: 77
  α-arylation, enantioselective **5**: 75
  conjugate addition to acceptor,
    enantioselective **3**: 71, 104 **4**: 75
  ester from alcohol **3**: 15
  ester from alcohol, homologation **3**: 32
    4: 42
  from alcohol **1**: 26, 75, 76 **4**: 4, 91 **5**: 11
  from aldehyde (oxidation) **1**: 17 **2**: 21,
    144 **3**: 4, 12, 15 **4**: 19 **5**: 15
  from aldehyde (one carbon addition)
    2: 21
  from alkene (one carbon addition) **1**: 148
    3: 41 **4**: 55
  from alkene (two carbon addition) **1**: 122
    3: 41 **4**: 33, 51, 53, 55
  from alkyne **2**: 43, 86, 146, 190 **3**: 5 **4**: 11
  from amide **5**: 4, 18
  from amine **2**: 44 **3**: 11 **4**: 17
  from amine, oxidation **5**: 11
  from aryl mesylate **3**: 32
  from C-H **4**: 32, 34, 36
  from halide **4**: 46
  from ketone **1**: 20, 113, 139 **2**: 76 **4**: 38
  from nitrile **2**: 43
  from sulfone **5**: 11
  from thioacid **5**: 6
  halo, to alkyl amide, enantioselective
    2: 6
  α-halo, to α-diazo **4**: 15
  halogenation, enantioselective **1**: 119
  halolactonization, selective **2**: 97
  hydrolysis **5**: 19
  hydrolysis, enzymatic **2**: 48 **4**: 27, 70
  α-hydroxylation **5**: 166, 172
  α-hydroxylation, enantioselective **2**: 161
  protection
  protonation, enantioselective **4**: 72 **5**: 81
  resolution **4**: 80
  sulfinylation **4**: 15
  to alcohol **2**: 86 **3**: 8, 12, 14 **4**: 12, 18
  to alcohol, homologation **5**: 12, 16, 29
  to aldehyde **2**: 53, 189 **3**: 8 **4**: 5
  to alkene (loss of carbon) **1**: 157
  to alkyne (one carbon added) **1**: 107 **3**: 31
  to allyl silane **1**: 195
  to amide **3**: 5, 11, 12, 15–17 **4**: 3, 5, 9 **5**: 3,
    4, 7, 9, 26
  to amine **2**: 21 **4**: 17, 18 **5**: 12, 50
  to amine (loss of carbon) **1**: 100 **2**: 27, 44
    4: 5, 70 **5**: 4, 9, 179
  to anhydride, mixed **5**: 3
  to epoxy ketone (homologation) **1**: 149
  to ester **5**: 20
  to ester, one carbon homologation **1**: 106
  to ester, two carbon homologation **5**: 29
  to ether **3**: 9
  to hydride (one carbon loss) **2**: 26, 29,
    158 **3**: 5 **5**: 10, 12
  to α-hydroxy amide **5**: 14
  to β-keto ester **2**: 148 **5**: 46
  to ketone, homologation **1**: 11, 109, 163
    2: 117 **4**: 101 **5**: 48
  to nitrile **1**: 12 **2**: 43 **4**: 3
  to nitrile (one carbon loss) **2**: 190
  to nitrile (homologation) **3**: 32

acid (amide, ester) (*Cont.*)
  to nitro alkene (loss of carbon) 2: 44
  to sulfide 5: 6
  to thioacid 5: 4
  to trifluoromethyl 4: 8
  unsaturated, conjugate addition 1: 150, 166 2: 149, 163 4: 91 5: 48
  unsaturated, enantioselective conjugate addition 3: 73, 74, 75, 77, 79, 83, 101, 138, 143, 192 4: 71, 74, 76, 79, 81, 83, 87 5: 79–81, 86
  unsaturated, enantioselective nitrile addition 1: 150 5: 74
  unsaturated, enantioselective OH addition 1: 177
  unsaturated, enantioselective reduction 3: 42, 72, 74 4: 70, 71, 85 5: 74, 77
  unsaturated, from alkynyl aldehyde 2: 146
  unsaturated, to alkenyl halide 4: 7
acyl anion (radical) 1: 26 2: 68 4: 43, 67, 76, 106
alcohol
  allylation, enantioselective 3: 68 4: 84 5: 82, 176
  allylic, from alkyne 5: 32
  allylic, from allylic alcohol, enantioselective 2: 162 4: 74
  allylic, from halide, enantioselective 2: 162
  allylic, hydrosilylation, enantioselective 5: 73
  allylic, to aldehyde 2: 146 4: 3, 11
  allylic, to alkene 3: 14, 36 4: 5
  allylic, to alkyl 4: 80
  allylic, to allylic alcohol 5: 47
  allylic, to allylic alcohol, enantioselective 2: 161 5: 64
  allylic, to allylic ether 5: 8
  allylic, to amino alcohol 3: 134
  allylic, to enone 3: 13, 34
  allylic, to ketone 5: 2
  allylic, to unsaturated sulfone 4: 6
  benzylic, enantioselective allylation 1: 178
  propargylic, to α-acetoxy ketone 5: 5
  propargylic, to enone 2: 182 3: 114: 11, 44 5: 2
  propargylic, to epoxy imine 5: 5
  dehydration 1: 25 5: 185

  from aldehyde 5: 16
  from alkyne 5: 17
  from allylic sulfide 2: 4
  from alkene 2: 10 4: 50, 54
  from amine 5: 8
  from C-H 4: 34, 36
  from epoxide 3: 8
  from ester 3: 12
  from ester, homologation 5: 44
  from ketone 3: 2 5: 18, 21, 30
  from ketone, enantioselective 1: 2, 88 3: 60, 64 4: 68 5: 64, 66, 70, 85
  from nitro 3: 85
  from oxazoline 3: 14
  from sulfone 5: 5
  homologation 2: 55
  oxidative cleavage 2: 198 5: 15
  protection
  to acid 1: 26 2: 2, 75, 76, 143, 144 3: 13
  to acid, homologation 3: 32 4: 42
  to aldehyde 1: 41 2: 13, 75, 95 3: 3, 6 4: 14, 39
  to alkyne 5: 47
  to amide 3: 7
  to amine 1: 56, 136, 156, 160, 161, 188 2: 34, 63, 145, 161, 189, 195 3: 4, 16 4: 6, 8 5: 3, 5
  to aryl ketone 3: 35
  to azide 2: 189 3: 15 5: 5
  to enone 4: 14
  to ester 5: 11
  to ester, homologation 4: 42
  to ester, inversion 5: 8
  to halide 1: 156 2: 85, 189 4: 2, 6, 166, 168 5: 5, 6, 8
  to hydride 1: 195, 198 2: 16, 55, 133 3: 10 5: 30, 209
  to ketone 1: 26, 41, 86, 176 2: 13, 143 3: 2, 6 4: 14 5: 15
  to ketone, C-C cleavage 4: 79
  to ketone, enantioselective 1: 89
  to ketone, homologation 4: 42
  to mercaptan 3: 12 4: 3
  to nitrile 3: 30 5: 9, 46
  to phosphonium salt 2: 85
  to sulfonate, inversion 5: 8
aldehyde
  aldol, enantioselective 3: 79, 81, 88, 104 44: 76

α-alkenylation, enantioselective **3**: 75
  5: 76
alkylation, enantioselective **4**: 80 **5**: 72,
  74, 75
α-allylation **3**: 35
α-allylation, enantioselective **3**: 71, 73
α-amination **4**: 127
α-amination, enantioselective **3**: 65, 67,
  78 **5**: 64
conjugate addition to acceptor,
  enantioselective **3**: 77, 86, 137
  5: 72, 75, 79, 81, 83
decarbonylation **3**: 111 **4**: 68, 181 **5**: 11
from acid **2**: 53, 189 **5**: 12, 16, 29
from alcohol **1**: 41 **3**: 3, 6 **4**: 14, 39
from aldehyde, one carbon lost **5**: 53
from alkene **1**: 148 **2**: 78, 126 **4**: 50, 68
from alkene, enantioselective **2**: 59
  3: 42 **4**: 78
from alkyne **2**: 86 **3**: 16 **4**: 11 **5**:
from allylic alcohol **2**: 146 **4**: 3, 11
from allylic alcohol (one carbon
  homologation) **1**: 148
from amine **5**: 15
from epoxide **1**: 159
from ether **4**: 4
from halide **3**: 14
from hydride, benzylic **5**: 13
from nitrile **5**: 26
from nitro **4**: 19
from telluride **4**: 22
halo, to epoxide, enantioselective **4**: 71
α-halogenation, enantioselective **1**: 119
  3: 82 **5**: 69
α-hydroxylation, enantioselective **1**: 152
  2: 1 **3**: 61, 64, 84 **4**: 66 **5**: 64, 84
homologation **2**: 178, 181 **3**: 34–37 **4**: 43,
  44, 47, 67, 69, 71–74, 76 **5**: 47
  multiple centers, enantioselective **1**:
    6, 42, 47, 51, 55, 63, 64, 92, 95,
    114, 116, 117, 124, 125, 152, 153,
    163, 166, 189, 200 **2**: 2, 7, 8, 9, 10,
    19, 20, 31, 61, 62, 67, 89, 121, 122,
    165, 166, 196, 197, 199, 203, 204
    3: 78, 89, 95 **4**: 82–90, 92, 93, 97,
    100, 145 **5**: 78, 82–84, 86, 87
  single center, enantioselective **1**: 4,
    62, 65, 66, 95, 96, 114, 150, 178
    2: 56, 57, 59, 89, 117, 118, 119,
    162, 197, 198 **3**: 30, 61–71, 73–78,
    86, 95 **4**: 66, 67, 69, 71–73, 76, 77,
    79, 98, 194 **5**: 29, 65, 67–69, 72,
    74, 78, 79, 100, 164, 176
α-methylenation **2**: 99 **5**: 171
α-sulfinylation, enantioselective **2**: 4
to acid **3**: 3, 10 **4**: 19 **5**: 15
to acid (one carbon addition) **2**: 21 **3**: 34
to alcohol **5**: 16
to alkene **2**: 22, 56 **4**: 166
to alkyne (homologation) **1**: 82 **2**: 148
  3: 37 **4**: 104, 166
to alkyne (same carbon count) **2**: 146
to allylic alcohol (two carbons added)
  2: 147
to amide **2**: 190 **3**: 7, 13, 14 **5**: 11, 15
to aminal **5**: 9
to amine **3**: 12 **4**: 199
to amine, one carbon loss **3**: 7
to amine, with homologation **1**: 26 **2**: 8,
  21, 58, 62, 118, 195, 196 **4**: 67, 69,
  72, 82, 85
to amino alcohol, homologation **3**: 34
  5: 78
to α-bromo unsaturated ester,
  homologation **3**: 33
to 1,1-dihalide **1**: 87 **4**: 185
to epoxide **1**: 44
to ester **3**: 11, 14
to ether **1**:16, 86 **3**: 2
to halide **3**: 4
to haloalkene, homologation **3**: 36
to α-keto aldehyde **5**: 13
to ketone **2**: 56, 147 **3**: 34 **4**: 30, 40
to nitrile **3**: 7, 11 **5**: 7
to phenol (one carbon loss) **4**: 19 **5**: 15
to unsaturated ester **3**: 36
to unsaturated ketone **3**: 31, 36
unsaturated, conjugate addition **3**: 57
unsaturated, conjugate amination **3**: 84
unsaturated, enantioselective conjugate
  addition **3**: 73, 77, 79, 109, 137, 138,
  143, 178 **4**: 74, 77, 79, 89 **5**: 76, 81, 83
unsaturated, enantioselective
  epoxidation **2**: 14, 121
unsaturated, enantioselective
  homologation to epoxy alcohol **1**: 152
unsaturated, enantioselective reduction
  2: 6 **4**: 80
unsaturated, from propargylic alcohol
  2: 146

Reaction Index

aldol, intermolecular, enantioselective
    4: 136–138, 142 **5**: 82
aldol, intramolecular **4**: 135, 137, 141, 143,
    148, 182, 187, 193 **5**: 159, 181, 205,
    208, 211
aldol, intramolecular, enantioselective
    4: 117, 136, 139, 141 **5**: 94, 137, 166
alkaloid synthesis **1**: 8, 9, 12, 58, 82, 84,
    112, 134, 136, 146, 188, 190 **2**: 11, 26,
    27, 35, 37, 38, 45, 48, 63, 74, 79, 91,
    97, 100, 107, 108, 111, 139, 140, 141,
    149, 153, 157, 159, 167, 169, 170, 188
    3: 52, 56, 59, 94, 98, 109–119, 121,
    135, 155, 169, 170, 172, 178, 180, 190,
    194, 198, 200, 204, 206 **4**: 5, 34, 57,
    65, 89, 98, 103, 105, 107, 109–117,
    119, 127, 129, 131, 133, 141, 151, 152,
    154, 160, 170, 172, 182, 188, 190,
    194, 198, 200, 202, 208, 208 **5**: 37,
    40–42, 45, 65, 67, 75, 79, 85, 91, 96,
    105, 107, 109, 112–119, 127, 129, 131,
    137, 139, 145, 151, 154, 168, 178, 180,
    182, 186, 192, 196, 200, 202, 204,
    206, 210
alkene
  acylation **3**: 41
  aminoalkoxylation **3**: 92, 98, 106 **4**: 53
  arylation **3**: 119, 120 **4**: 49, 51, 53, 55, 78
    5: 120–123, 125–127
  arylation, enantioselective **4**: 79
  diamination, enantioselective **3**: 80
  dihydroxylation **3**: 113 **4**: 4, 50, 54, 57,
    90, 92 **5**: 31, 54
  dihydroxylation, enantioselective **4**: 68
    5: 84
  epoxidation **1**: 35 **2**: 77, 98 **3**: 38, 42, 60
    4: 48 **5**: 14, 56
  epoxide, enantioselective **1**: 59 **3**: 40, 60
  ethenylation, enantioselective **4**: 78 **5**: 55
  from acid, one carbon loss **1**: 157 **2**: 44
  from alcohol **5**: 185
  from alkene **2**: 177
  from alkyne **5**: 26
  from diol **5**: 61
  from enol triflate **3**: 32
  from epoxide **5**: 10, 21
  from halide **3**: 15
  from hydride **5**: 14
  from ketone **2**: 16, 22, 150, 174 **5**: 189,
    197

haloamination **2**: 137
haloarylation **3**: 41
homologation **2**: 78, 120, 126, 178 **3**: 39,
    41, 59 **4**: 33, 48–51, 53, 55, 57–66,
    109 **5**: 55, 57–59
homologation, branching,
    enantioselective **3**: 76, 81
hydroamination (*see* main heading)
hydroboration **4**: 53
hydroboration, diastereoselective **2**: 10
    5: 56, 59, 180, 205
hydroboration, enantioselective **3**: 66,
    72 **4**: 87 **5**: 74
hydrogenation **2**: 77 **3**: 9, 20, 38, 42
    4: 16, 52, 63 **5**: 17, 30, 56, 59
hydrogenation, enantioselective **1**: 161,
    164, 174 **2**: 59, 119 **3**: 70, 72, 74, 76,
    79, 102, 104 **4**: 71, 74, 76, 78, 88 **5**:
    85, 211
hydrohalogenation **3**: 42 **5**: 61
hydrosilylation **3**: 39 **5**: 58
hydrosilylation, enantioselective **5**: 70
hydroxyamination **3**: 39
metathesis (*see* Grubbs reaction)
metathesis with ester **2**: 50
oxidation, to allylic alcohol **1**: 25, 137
    2: 18, 168
oxidation, to enone **1**: 177 **2**: 177, 184
    3: 115 **4**: 35
oxidative cleavage **1**: 77, 129 **2**: 194
    3: 38, 41 **4**: 18, 30, 48, 52, 54 **5**: 56,
    166, 171, 207
silyl, to alkene, halo **5**: 2
to acid (one carbon homologation)
    1: 122, 146 **4**: 55
to acid (two carbon homologation)
    4: 51, 53, 55
to alcohol **4**: 54
to aldehyde **5**: 56
to aldehyde (one carbon homologation)
    2: 126 **3**: 42, 108 **4**: 50, 53, 109 **5**: 55
to aldehyde (one carbon homologation)
    enantioselective **2**: 59 **4**: 78, 80
    5: 72, 77, 79
to alkenyl borane **4**: 52 **5**: 57
to alkenyl halide **4**: 54
to alkenyl silane **3**: 39 **4**: 52
to alkyne **5**: 11, 13
to allyl silane **2**: 78 **5**: 36
to allylic amine **2**: 210 **5**: 38, 60

to allylic amine, enantioselective **5**: 67
to amide, one carbon homologation
   3: 41 **5**: 58
to amine **5**: 57, 58, 60
to amine, one carbon homologation **3**: 41
   4: 40, 53
to amino alkene **4**: 35
to azide **2**: 17 **5**: 57, 59
to diol **5**: 56
to ester (oxidation) **2**: 144
to ether **2**: 17 **4**: 50 **5**: 54
to haloketone **5**: 54
to ketone **2**: 178 **3**: 41, 43, 99 **4**: 55
   5: 57, 61
to methyl ketone (Wacker) **1**: 120 **2**: 90
   3: 209 **4**: 50
to nitrile **4**: 51
to nitro alkene **3**: 42 **4**: 54
to organometallic **5**: 59
to phosphine oxide **3**: 39 **4**: 48
to phosphonium salt **5**: 56
to silane **2**: 125, **3**: 39
to sulfide **4**: 48 **5**: 3
to unsaturated acid, one carbon
   homologation **3**: 41
alkylidene carbene
   O-H insertion **4**: 93
alkyne
   addition to aldehyde **1**: 47, 65 **3**: 31
   addition to epoxide **1**: 5
   addition to unsaturated amide **1**: 98
   amination, intramolecular **3**: 106
   from acid **3**: 31
   from aldehyde, one carbon
      homologation **1**: 82 **3**: 37 **5**: 195
   from aldehyde (same carbon count) **2**:
      146
   from aldehyde, homologation **1**: 150 **2**:
      126, 182 **4**: 104, 166
   from alkene **5**: 11, 13
   from cyclic ketone, fragmentation **4**: 45
   from epoxy ketone **1**: 13
   from halide, one carbon homologation
      5: 51
   from ketone **3**: 16 **5**: 47, 51
   from ketone, homologation **3**: 33, 37
   from nitrile, homologation **2**: 148 **3**:31
   haloborylation **4**: 41
   homologation **2**: 90, 93, 101, 182 **3**: 25,
      37, 39 **4**: 33, 39, 41, 45, 47, 49, 60,
      63, 65–67, 71, 73, 75, 77, 81, 88,
      90–93, 95, 103, 109, 112, 121, 123,
      125–127, 131, 132, 138, 143, 144, 145,
      146, 148, 149, 154–156, 158–160, 164,
      166, 167, 180, 181, 183, 194, 195, 198,
      199 **5**: 31, 47, 49–52, 55, 58, 65, 81
   hydroamination **1**: 13
   hydroboration **4**: 2
   hydrohalogenation **4**: 47
   hydrostannylation **1**: 6 **4**: 38
   hydrozirconation **1**: 32
   metathesis
      intermolecular **1**: 126 **2**: 110 **3**: 47
      intramolecular **1**: 83, 126, 127 **3**: 49,
         55 **4**: 58, 60–65, 199 **5**: 51, 101
   metathesis with aldehyde to alkene
      2: 103
   reduction, to cis alkene **4**: 5 **5**: 26
   reduction, to trans alkene **1**: 127
   reductive homologation **1**: 104 **2**: 20, 122
      3: 37
   to acid **2**: 43, 86, 146, 190 **3**: 5 **4**: 11
   to acid, homologation **5**: 47
   to alcohol **5**: 17
   to aldehyde **1**: 1 **2**: 146 **3**: 5, 16 **4**: 11
   to alkyne, alkyne migration **1**: 127 **4**: 198
   to alkene, homologation **3**: 36, 39
      5: 44, 45
   to alkenyl phosphonate **4**: 11
   to allylic alcohol **3**: 31, 39
   to amine **1**: 1
   to α-amino acid **5**: 2
   to α-amino ketone **5**: 13
   to diene **1**: 44
   to 1,4-diyne **2**: 147
   to enol phosphate **4**: 9
   to enol tosylate **4**: 38
   to enone **3**: 36
   to haloenamine **5**: 2
   to iodoalkene **3**: 33
   to ketone **3**: 16 **4**: 3, 9, 17, 38
   to ketone, homologation **3**: 37, 39
   to nitrile **2**: 146
   to nitrile, loss of carbon **5**: 9
   to silyl alkene **5**: 2
   zirconation **2**: 98
allene homologation **2**: 13, 95 **3**: 37 **4**: 44
allene homologation, enantioselective
   3: 76 **4**: 76, 88, 95, 103
allyl silane from alkene **5**: 36

allylic coupling **1**: 46, 58, 60, 64, 66, 78, 97, 128, 129, 160, 179, 192, 193 **2**: 5, 12, 20, 24, 33, 60, 62, 70, 74, 97, 108, 122, 139, 140, 155, 161, 162, 163, 193, 194, 197, 198, 205 **3**: 4, 13, 14, 18, 19, 22, 25, 28, 29, 33–36, 66–69, 70, 73, 77, 78, 81, 83–85, 88, 90, 92, 93, 98, 99, 101, 103, 106, 107, 144–146, 150 **4**: 33, 35, 40, 41, 43, 44, 53, 75, 80, 81, 92, 101, 104, 105, 107, 110–113, 117 **5**: 8, 59, 68, 71, 73, 75, 190, 209
aminal synthesis **5**: 69, 85
amine
  allylic, from allylic alcohol **4**: 68
  allylic, from allylic alcohol, enantioselective **4**: 70
  allylic, to chlorohydrin, enantioselective **5**: 78
  allylic, to hydride **2**: 65
  α-amination of aldehyde, enantioselective **3**: 65
  from acid **5**: 12
  from acid (loss of one carbon) **1**: 100, 184 **2**: 23, 44
  from alcohol **1**: 156 **2**: 34, 64, 145, 189, 195 **3**: 4, 16 **4**: 6, 8, 10
  from aldehyde **3**: 15
  from aldehyde, enantioselective **3**: 62, 67 **4**: 67
  from alkene **4**: 48, 51, 53
  from alkyne **1**: 1
  from allylic alcohol **1**:136, 188 **2**: 161 **5**: 5
  from allylic alcohol, enantioselective **1**: 56, 160, 161 **2**: 161 **3**: 65
  from allylic halide, enantioselective **2**: 4
  from alkene **4**: 53
  from alkene, homologation **4**: 40, 48, 51, 53
  from alkyl borane **5**: 70
  from amide **2**: 158, 168 **3**: 9, 12 **4**: 12, 17, 18
  from amide, with homologation **2**: 21 **5**: 50
  from amine **4**: 8
  from aryl halide **1**: 110 **2**: 87, 155 **4**: 31
  from azide **5**: 6
  from ether, benzylic **4**: 10
  from halide **4**: 10, 40
  from ketone **2**: 16, **3**: 14 **4**: 12, 16 **5**: 10
  from ketone, enantioselective **2**: 16, 117, 162, 204 **3**: 62, 67 **4**: 66, 68, 72 **5**: 15, 67, 68, 108, 109
  from nitrile **2**: 4, 15 **4**: 40 **5**: 12
  from nitro **2**: 15, 17 **5**: 13, 30
  from nitroalkene, enantioselective **5**: 64
  from unsaturated amide, enantioselective **3**: 62, 65
  propargyl, to allenyl aldehyde **3**: 37
  protection
  reductive methylation **3**: 108, 201
  to acid **2**: 76 **4**: 17 **5**: 15
  to alcohol **4**: 8 **5**: 8
  to aldehyde **5**: 15
  to amide **3**: 5, 11–13, 15
  to amine **4**: 3
  to azide **4**: 119 **5**: 11
  to ether **4**: 8
  to hydride **4**: 18
  to ketone (oxime) **3**: 10 **4**: 15
  to nitrile **3**: 14 **4**: 14
  to nitro **3**: 4 **4**: 15
α-amino acid (nitrile) synthesis **1**: 26, 40, 99 **2**: 23, 118, 162 **3**: 43, 62, 69 **4**: 69, 70–72 **5**: 15, 71, 78, 85, 86
β-amino acid (nitrile) synthesis **3**: 43, 62, 63 **4**: 36, 51, 71, 72, 75
aromatic ring construction **1**: 171, 191 **2**: 40, 81, 84, 105, 176, 186, 188 **3**: 121, 123, 125, 127, 131 **4**: 119, 121, 123, 125, 129
aromatic ring substitution **1**: 10, 18, 19, 21, 48, 54, 65, 69, 104, 108, 110, 111, 120, 122, 138, 149, 164, 171, 174, 175, 190, 205 **2**: 11, 12, 15, 22, 25, 26, 28, 39, 40, 58, 75, 81, 82, 84, 86, 87, 91, 108, 128, 132, 134, 141, 155, 156, 157, 160, 175, 176, 179, 180, 185, 186, 206, 208, 209 **3**: 25, 27, 32, 33, 35, 63, 110, 114, 116, 118, 120–127, 129, 131–134 **4**: 30, 49, 51, 74, 78–80, 83, 90, 102, 104–107, 109, 112–114, 118–125, 127–129, 131, 133, 168, 196, 200 **5**: 30–33, 37, 39–41, 49, 52, 55, 61, 71, 73, 75, 80, 81, 120–127, 151, 175, 200
aza-Claisen **4**: 113, 203
aza-Cope: **2**: 27
azetidine construction **5**: 107, 110, 179, 205
azide
  addition to epoxide **1**: 8

addition to ketone **1**: 113, 139 **2**: 38
  from alcohol **2**: 189 **3**: 15 **5**: 5
  from alkene **4**: 55 **5**: 59
  from amine **4**: 119 **5**: 11
  from cyclopropane **5**: 53
  from ketone **5**: 12
  to amide **3**: 16 **4**: 20 **5**: 6
  to amine **5**: 28
  to diazo **4**: 15
  to nitrile **2**: 14 **4**: 19 **5**: 11
aziridine
  carbonylation **4**: 104
  from alkene **2**: 18 **4**: 102 **5**: 31, 104, 108, 110, 112
  from haloaziridine, homologation **1**: 160
  opening **1**: 92, 193 **2**: 18, 34, 121, 140, 166, 188, 196 **3**: 105–107, 110 **4**: 82, 88 **5**: 56, 79, 182
  synthesis, enantioselective **1**: 92 **3**: 78, 105 **4**: 104, 106, 108 **5**: 108, 100, 182
aziridine aldehyde to amino ester **1**: 115
azirine synthesis, enantioselective **5**: 102, 112

Baeyer-Villiger **1**: 20 **2**: 124, 133 **3**: 79 **5**: 14, 66, 94, 157
Baylis-Hillman reaction, intramolecular **1**: 196
Beckmann rearrangement **1**: 20 **2**: 76
benzofuran synthesis **3**: 132 **4**: 139
benzyne substitution **2**: 185 **3**: 120, 125, 154 **4**: 122 **5**: 175
biotransformation. *See* enzyme
biphenyl synthesis **1**: 19, 54, 60, 110, 171 **2**: 39, 42 **3**: 25, 97, 120, 121, 123–125, 127 **4**: 30, 119, 122, 124, 161, 172, 200 **5**: 103, 115, 131
Birch reduction **1**: 12 **2**: 168, 184, 208 **3**: 160 **4**: 149, 161, 186, 206 **5**: 125, 141, 184
Blaise reaction **3**: 94 **4**: 46

carbene cyclization **1**: 36, 142, 168 **2**: 31, 69, 70, 106, 135 **3**: 88, 93, 98, 100, 104, 112, 149, 157, 160 **4**: 144, 146, 148, 156, 157, 198 **5**: 35, 37, 40, 151, 160, 165, 195
carvone (starting material) **1**: 33, 148 **2**: 62, 122, 186, 206
Castro-Stephens coupling **4**: 31 **5**: 125
C-H functionalization **1**: 59, 110, 122, 157, 175 **2**: 10, 18, 22, 25, 40, 78, 81, 82, 85, 105, 127, 134, 135, 140, 156, 180, 188, 210 **3**: 25–30, 64, 68, 70, 71, 89, 94, 99, 101, 105, 122, 122, 124, 126, 133, 134, 149, 157, 160 **4**: 7, 10, 32–37, 78, 84, 95, 104, 109, 120, 122–125, 127–129, 131, 133, 147, 148, 154, 183, 191, 197 **5**: 32–43, 67, 70, 75
C-H homologation **3**: 25, 27–29 **4**: 32–37, 78, 90, 95, 104, 109, 118, 120, 122–125, 127–129, 147, 148, 154 **5**: 32–35, 37, 39–43, 46, 75, 120–127, 151
C-H insertion
  intermolecular **2**: 61, 106, 210 **3**: 25 **4**: 32–37, 90 **5**: 32–44, 75
  intramolecular
    by carbene **1**: 110, 142, 168 **2**: 31, 135, 180, 207 **3**: 25, 29, 88, 93, 98, 100, 104, 112, 149, 157, 160 **4**: 32, 34, 36, 78, 93, 146, 148, 154 **5**: 35, 37, 39, 40
    by nitrene **1**: 8, 153, 175 **2**: 10, 180, 189, 209 **3**: 25, 29, 133, 134 **4**: 70 **5**: 37, 175
C-H to alcohol **1**: 157 **2**: 18, 134, 168, 179, 210 **3**: 24, 26, 28, 29 **4**: 7, 10, 32–34, 36, 118, 120, 123, 124, 183, 191, 197 **5**: 32–36, 38
C-H to alkene **3**: 25, 26 **4**: 118
C-H to amine **2**: 10, 118, 180, 210 **3**: 25, 26, 28 **4**: 35, 36, 84, 120, 123, 125, 127, 129 **5** 67, 70
C-H to amine, enantioselective **3**: 29, 67, 69, 70 **4**: 70 **5**: 67, 70
C-H to aryl **4**: 32 **5**: 32, 33, 37, 39
C-H to C-borane **1**: 157 **2**: 40 **3**: 121, 122 **5**: 38
C-H to carboxylic acid **4**: 32, 34 **5**: 32, 33, 35, 37, 39
C-H to ether **5**: 36, 43, 90
C-H to halide **3**: 24, 28 **4**: 34, 36, 125 **5**: 38
C-H to ketone **2**: 179 **4**: 34, 35, 123, 191 **5**: 32, 34, 37, 46
C-H to nitrile **4**: 120 **5**: 15, 34, 35
C-H to phosphorus **4**: 120
C-H to silyl **5**: 36
cleavage **5**: 15, 28, 54, 126
Claisen rearrangement **1**: 27, 96, 195, 203 **2**: 62, 107, 122, 163, 182, 193, 194 **3**: 97, 121, 191, 209 **4**: 85, 107, 155, 163, 176 **5**: 27, 75, 79, 83, 149, 185, 180, 193, 199

REACTION INDEX

Claisen rearrangement, enantioselective
  3: 81, 83, 85, 116, 159 4: 138
  5: 45
C-N ring > 6: 5: 62, 73, 75, 81, 202, 207
C-O ring 4 construction 1: 116 2: 124 4: 94
  5: 88, 90
C-O ring 5 construction 1: 50, 51, 56, 69,
  78, 95, 130, 140, 141, 142, 154, 168,
  186, 189, 194 2: 29, 31, 32, 49, 66,
  88, 95, 97, 111, 133, 134, 135, 154,
  158, 184, 197, 200, 202 3: 24, 42–44,
  54, 55, 86–101, 197 4: 51, 61, 90, 92,
  94–96, 98, 100 5: 43, 66, 83, 88, 90,
  92, 94–100, 102, 165–167, 185, 186,
  193, 201
C-O ring 6 construction 1: 29, 33, 42, 43,
  108, 124, 130, 140, 141, 142, 187, 189,
  194, 195, 203 2: 10, 29, 30, 32, 50,
  88, 93, 94, 96, 111, 114, 116, 133, 135,
  136, 153, 156, 197, 198, 199, 200, 201
  3: 11, 27, 29, 43, 46, 49, 51, 52, 54,
  61, 86, 87, 89–97, 99–101, 197 4:
  56, 61, 62, 91–93, 95, 97, 98, 100,
  101, 195 5: 42, 60, 63, 89, 91–95,
  100–103, 166, 170, 176, 178, 183, 199,
  201, 204
C-O ring > 6 construction 1: 155, 195
  2: 20, 133 3: 45, 49, 51, 53, 55, 58,
  197 4: 23, 33, 62, 64, 196 5: 42, 49,
  63, 73
Conia alkyne cyclization 5: 144
Cope rearrangement 1: 24 2: 208 3: 127,
  157, 204 4: 156, 159 5: 178
cycloalkane > C7 synthesis: 1: 23, 24, 25,
  33, 43, 45, 72, 73, 75, 77, 86, 135,
  2: 16, 71, 72, 98, 100, 114, 153, 156,
  170, 193, 202, 208 3: 59, 105, 139,
  147, 153, 157, 160, 193 4: 57, 61, 64,
  111, 141, 163, 178, 181 5: 149, 173,
  209, 211
cyclobutane cleavage 2: 113, 124 3: 57, 149
  5: 118
cyclobutane synthesis 1: 76, 102 2: 64, 71,
  113, 206 3: 27, 49, 136, 137, 145, 148,
  156–158, 181, 186, 189 4: 63, 136,
  142, 144, 146, 148, 154, 156, 160, 204
  5: 28, 118, 138, 140, 142, 144, 146,
  148, 150, 160–162
cycloheptane synthesis 1: 53, 165, 169, 180,
  204 2: 51, 70, 104, 124, 206 3: 45, 51,

55, 144, 161, 169 4: 63, 116, 139, 149,
153, 167, 205, 207 5: 68, 94, 161,
194, 205
cyclohexane synthesis 1: 12, 14, 22, 23, 25,
  32, 37, 53, 57, 58, 66, 68, 75, 78, 80,
  81, 128, 136, 143, 165, 166, 167, 180,
  188, 190, 198, 200, 201, 202, 204,
  205 2: 12, 20, 24, 27, 34, 35, 36, 52,
  60, 63, 64, 65, 66, 67, 68, 70, 73,
  74, 100, 102, 104, 124, 156, 158, 159,
  164, 166, 167, 169, 171, 172, 173, 174,
  184, 204, 206, 207, 208 3: 11, 57,
  59, 109, 111, 115, 117–119, 136–149,
  151–157, 168, 169, 177, 183, 191, 194,
  202, 201 4: 31, 58, 63, 65, 103, 108,
  111, 115–117, 134–141, 143, 145, 147,
  149–155, 157, 159, 161, 165, 169, 172,
  175–178, 180, 182, 184, 186, 189,
  190, 192, 193, 196, 197, 202, 204,
  206, 208 5: 27, 29, 31, 81, 89, 94,
  100, 113, 117, 118, 137, 139, 141, 143,
  145, 147, 149, 151–159, 161, 163, 165,
  172, 184, 186, 188, 189, 191, 193, 198,
  199, 202
cyclopentane synthesis 1: 9, 12, 23, 24, 36,
  37, 42, 43, 52, 66, 74, 77, 79, 80,
  112, 128, 165, 166, 167, 168, 180, 183,
  189, 198, 200, 201, 202, 203, 205
  2: 1, 28, 68, 70, 72, 73, 97, 101, 102,
  103, 104, 113, 123, 124, 159, 164, 167,
  169, 170, 171, 172, 173, 174, 180,
  183, 184, 193, 203, 205, 206, 207,
  208 3: 27, 47, 48, 50, 109, 136–138,
  140–143, 149, 150, 152–155, 157–161,
  178, 181, 189, 204 4: 56, 60, 64, 103,
  112, 116, 134–136, 138–148, 150–154,
  156–158, 160, 165, 167, 171, 175–177,
  185, 187, 199, 204 5: 35, 39, 43,
  53, 87, 91, 94, 97, 112, 118, 136,
  138–148, 150–155, 157–163, 165,
  173, 181, 184, 191, 194, 195, 200,
  203, 209
cyclopropane cleavage 2: 10, 70, 71, 104,
  184 3: 102, 144–145, 148, 149, 151,
  160, 208 4: 55, 57, 62, 64, 85, 106,
  134, 145, 147, 149, 156, 159, 167
  5: 53, 92, 95, 150, 200
cyclopropane synthesis 1: 52, 81, 167,
  203 2: 69, 70, 184, 205 3: 102, 138,
  142–145, 147, 148, 150, 156–158, 160,

208 **4**: 136, 140, 142, 144, 146, 148, 156, 158, 160, 166, 205 **5**: 136, 138, 140, 142, 144, 146, 148, 150, 160, 162, 163, 165, 178, 195, 200
cyclozirconation, of diene **2**: 104 **5**: 147

diazo ester
   aldol, enantioselective **4**: 83, 90 **5**: 84
   α-alkenylation **5**: 151
   α-arylation **5**: 124
   intramolecular C-H insertion **4**: 147 **5**: 43, 146
   Mannich reaction **5**: 82, 87
   to α-alkoxy ester, enantioselective **4**: 74
   to α-alkynyl ester **5**: 45, 49
   to cyclopropane **4**: 146 **5**: 136
   to cyclopropene **5**: 144, 146
   to epoxy amide, enantioselective **4**: 84
   to α-halo unsaturated ester **4**: 39
diazo ketone, from acid **5**: 50
Dieckmann cyclization **1**: 37
Diels-Alder
   catalyst **1**: 52, 168 **2**: 100 **3**: 152–155 **5**: 113
   diene **1**: 189 **2**: 65, 99 **5**: 153
   dienophile **1**: 112, 136, 189 **2**: 65, 99, 100
   hetero **2**: 94, 165, 166, 188, 195 **3**: 105 **4**: 91, 97, 107 **5**: 163
   hetero, intramolecular **2**: 2, 45 **3**: 106, 129
   intermolecular **1**: 13, 52, 112, 136, 139, 168, 180, 198 **2**: 65, 99, 100, 123, 171, 176, 186, 188, 202, 208 **3**: 131, 152, 154, 155, 200 **4**: 121, 125, 147, 178, 208 **5**: 27, 113, 154, 156–159, 172
   intramolecular **1**: 22, 120, 135, 146, 191, 199, 203 **2**: 66, 79, 81, 101, 105, 168, 169, 170 **3**: 11, 109, 111, 115, 153–155, 206 **4**: 117, 150–153, 165, 175, 178, 184, 188–189, 197, 205 **5**: 102, 152–154, 157–159, 190
   retro **1**: 198 **2**: 186 **5**: 21
   transannular **3**: 155
1,1-dihalide, from halide, homologation **3**: 34
diimide generation **2**: 77 **3**: 38 **4**: 13
diol cleavage **5**: 15
diol from epoxide **1**: 160 **2**: 161
dipolar cycloaddition **2**: 34, 53, 54, 140, 158, 199, 202 **3**: 39, 103, 107, 108, 132 **4**: 53, 67, 83, 85, 88, 95, 108, 116, 134, 179 **5**: 107, 116
diastereoselective cycloheptane construction **1**: 76 **2**: 207 **3**: 161 **4**: 95, 116
diastereoselective cyclohexane construction **1**: 22, 23 **2**: 46, 158 **3**: 161 **4**: 108, 154, 161 **5**: 163
diastereoselective cyclopentane construction **3**: 47, 141, 158 **4**: 134, 147, 154 **5**: 163, 203

electrolysis **5**: 27, 44
enamide, conjugate addition **4**: 73
ene reaction, intermolecular, enantioselective **3**: 68
ene reaction, intramolecular **1**: 24 **3**: 157, 159, 177 **4**: 90 **5**: 112
enolate, intramolecular coupling **4**: 202
enone
   allyl addition **3**: 30
   conjugate addition **1**: 43 **3**: 30, 96 **4**: 43, 46, 51, 75, 187, 204 **5**: 44, 46, 49, 194
   conjugate addition, enantioselective **1**: 57, 98, 151, 164, 166, 167, 192, 204, 205 **2**: 24, 60, 67, 68, 73, 74, 101, 139, 203, 204, 207 **3**: 73, 74, 77, 81, 85, 137, 138, 140–142, 144, 148, 192 **4**: 17, 73, 74, 77, 81, 83, 89, 105, 134, 136–138, 143, 147, 149 **5**: 75, 79, 80
   conjugate addition of amine **4**: 7
   conjugate addition of amine, enantioselective **3**: 69 **5**: 67
   conjugate reduction **1**: 25 **3**: 13 **4**: 169, 191
   conjugate reduction, enantioselective **4**: 157 **5**: 29
   cyanide addition **1**: 199
   cyanide addition, enantioselective **3**: 74 **5**: 72
   enantioselective reduction to allylic alcohol **1**: 103 **2**: 12 **4**: 70
epoxidation **5**: 169, 179, 199
epoxidation, enantioselective **3**: 84, 156 **5**: 82, 138
   from alcohol **4**: 14
   from alkene **3**: 41, 115 **5**: 174
   from propargyl alcohol **2**: 182 **3**: 11 **4**: 11, 44 **5**: 2

enzyme
- aldol condensation **2**: 165 **4**: 89, 93
- allylic oxidation **5**: 33
- akaloid synthesis **5**: 41
- amide formation **5**: 105
- arene oxidation **1**: 190
- Baeyer-Villiger, enantioselective **5**: 66
- epoxide hydrolysis, enantioselective **2**: 161
- ester hydrolysis **2**: 48 **4**: 27, 70
- esterification **4**: 70
- glucosidase **3**: 23 **5**: 89
- Henry reaction **3**: 66
- reduction of ketone **1**: 1, 34 **2**: 143, 183 **4**: 197
- reductive amination **2**: 161 **3**: 69 **5**: 108, 109
- reduction of unsaturated aldehyde **4**: 80
- reduction of unsaturated lactone **3**: 79
- resolution of alcohol **1**: 34, 88, 158 **3**: 66, 76, 108 **4**: 73, 177, 186, 204
- resolution of amine **3**: 63
- ring cleavage, enantioselective **3**: 156

epoxidation. *See also* Sharpless Asymmetric Epoxidation
- of enone, enantioselective **1**: 90, 91 **3**: 84, 156 **4**: 155
- of unsaturated aldehyde, enantioselective **2**: 121 **4**: 88, 174
- of unsaturated amide, enantioselective **1**: 90

epoxide
- alkenyl, carbonylation **3**: 175
- carbene donor **3**: 150
- enantioselective, from halo ketone **1**: 2
- from aldehyde **1**: 44
- from aldehyde, enantioselective **4**: 68, 84
- from alkene **1**: 35 **2**: 77, 98 **3**: 38, 40 **4**: 48 **5**: 56
- from alkene, enantioselective **1**: 32, 159 **2**: 14, 58, 61, 77, 98, 112, 134, 156, 171, 177, 198 **3**: 40, 60, 84, 156 **4**: 86, 168
- from allylic alcohol (sharpless) **1**: 32, 46, 67, 115, 141, 168, 172, 193 **2**: 58, 61, 77, 112, 156, 197, 198 **3**: 94, 163, 175
- from α, β-unsaturated aldehyde, enantioselective **2**: 14, 121
- from α, β-unsaturated amide, enantioselective **1**: 90, 159
- from α, β-unsaturated sulfone, enantioselective **1**: 91
- homologation, reductive **2**: 128
- homologation (one carbon) to allylic alcohol **2**: 95
- homologation to epoxy ketone **1**: 149
- homologation to β-lactone **2**: 59
- hydrogenolysis **1**: 1 **2**: 102 **3**: 8
- opening
  - intramolecular **2**: 173 **3**: 87, 90, 91, 93, 94, 99 **4**: 154, 158, 206 **5**: 160, 162, 166, 179, 184
  - with alcohol **2**: 93, 202 **3**: 54 **4**: 95–97 **5**: 184
  - with alkyne **1**: 5, 94 **3**: 3, 33, 81, 82, 164
  - with amine **5**: 169, 179
  - with azide **1**: 8, 173
  - with dithiane **1**: 51
  - with enolate **4**: 92, 156, 158
  - with imide **4**: 111
  - with organometallic **1**: 46, 80, 165 **2**: 58, 63, 133 **3**: 81, 82, 164 **4**: 46, 86, 91, 177, 180 **5**: 48, 160
  - with selenide **4**: 173
  - with selenide, enantioselective **4**: 66
  - with sulfoxide anion **4**: 94
- rearrangement to aldehyde **4**: 185
- reduction **2**: 125, 178
- reductive condensation with nitrile **4**: 38
- reductive cyclization **3**: 87, 112, 130, 145 **4**: 91
- to aldehyde **3**: 162
- to alkene **4**: 18 **5**: 10, 21
- to allylic alcohol **1**: 137 **4**: 173
- to amino alcohol **1**: 160
- to diol **1**: 160 **2**: 161
- to propargylic alcohol **3**: 33

epoxy alcohol to silyloxy aldehyde **3**: 162
epoxy aldehyde to hydroxy ester **1**: 115 **3**: 65
epoxy amide to hydroxyamide **1**: 159
epoxy ether to ether aldehyde **1**: 159
Eschenmoser cleavage **1**: 13
ether
- allyl, to propenyl ether **4**: 9
- allylic from allylic alcohol, enantioselective **3**: 66 **5**: 90

allylic, to hydride **5**: 10, 12
cleavage **2**: 189
fragmentation **3**: 33
from aldehyde or ketone **1**: 16, 86 **2**: 15
    3: 2 **4**: 19
from alkene **2**: 17 **4**: 50, 55 **5**: 54
from ester **3**: 9 **5**: 15
to acid **4**: 4
to aldehyde **4**: 4
to amine **4**: 10 **5**: 21
to hydride **4**: 13 **5**: 17, 60
to lactone **5**: 165
to ketone **4**: 17, 19
to phenol **5**: 15

flow **5**: 26–31
fragmentation **2**: 198 **3**: 139, 156 **4**: 45, 85, 91, 126, 127, 133, 134, 145, 147, 149, 156, 159, 167, 178 **5**: 46, 49, 50
furan synthesis **1**: 175 **2**:41 **3**: 19, 128, 130, 132, 134 **4**: 126, 128, 130, 132, 170, 198

gold catalysis
  alcohol to alkyne **5**: 17
  aldol condensation **2**: 104, 173
  alkyne activation **1**: 122 **3**: 107, 118
  alkene activation **2**: 17 **5**: 17
  alkene homologation **4**: 53, 55
  alkene hydration **4**: 50
  alkene hydroamination **2**: 92, 137, 140, 196 **3**: 102
  alkyne hydroboration **4**: 2
  alkyne to alkenyl tosylate **4**: 38
  alkynyl alcohol to α-halo enone **4**: 44
  allylic coupling **5**: 8
  allylic coupling, intramolecular **5**: 140, 185
  allylic hydration **3**: 8
  arene alkylation **1**: 175
  Claisen rearrangement, alkynyl **5**: 185
  cyclohexane synthesis **3**: 144
  cyclopentane synthesis **2**: 206 **3**: 149, 150, 178 **5**: 140
  dihydrofuran formation **2**: 197
  enone from propargyl alcohol **2**: 182 **3**: 11 **4**: 11 **5**: 2
  furan synthesis **3**: 130 **4**: 126, 128, 132 **5**: 92, 130
  indole synthesis **4**: 127

ketone from alkyne **5**: 5, 17
ketone from nitro **4**: 3
β-lactam synthesis **4**: 108
piperidine synthesis **4**: 103 **5**: 109
pyrrole synthesis **2**: 41 **3**: 130 **4**: 126, 130
pyrrolidine synthesis **4**: 103 **5**: 106, 108
spiroketal formation **3**: 203
Grob (Wharton) fragmentation **4**: 178 **5**: 53, 107
Grubbs reaction (Rh, Mo, W)
  ene-yne **1**: 75, 82, 83, 130 **2**: 154 **3**: 56, 200
  intermolecular **1**: 28, 50, 70, 71, 74, 141 **2**:17, 49, 51, 79, 95, 109, 110, 112, 132, 152, 154, 178, 196 **3**: 44, 46–51, 53, 163, 173, 175, 180, 193, 194, 199 **4**: 56–65, 171, 191 **5**: 26, 62, 63, 90, 92, 187, 200, 201, 211
  new catalysts **1**: 131, 141, 182, 183 **2**: 49, 49 (Au), 50, 151 **3**: 44–48, 50, 51 **4**: 56, 57, 59–62, 64 **5**: 151 (W)
  intramolecular **1**: 29, 42, 70, 72, 73, 74, 93, 103, 112, 131, 132, 133, 139, 141, 154, 161, 181, 182, 183, 184, 185, 186, 187, 188, 189, 194, 195, 200 202 **2**: 20, 49, 51, 52, 90, 93, 94, 95, 96, 109, 110, 111, 113, 114, 116, 150, 151, 152, 153, 154, 193, 195 **3**: 45, 46, 48–59, 89, 93, 95, 101, 103, 105, 170, 172, 189 **4**: 56–58, 60–63, 105, 199 **5**: 62, 90, 91, 100, 148, 149, 151 (W), 173, 207

halide
  alkenyl, homologation **1**: 149, 157 **4**: 45 **5**: 47
  alkenyl, to alkenyl sulfide **4**: 7
  alkenyl, from unsaturated acid **4**: 7
  alkyl, homologation **2**: 19, 55, 56, 127, 128, 181 **3**: 30 **4**: 40, 42, 43, 46, 119, 120, 124 **5**: 44, 49
  alkyl, homologation, enantioselective **2**: 6, 23 **5**: 73
  alkynyl, homologation **4**: 45
  allylic, homologation, enantioselective **3**: 71
  allylic, to aldehyde **1**: 177
  benzylic, homologation **4**: 41
  from acid **4**: 8

halide (*Cont.*)
   from alcohol **2**: 85, 189 **4**: 2 **4**: 6, 10, 166, 168 **5**: 5, 6, 8, 170
   from aldehyde **3**: 4
   from alkene **4**: 54
   from ketone **1**: 26
   propargylic, homologation **3**: 37
   propargylic, homologation, enantioselective **3**: 76
   to aldehyde **3**: 14
   to alkene **3**: 15 **4**: 41 **5**: 7
   to alkyne **4**: 39 **5**: 45, 47
   to amine **4**: 10, 122, 124
   to amine (one carbon added) **2**: 55
   α to carbonyl, homologation, enantioselective **3**: 75, 77
   to amide (one carbon added) **4**: 38, 119
   to borane **5**: 7
   to ester (one carbon added) **2**: 43
   to ether (one carbon added) **4**: 38
   to hydride **2**: 16 **3**: 14 **4**: 13, 16, 19
   to ketone **4**: 120
   to nitrile (carbon count unchanged): **4**: 4
   to nitro (carbon count unchanged) **4**: 119
   to sulfonic acid **4**: 3
haloalkene
   from aldehyde **3**: 36 **4**: 174, 180
   from alkene **4**: 54
   from alkyne **4**: 41, 181 **5**: 192, 194
   from alkenyl stannane **5**: 175
   from ketone **4**: 177, 180
   from unsaturated acid **4**: 5
   to alkyne **5**: 45
halolactonization, enantioselective **5**: 95
Heck reaction. *See* Pd
Henry reaction **4**: 172 **5**:180, 196
Henry reaction, enantioselective **2**: 57 **3**: 65, 68 **5**: 143
hetero Diels-Alder. *See* Diels-Alder, hetero
Horner-Emmons, intramolecular **3**: 157 **4**: 161
hydride
   from acid, loss of carbon **5**: 10, 12
   from alcohol **3**: 10 **4**: 16 **5**: 30
   from allylic ether **5**: 10, 12
   from amine **4**: 18
   from ether **4**: 13
   from halide **4**: 13, 16, 19
   from nitrile **4**: 13
   to alcohol **5**: 26

   to aldehyde oxime **5**: 13
   to alkene **5**: 14
hydroamination
   intermolecular
      alkene **1**: 30 **2**: 177
      alkyne **1**: 1 **2**: 37
   intramolecular
      alkene **1**: 30 **2**: 92, 137, 196 **4**: 114
      alkyne **1**: 13, 170 **2**: 37
      allene **2**: 137, 196 **3**: 102
hydrogen peroxide
   epoxidation **3**: 40, 42 **5**: 179, 199
   oxidation of alcohols **1**: 26, 86

indole synthesis **2**: 25, 35, 36, 41, 42, 45, 63, 84, 91, 140, 157, 160 **3**: 106, 115–118, 129, 131, 133, 134 **4**: 30, 109, 127, 129, 131, 133, 202, 206, 209 **5**: 118, 129, 131, 133, 134, 200
indoline synthesis **1**: 38, 48 143 **2**: 40, 45, 46, 108, 139 **3**: 109, 113, 115, 116, 209
indolizidine synthesis **1**: 8, 31, 182 **2**: 34, 37, 111 **3**: 25, 105–107, 109, 111, 112, 114, 118, 119 **4**: 65, 109, 111, 112 **5**: 63, 112, 114
ionic liquid
   alkane nitration **2**: 85
   aromatic substitution **1**: 21
   Baeyer-Villiger **1**: 20
   Beckmann rearrangement **1**: 20
   carbocyclization **2**: 45
   Friedel-Crafts **1**: 21
   Henry reaction **1**: 21
   Heck reaction **1**: 21
   osmylation **1**: 89
   phenol ether cleavage **4**: 26
iridium catalyst
   alcohol allylation, enantioselective **3**: 68 **4**: 84
   alcohol oxidation **3**: 3 **5**: 15
   aldehyde from allylic alcohol **4**: 3
   aldehyde hydroxyallylation, enantioselective **4**: 86
   aldehyde hydroxymethylallylation, enantioselective **4**: 87
   aldol condensation **2**:55 **4**: 42
   alkene hydroacylation **4**: 55
   alkene reduction **5**: 69
   alkene silylation **4**: 52
   allylation **1**: 63

Reaction Index

allylic coupling **1**: 138, 160, 179, 202
  2: 113, 161 **3**: 65, 66 **4**: 68, 84, 86, 87, 110, 112
amine from allylic alcohol, enantioselective **4**: 68
amine from amine **4**: 3
amine from ketone, enantioselective **4**: 66
alkylation of C-H **4**: 90
borylation of C-H **2**: 40, 160 **3**: 25, 121, 122 **4**: 113
Claisen rearrangement **2**: 122, 163
cyclopropanation **3**: 148
dihydrofuran synthesis **3**: 90
ester aldol condensation, enantioselective **1**: 6
ester reduction, to aldehyde **5**: 16
ether cyclization **3**: 88
furan synthesis **3**: 134
hydrogenation, enantioselective **1**:49 **2**:91, 119 **3**:76, 118 **4**: 70, 78, 85, 88, 105, 165 **5**: 77
pyridine synthesis **5**: 135
pyrrole formation **4**: 129 **5**: 134
iron catalyst
  aldehyde hydroxylation **3**: 61
  aldehyde reductive amination **3**: 12
  alkene acylation **3**: 41
  alkene aziridination **5**: 104
  alkene dihydroxylation, enantioselective **3**: 82
  alkene hydrosilylation **5**: 58
  alkene reduction **3**: 2, 42 **4**: 16
  alkyne hydration **3**: 16
  allylic acetate carbonylation **3**: 93
  allylic epoxide carbonylation **3**: 176
  amide from nitrile **4**: 3
  amine from amide **4**: 17
  amine from nitro **5**: 30
  arene coupling **3**: 126
  C-H amination **5**: 32
  C-H arylation **5**: 33
  C-H oxidation **2**: 179, 210
  cyclohexane synthesis **3**: 149, 151
  cyclopropanation **5**: 146
  diazo coupling **4**: 73
  diene oxamination **5**: 70
  epoxide opening **4**: 87
  halide coupling **3**: 30, 35 **4**: 41, 46 **5**: 47, 49, 94

haloarene amination **3**: 125
indole synthesis **3**: 131 **4**: 131, 133
ketal deprotection **3**: 200
ketone to methylene **4**: 12
mitsunobu coupling **5**: 8
nitrile from amide **4**: 3
oxazole formation **5**: 133
pyrrole formation **4**: 129, 132
sulfide to sulfoxide **3**: 6
isocyanate to amide **4**: 10
isonitrile from aldehyde (one carbon loss) **4**: 207
isoxazole synthesis **3**: 128

Julia synthesis **3**: 95 **5**: 50, 196

ketone
  α-acylation **3**: 30
  aldol, enantioselective **3**: 79, 80, 83, 86, 103
  α-alkenylation **2**: 128 **3**: 115
  α-allylation, enantioselective **3**: 68, 151 **4**: 75
  α-amination **5**: 71
  α-arylation **1**: 165 **2**: 156, 173 **5**: 175
  α-arylation, enantioselective, of α–halo ketone **4**: 79
  alkylation, enantioselective **1**: 165 **5**: 72
  alkylation, intramolecular **1**: 134, 167
  alkylation with aldehyde **1**: 107
  conjugate addition to acceptor, enantioselective **3**: 140 **5**: 113
  enantioselective Mannich **1**: 151
  from acid **4**: 122 **5**: 46
  from alcohol **1**: 26, 41, 86, 176 **2**: 85 **4**: 14
  from aldehyde **2**: 56, 147 **4**: 30
  from alkene **1**: 120 **2**: 90, 178 **3**: 41, 43, 99, 209 **4**: 30, 48, 50, 51, 53–55 **5**: 185, 191
  from alkyne **3**: 16 **4**: 3, 9, 17
  from amide **1**: 11, 109, 163 **2**: 117 **4**: 184
  from amine **4**: 15
  from ester **4**: 11
  from ether **4**: 17, 19
  from nitrile **2**: 82
  from nitro **4**: 3, 4
  from sulfone **4**: 17
  from thiol **3**: 5
  α-halo, homologation **4**: 43
  halogenation, enantioselective **1**: 158

ketone (*Cont.*)
  homologation **4**: 45
  hydroxylation **4**: 17
  hydroxylation, enantioselective **1**: 4, 118
    4: 141
  protection
  reduction to alcohol **1**: 86 **2**: 15, 16 **3**: 5
    5: 17, 21, 30
  reduction to alcohol, enantioselective
    1: 2, 43, 162, 165 **2**: 42, 143 **3**: 60,
    64, 85, 89, 102, 103, 166, 170, 202
    4: 68, 86, 88, 103, 166, 184, 186, 194,
    202 **5**: 64, 66, 70, 85, 147
  reduction to alkene **2**: 16, 22
  reduction to amine **1**: 16, 117 **3**: 9, 14, 109
    4: 12, 16 **5**: 10, 15
  reduction to amine, enantioselective **2**:
    162, 204 **3**: 62, 69 **4**: 66, 68, 72, 138
    5: 67, 68, 108, 109
  reduction to ether **1**: 16 **2**: 15 **4**: 19
  silyl enol ether coupling **3**: 35
  to alkene **2**: 16, 158, 174 **3**: 31
  to alkyne **3**: 16 **5**: 47
  to amide **1**: 20, 113, 147 **2**: 38, 76
  to amine, enantioselective
    (homologation) **4**: 72 (*see* also
    reduction)
  to azide **5**: 12
  to 1,1-bis allyl **4**: 40
  to diene **5**: 2
  to enone **3**: 7, 11 **4**: 190, 193 **5**: 11, 13
  to α-hydroxy ketone **4**: 10 **5**: 14, 209
  to iodoalkene **1**: 87
  to methylene **1**: 87 **2**: 86 **3**: 9 **4**: 12, 18, 75
  to nitro **4**: 4
  to α-thio ketone **4**: 15
  unsaturated, conjugate addition (*see*
    enone, conjugate addition)
  unsaturated, epoxidation,
    enantioselective **3**: 84, 156
  unsaturated, from aldehyde **3**: 31
  unsaturated, from propargylic alcohol
    2: 173, 182
Kolbe coupling **5**: 44, 50
Kulinkovich reaction **1**: 197 **2**: 71 **3**: 102
    4: 55, 142 **5**: 46, 50, 95, 127

lactam hydroxylation **2**: 46
lactam synthesis **1**: 10, 20, 22, 59, 113, 147,
    182, 193, 196, 197 **2**: 11, 12, 26, 28, 33,
    37, 38, 46, 100, 120, 210 **3**: 29, 106,
    107 **4**: 102, 104–106, 111, 115 **5**: 175,
    178, 183, 189, 191, 197, 205, 206, 207
lactone, to α, β-unsaturated lactone **2**: 14
λ-lactone homologation **2**: 59 **4**: 136

macroether synthesis **1**: 183 **2**: 26, 170, 202
    4: 64
macrolactam synthesis **1**: 72, 74, 83, 124,
    132, 133, 142, 161, 185 **2**: 20, 26, 38,
    134, 138, 152 **3**: 98 **4**: 107, 109, 113,
    115, 199, 201 **5**: 103, 113, 206
macrolactone synthesis **1**: 6, 51, 71, 72, 94,
    126, 131, 163, 187, 195 **2**: 20, 30, 32,
    51, 52, 54, 66, 90, 112, 116, 136, 153,
    156, 198, 199 **3**: 59, 97, 99, 101, 196
    4: 33, 59, 60, 65, 91, 93, 99–101, 195
    5: 91, 92, 98, 99, 101, 103, 177, 182
Mannich
  intermolecular **2**: 55, 127 **3**: 34, 35 **4**: 105
    5: 82, 87, 171
  intermolecular, enantioselective **1**: 65
    2: 58, 62, 92, 118, 119, 121 **3**: 63, 69,
    70, 77, 79–85, 142
  intramolecular **2**: 28, 34, 35, 142, 149
    3: 110, 119, 195 **4**: 203
McMurry coupling **1**: 43 **2**: 71
mercaptan from alcohol **3**: 12
mercury catalyst
  ketone from alkyne **4**: 3
  pyridine synthesis **5**: 130
metathesis, alkene. *See* Grubbs
metathesis with alkene and amide **4**: 143
metathesis with alkene and ester **5**: 89
metathesis with alkene and ketone **3**: 46
metathesis, alkyne. *See* alkyne, metathesis
Michael addition
  intermolecular **1**: 57, 84, 153, 166, 204
    2: 23, 38, 60, 67, 74, 92, 101, 108,
    120, 163 **3**: 136, 137–143, 178
  intermolecular, enantioselective
    4: 138–141, 146 **5**: 118, 137–142
  intramolecular **1**: 166, 166, 167, 201
    2: 38, 68, 73, 101, 102 **3**: 47, 52, 79,
    76, 119, 142 **4**: 100, 101, 134–136,
    138, 139, 141 **5**: 161, 163, 170, 182,
    183, 189, 193, 198, 199
  intramolecular, enantioselective
    4: 135–137, 157, 192 **5**: 139, 142, 143,
    188, 192

Reaction Index

microwave acceleration (not heating)
  amide bond rotation **2**: 151
  enzyme activity **3**: 22
Mitsunobu reaction, improved **2**: 145 **3**: 70
  4: 6, 177 **5**: 8, 73, 114

natural product synthesis
  AB3217-A **4**: 37
  abyssomycin C **2**: 170
  acetylaranotin **5**: 93
  actinophyllic acid **4**: 202
  acutiphycin **2**: 136
  acutumine **3**: 204
  adaline **4**: 111
  agelastatin A **5**: 112
  α-agorafuran **4**: 145
  agelastatin **1**: 188
  ageliferin **5**: 145
  aigialomycin D **2**: 112 **3**: 101
  akaol A **5**: 123
  akuammicine **5**: 115
  alkaloid 205B **2**: 111
  alkaloid 223A **4**: 111
  alkaloid 223AB **3**: 112
  alliacol **1**: 80
  allokainic acid **5**: 40
  amphidinolide **1**: 50, 94
  amphidinolide V **3**: 55
  amphidinolide K **4**: 59
  amphidinolide X **3**: 58
  amphidinolide Y **3**: 53
  anamarine **4**: 65
  anatoxin **1**: 82
  anominine **4**: 190
  antasomycin **2**: 19
  anthecotulide **5**: 98
  apicularen A **4**: 101
  apiosporic acid **5**: 154
  β-araneosene **2**: 71
  arglabine **3**: 55
  armillarivin **5**: 158
  arnebinol **2**: 186
  aromadendranediol **3**: 143
  artimisin **5**: 28, 43, 101
  aspalathin **4**: 98
  aspercyclide **4**: 99
  asperpentyn **4**: 58
  aspidophylline a **4**: 208
  aspidophytidine **2**: 157
  aspidospermidine **5**: 115

attenol A **2**: 200
aurantioclavine **3**: 116
aureonitol **3**: 98
avrainvillamide **2**: 11
basiliolide B **5**: 153
berkelic acid **3**: 101 **5**: 100
bistellettadine A **4**: 153
biyouyanagin A **3**: 137
blepharocalyxin D **2**: 199
boivinianin B **4**: 96
botcinin F **3**: 99
brasilenyne **1**: 154
bryostatin 1 **5**: 89
bryostatin 7 **5**: 176
bryostatin 16 **4**: 194
blumiolide C **3**: 59
bourgeanic acid **4**: 85
brevisamide **3**: 102, **4**: 97
briarellin F **4**: 180
brombyin II **4**: 152
brombyin III **4**: 152
bruguierol A **3**: 101
calvosolide A **2**: 136
cameroonan-7α-ol **5**: 40
caribenol A **4**: 153 **5**: 159
carissone **5**: 156
cassaine **3**: 155
caulophyllumine B **5**: 107
celogentin C **4**: 35
centrolobine **2**: 11
cephalostatin 1 **4**: 182
cephalotaxine **3**: 117 **4**: 116
cermizine A **3**: 118
cernunine **3**: 184
chimonanthine **2**: 188
chinensiolide B **4**: 63
chloranthalactone A **5**: 160
chromazonarol **5**: 49
citlalitrione **1**: 24
5-*epi*-citreoviral **4**: 61
(6*E*)-cladiella-6,11-dien-3-ol **2**: 170
cladospolide C **2**: 153
clausevatine D **4**: 129
clavicipitic acid **4**: 127
clavilactone B **2**: 156
clavirolide A **3**: 192
cleavamine **4**: 117
cocaine **4**: 116
codeine **4**: 161, **4**: 172
colombiasin A synthesis **2**: 105

natural product synthesis (*Cont.*)
  combretastatin A-4 **5**: 47
  communiol A **5**: 99
  complanadine A **4**: 113
  complestatin **4**: 200
  β-conhydrine **3**: 15
  conocarpan **3**: 100
  coraxeniolide A **3**: 139
  cortistatin A **5**: 168
  coryantheidol **2**: 140
  CP-99,994 **4**: 110
  crinine **5**: 117
  crispine A **3**: 118
  cruentaren A **3**: 164
  cyanolide A **5**: 99
  cyanthiwigin **1**: 180
  cyanthiwigin F **3**: 151
  cybrodol **4**: 123
  cycloclavine **4**: 133
  cytotrienin A **3**: 59
  dactylolide **3**: 59 **5**: 101
  daphmanidine E **5**: 180
  dasycarpidone **3**: 117
  davidiin **5**: 103
  deacetoxyalcyonin acetate **1**: 76
  decursivine **4**: 109
  defucogilvocarcin A **5**: 156
  dendrobatid alkaloid 251F **1**: 112
  dendrobine **5**: 192
  deoxopaosopinine **5**: 116
  6-deoxyerythronolide B **4**: 33
  deoxyharringtonine **2**: 140
  7-deoxyloganin **4**: 101
  deoxyneodolabelline **1**: 42
  7-deoxypancriastatin **3**: 111
  desmethoxyfusarentin **5**: 123
  1-desoxyhypnophillin **3**: 147
  11, 12-diacetoxydrimane **3**: 153
  dictyosphaeric acid A **4**: 100
  didemniserinolipid B **3**: 172
  digitoxigen **2**: 183
  dihydroactinidiolide **4**: 50
  dihydroxyeudesmane **3**: 29
  dimethyl gloiosiphone A **3**: 145
  discodermolide **3**: 166
  dolabelide D **2**: 89
  dolabellane **1**: 42
  dolabellatrienone **2**: 100
  drupacine **3**: 113
  dumetorine **2**: 153

  dysiherbaine **3**: 94
  echinopine A **5**: 153, 163, 194
  echinosporin **5**: 161
  elatol **3**: 57
  elisapterosin B **2**: 105
  englerin A **4**: 95 **5**: 97
  ephedradine **1**: 142
  8-epihalosilane **4**: 63
  epothilone B **3**: 198
  epoxomycin **1**: 172
  β-erythrodine **2**: 169
  erythronolide A **2**: 53
  esermethole **2**: 108, 139 **3**: 116 **5**: 118
  ethyl deoxymonate B **3**: 96
  etnangien **4**: 99
  eunicillin **1**: 76, 135
  exiguolide **5**:
  D-fagoamine **2**: 165
  fawcettidine **3**: 115
  fawcettimine **3**: 178 **5**: 154
  ferrugine **1**: 82
  flinderole A **5**: 114
  flinderole A **5**: 114
  floriesolide b **2**: 112
  fluvirucinine A$_2$ **4**: 113
  fomannosin **3**: 188
  fometellic acid B **4**: 143
  FR182877 **4**: 164
  FR901483 **3**: 119 **5**: 116
  frondosin A **4**: 149
  frondosin B **4**: 139
  frullanolide **5**: 158
  fuligocandin B **5**: 45
  fusiocca-1,10 (14)-diene-8, 16-triol **5**: 33
  fusicoauritone **2**: 208
  galbelgin **5**: 83
  galbulin **5**: 139
  galubima alkaloid **1**: 12 **2**: 79
  gamberiol **4**: 97
  garsubellin A **2**: 51
  GB 13 **4**: 192
  GB 175 **5**: 188
  gelsemine **5**: 182
  gelsemiol **5**: 158
  gelsemoxonine **5**: 178, 204
  geranullinaloisocyanide **5**: 65
  gigantecin **2**: 154
  gleenol **3**: 159
  gloeosporone **4**: 91
  glycinoeclepin A **4**: 186

goniomitine **5**: 118
goniothalesdiol A **4**: 100
1-gorgiacerol **5**: 100
gracilamine **5**: 202
grandisine G **5**: 119
grandisol **4**: 63
guanacastepene E **2**: 123
guanacastepene N **2**: 174
halenaquinone **3**: 155
hamigeran B **1**: 120 **3**: 149 **4**: 125
haouamine B **5**: 115
harveynone **5**: 161
haterumalide NA **3**: 100
helianane **5**: 73
herbindole A **5**: 131
himandrine **4**: 151
hirsutellone B **4**: 174 **5**: 153
histrionicotoxin **5**: 75
huperzine A **4**: 111
hyacinthacine A2 **5**: 12
hyacinthacine B$_3$ **4**: 105
hybridilactone **5**: 98
(+)-6'-hydroxyarenarol **3**: 15
4-hydroxydictyolactone **4**: 162
hyperibone K **4**: 159
ialibinone A **4**: 147
ialibinone B **4**: 147
ibophyllidine **5**: 117
incarvillateine **3**: 180
incarvilleatone **5**: 102
incarviditone **5**: 102
indolizidine 207A **5**: 114
indoxamycin B **5**: 184
ingenol **1**: 14, 134
irofulven **2**: 157
isatisine A **5**: 96
isoborreverine **5**: 114
7-isocyanoamphilecta-11(20),15-diene **5**: 152
7-isocyano-11(20),14-epiamphilectadiene **5**: 157
isoedunol **2**: 71
isofagomine **3**: 56
isofregenediol **5**: 121
isohouamine B **5**: 115
5-F$_{2t}$-isoprostane **3**: 57
jatrophatrione **1**: 24
jerangolid D **3**: 95
jiadifenolide **5**: 166
jimenezin **2**: 135

juvabione **2**: 204
kainic acid **3**: 52, 112, 116 **4**: 89, 112 **5**: 112
kaitocephalin **5**: 37
KDN **4**: 93
kendomycin **2**: 114 **4**: 121
khayasin **5**: 198
lactacystin **1**: 196 **2**: 108
lactiflorin **5**: 161
lactimidomycin **4**: 65
lactone L-783,277 **4**: 101
lasalocid A **3**: 91
lasiol **4**: 87
lasonolide A **2**: 199
lasubine **1**: 134
lasubine II **2**: 139
latrunculin **2**: 51
laurefucin **5**: 102
lepadiformine **2**: 107
lepadin **1**: 142
lepadin B **3**: 59
lepadiformine **3**: 111
leucascandrolide a **3**: 170
leuconolactam **5**: 111
lithospermic acid **5**: 41
littoralisone **2**: 1
longicin **2**: 51
louisianin C **3**: 135
lucidulin **5**: 113
lunarin **5**: 113
lupeol **4**: 168
lyconadin A **3**: 168
lycopladine A **2**: 159
lycopodine **3**: 194
lycoposerramine-C **4**: 103
lycoposerramine-S **5**: 117
lycoposerramine-Z **5**: 118
lycoramine **2**: 208
lycoperine A **4**: 112
γ-lycorane **2**: 108
lycoricidine **2**: 100
lysergic acid **3**: 117 **5**: 67
macrolide RK 397 **3**: 163
magnofargesin **2**: 135
majusculone **2**: 207
manzamine A **5**: 196
maoecrystal V **4**: 196
maoecrystal Z **5**: 170
marginatone **5**: 154
maribacanine **5**: 41
mearsine **4**: 116

REACTION INDEX

natural product synthesis (Cont.)
merrilactone 2: 113
mesembrine 5: 137
metacycloprodigiosin 5: 41
methyl 7-dihydro-trioxaacarcinoside B 3: 54
methyl N,O-diacetyl-α-L-acosaminide 5: 79
N-methylwelwitindolinone C 5: 174
N-methylwelwitindolinone D Isonitrile 4: 206
morphine 2: 141
mucosin 5: 147
muramycin D2 5: 42
myceliothermophin A 5: 159
mycestercin G 5: 85
nakadomarin A 4: 170, 200 5: 151, 206
nakiterpiosin 4: 184
nanakurines A and B 3: 200
navenone B 4: 58
neovibsanin B 4: 150
nicotine 4: 110
nigellamine A_2 2: 97
nomine 2: 167
norfluorocarine 3: 109
norhalichondrin B 4: 59
norzoanthamine 1: 146 3: 206
NP25302 2: 139
okilactomycin D 5: 155
omaezakianol 3: 93
omuralide 1: 196
ophirin 1: 134
ottelione B 3: 57
oximidine II 5: 91
pachastrissamine 4: 98
paeonilactone B 3: 96
pallavicinolide A 4: 151
panaxtriol 3: 56
paspalinine 5: 200
pasteurestin A 3: 145
pauliurine F 3: 110
pentalenene 3: 145
9-epi-pentazocine 3: 114
penifulvin A 3: 161
pentalenene 4: 157
peribysin-E 5: 159
peridinin 4: 45
periplanone C 2: 153
phaseolinic acid 3: 54
phenserine 1:142

phomactin A 1: 32
phomopsidin 4: 151
pinnotoxin A 3: 190
pladienolide D 3: 53
plakotenin 5: 155
platencin 4: 75
platensimycin 2: 131 5: 97
pleocarpenone 2: 206
pleuromutilin 5: 208
plicatic acid 4: 155
podophyllotoxin 1: 68 4: 83
poitediol 4: 63
ponapensin 5: 103
9-presilphiperfolan-1-ol 5: 157
preussin 4: 114
prostaglandin E_1 5: 143
prostaglandin F_2 5: 141
przewalskin 5: 43
pseudolaric acid 4: 166
pseudopterosin G-J 5: 55
pseudotabersonine 4: 65
ptilocaulin 4: 152
pumiliotoxin 251D 3: 112
pycnanthuquinone C 4: 153
quebrachamine 4: 56
quinidine 1: 84
quinine 1: 84 4: 117
quinocarcin 5: 109
quinolizidine 217A 5: 105
rapamycin 3: 176
reserpine 5: 119
rhazinal 5: 127
rhazinicine 3: 114
rhazinilam 2: 26, 140 4: 107
rhishirilide B 2: 175
ricciocarpin A 3: 143
rimocidinolide 1: 162
roseophilin 5: 113, 210
rotundial 4: 135
runanine 5: 113
rumphellanone A 5: 160
saliniketal B 3: 99
salinosporamide 1: 196
salmochelin SX 3: 99
salvileucalin B 5: 164
sanguine H-5 3: 97
sarain A 2: 149
SC-$\Delta^{9,13}$-9-IsoF 4: 96
scabronine G 5: 152
SCH 351448 2: 115

schindilactone A **5**: 172
sclerophytin A **4**: 100
securinine **4**: 111
serotobenine **3**: 98
serratezomine A **3**: 119
shimalactone A **3**: 157
shiromool **5**: 149
siamenol **3**: 119
solandelactone E **3**: 97
solanoeclepin A **4**: 204
sordaricin **1**: 128, 198
spiculoic acid A **2**: 169
spirastrellolide A Me ester **3**: 97
spirofungin A **3**: 174
spirolaxine methyl ether **3**: 95
spirotryprostatin B **3**: 113
stemoamide **2**: 107
stephacidin B **2**: 11
streptorubin B **4**: 141, 41
strychnine **1**: 58 **3**: 115 **4**: 115, 117 **5**: 115
subincanadine F **4**: 114
sundiversifolide **5**: 43
superstolide A **3**: 182
symbioimine **2**: 170
taiwaniaquinone g **3**: 127
tangutorine **3**: 118
tanikolide **4**: 73
terpestacin **2**: 193
terreusinone **5**: 129
tetracyclin **1**: 190
tetrodotoxin **1**: 136
TMC-151 C **5**: 63
tocopherol **1**: 142
tonantzitlolone **1**: 188
tremulenolide A **2**: 70
triclavulone **1**: 102
tryprostatin A **4**: 131
tubigensin A **5**: 186
tylophorine **4**: 112
ushikulide A **3**: 202
valerenic acid **4**: 150
valienamine **1**: 188
vannusal **4**: 176
varitriol **4**: 98 **5**: 96
vibralactone C **3**: 159
vigulariol **2**: 201
vincadifformine **5**: 115
vindoline **2**: 45 **4**: 188
vinigrol **4**: 178 **5**: 155

virginamycin M_2 **4**: 115
welwitindolinone A isonitrile **3**: 186
8-*epi* xanthatin **2**: 51
xenovenine **4**: 114
xestodecalactone A **2**: 201
yangonine **3**: 43
yohimbine **3**: 115
(6,7-deoxy)-yuanhuapin **5**: 161
zampanolide **5**: 42
zaragozic acid **3**: 196
zoanthenol **4**: 119
zoapatanol **1**: 109
Nazarov cyclization **2**: 208 **5**: 139, 146
Negishi coupling. *See* Pd
nitrene cyclization **2**: 84, 118 **3**: 25, 29, 133, 134 **4**: 36 **5**: 32, 37, 175
nitrile
    alkylation, intramolecular **5**: 160, 162
    alkylation **1**: 199 **4**: 87
    α-aryl, from α-triflyl nitrile **4**: 78
    from alcohol **3**: 30 **5**: 9, 46
    from alcohol, with inversion **1**: 106
    from aldehyde **1**: 17 **5**: 7
    from alkene **2**: 181 **4**: 51
    from alkyne **2**: 146
    from alkyne, loss of carbon **5**: 9
    from amide **1**: 12 **2**: 43 **4**: 3
    from amine **3**: 14 **4**: 14
    from aryl halide **2**: 21
    from azide **2**: 14 **4**: 19 **5**: 11
    from halide (carbon count unchanged): **4**: 4
    from halide (adding one carbon) **4**: 38
    from methyl arene **4**: 32
    from nitro alkane **2**: 6
    from unsaturated amide, enantioselective **1**: 150
    reductive cleavage **1**: 13 **4**: 112
    to aldehyde **5**: 26
    to alkene **3**: 33
    to alkyl **2**: 200
    to alkyl amine **4**: 40 **5**: 13
    to alkyne, by metathesis **2**: 148 **3**: 31
    to amide **2**: 43 **4**: 3
    to hydride **4**: 13
    to ketone **2**: 82
    to methyl **5**: 10
    unsaturated, reduction, enantioselective **4**: 74

nitro
  from amine 3: 4 4: 15
  from ketone 4: 4
  to alcohol 3: 85
  to aldehyde 4: 19
  to amine 3: 4, 15, 17 5: 13, 30
  to hydride 3: 9 5: 4: 171 5: 192
  to ketone 4: 3, 4
nitro alkane
  alkylation 5: 53
  enantioselective conjugate addition
    4: 67, 135–137
nitro alkene
  conjugate addition 5: 197
  enantioselective conjugate addition 1:
    153 2: 166 3: 73, 75, 77, 83, 85, 136,
    141 4: 74, 77, 79, 81, 83–85, 87, 94,
    134, 135, 137, 140, 141, 171 5: 72, 75,
    79, 86, 181
  enantioselective conjugate alkoxylation
    3: 64 4: 95
  enantioselective conjugate amination
    4: 67 5: 64
  enantioselective reduction 1: 150
  from alkene 4: 54
  from unsaturated acid (one-carbon loss)
    2: 44 5: 9
  radical homologation 1: 108
  reduction to amine 3: 9
  reduction to nitroalkane 4: 173

organocatalysis 1 4, 62, 91, 114, 115, 116,
    118, 119, 124, 125, 151–153, 166, 167,
    202, 205 2 1, 2, 4, 6, 8, 9, 14, 60, 61,
    67, 68, 100, 101, 102, 118, 119, 139,
    166, 171–173, 195, 203, 204 3 61–66,
    68–71, 73, 75–86, 88, 136–143,
    154–156 4 66–77, 79, 80, 82–85,
    87–89, 91, 92, 94, 101, 103, 106, 107,
    109, 116, 117, 134–141, 157, 160, 171,
    174, 192 5 61, 66, 67, 72, 74, 75, 78,
    79, 81–84, 91, 104, 105, 108, 109,
    111–113, 115, 119, 136–143
osmylation. *See also* sharpless asymmetric
    dihydroxylation
  of alkene 1: 8, 21 3: 78 4: 111, 168, 179
    5: 31, 54
  of diene 1: 15
oxamination
  of ketone, enantioselective 1: 4, 118

oxazole synthesis 3: 128 5: 133
oxy-cope rearrangement 1: 24 3: 204
    5: 136, 184
ozonolysis 1: 43, 77, 95, 113 2: 78 3: 41,
    147, 161, 166, 167, 205, 207 4: 18,
    160, 174, 202 5: 56, 59, 208

palladium catalysis
  alcohol silylation 2: 130
  aldehyde arylation 4: 207
  aldehyde decarbonylation 5: 12, 126
  aldehyde from allylic alcohol 4: 11
  aldehyde homologation 4: 69
  alkene alkoxy arylation 1: 142 2: 134
  alkene alkylation 3: 39
  alkene amination 3: 40, 80, 108
  alkene amino arylation 2: 138
  alkene borylation 5: 57
  alkene carbonylation 1: 148, 178 3: 37, 41
    5: 99, 173
  alkene chloroarylation 3: 41
  alkene diamination, enantioselective
    3: 80 4: 110
  alkene dihydroxylation 4: 50
  alkene homologation 4: 55 5: 55, 57, 60
  alkene oxidative cleavage 4: 52
  alkene protection 5: 54
  alkene reduction 3: 9, 20 4: 40 5: 59, 170
  alkenyl phosphonate from alkyne 4: 11
  alkyne addition 2: 73
  alkyne to alkene 4: 5
  alkyne borylation/stannylation 4: 45
  alkyne coupling 4: 195 5: 55, 144, 153
  alkyne coupling with acrolein 4: 39 5: 45
  alkyne to ester 5: 47
  alkyne reduction 5: 10, 47
  allene diborylation 2: 48
  allene stannylation 2: 95
  allyl ester reduction 5: 187
  allyl ether cleavage 3: 18
  allylic rearrangement/coupling 1: 56, 58,
    78, 128, 164, 165, 192, 193 2: 32, 62,
    70, 97, 108, 122, 193, 194, 205 3: 14,
    18, 25, 29, 34, 35, 103, 107, 113, 117,
    144–146, 150, 151 4: 44, 70, 75, 80,
    84, 100, 101, 105, 111, 117 5: 20, 68,
    75, 83, 100, 106, 144, 145, 166, 184,
    187, 191
  allylic oxidation 5: 32
  amide reduction 3: 9

amide to nitrile (reversible) **2**: 43
amine from allylic alcohol,
  enantioselective **4**: 70
arene acylation **2**: 82 **4**: 123
arene amination **4**: 123, 125 **5**: 126
arene borylation **2**: 40
arene carboxylation **2**: 40
arene construction **5**: 123
arene halogenation **2**: 81 **3**: 124, 125 **4**: 122, 125 **5**: 121, 122, 125
arene homologation **4**: 118–120, 122–125 **5**: 120, 123, 136, 151
arene hydroxylation **4**: 118 **5**: 121
arene nitration **4**: 119
aryl mesylate carbonylation **3**: 32
aryl substitution **1**: 19, 171 **2**: 22, 25, 26, 42, 156, 180, 185, 209 **3**: 27, 31, 123, 124, 125, 127, 134 **4**: 74, 102, 103, 118–120, 122–125, 207 **5**: 27, 55, 75, 107, 120–123, 126, 136, 151, 201
aziridine formation **4**: 102
borane coupling **3**: 41
borylation of allylic alcohol **4**: 41
carbonylation of halide **2**: 43 **3**: 120
C-H to amine: **4**: 35
C-H to amine, enantioselective: **4**: 84
C-H to C-C: **4**: 32, 35, 36, 37 **5**: 33, 35, 37, 39, 41, 45
C-H hydroxylation **1**: 157 **2**: 18, 82, 134 **4**: 33, 34 **5**: 32
Claisen rearrangement **5**: 75
conjugate addition **2**: 73 **4**: 46, 105
Cope rearrangement **3**: 116
coupling with allenyl alcohol **4**: 41
coupling with allylic alcohol **4**: 44
coupling with allylic alcohol,
  enantioselective **4**: 70, 80
coupling with triflate **4**: 78
cyclobutane synthesis **3**: 157 **5**: 144
cyclohexane synthesis **3**: 151, 157
cyclooctane synthesis **3**: 157
cyclopentane synthesis **3**: 145, 149 **5**: 144–146
cyclopropane synthesis **3**: 150
decarboxylation of acid to alkene **1**: 157
enol phosphate coupling **3**: 89
enol triflate carbonylation **2**: 28
enol triflate coupling **5**: 167, 180, 201
enol triflate reduction **5**: 189
enone conjugate addition **5**: 49

epoxide opening **4**: 111
ether oxidation **3**: 89
fluorination **5**: 26
furan synthesis **2**: 41 **3**: 128, 130
halide to alkene **5**: 7
haloalkene coupling **5**: 170
haloalkene to alkene **5**: 179
haloarene amination **2**: 87, 155
haloarene cyanation **3**: 120
haloarene hydrolysis **3**: 127
Heck
  intermolecular **1**: 18, 21, 20, 105, 122, 142, 174, 175 **2**: 39, 104, 178, 186 **3**: 35, 43, 120–122, 175 **4**: 49, 51, 55, 78, 98 **5**: 41, 57, 120, 122, 123, 151, 172
  intramolecular **1**: 1, 18, 58, 59 **2**: 28, 114, 141, 157, 174 **3**: 109, 113, 114, 117, 151 **4**: 99, 107, 117, 165, 209 **5**: 127
  oxidative **4**: 49, 55, 78
  oxidative, enantioselective **4**: 79
hydroamination of alkyne **2**: 37
hydrogenolysis of allylic ether **5**: 10
hydrogenolysis of benzyl ether **4**: 8
hydrogenolysis of benzylic amine **2**: 186
hydrogenolysis of benzylic nitro **3**: 9
hydrogenolysis of epoxide **1**: 1
imine reduction **3**: 67
in ionic liquid **1**: 21
indole synthesis **3**: 129, 131 **5**: 31, 129, 131, 201
ketone
ketone α-allylation **5**: 166, 184, 191, 201
ketone α-allylation, enantioselective **3**: 68, 73 **4**: 76
ketone α-arylation **1**: 165 **2**: 156, 173 **4**: 102
ketone to amide **4**: 38
ketone to diene **5**: 2
ketone to enone **2**: 131, 142 **3**: 206 **5**: 11, 168, 208
ketone α-hydroxylation **4**: 10
Kumada coupling **3**: 120
β-Lactam formation **4**: 103
Negishi coupling **1**: 61, 164, 192 **2**: 91 **3**: 106 **5**: 47
nitrile from aryl halide **2**: 21
nitrile homologation to ketone **2**: 82
nitrile to methyl **5**: 10

palladium catalysis (*Cont.*)
    organotin coupling **3**: 31
    organozirconium coupling **1**: 104
    oxidation of alcohol **2**: 13, 122, 128
    phenol to hydride **2**: 86
    piperidine synthesis **5**: 107, 186, 188
    polycarbocyclic construction **3**: 145, 157
    propargylic coupling **4**: 47 **5**: 90
    pyrazole synthesis **3**: 131
    pyridine substitution **3**: 133, 135 **4**: 113
    pyrrole synthesis **3**: 134 **5**: 130
    pyrrolidine synthesis **4**: 103–106 **5**: 106, 108, 112, 114
    reductive amination **3**: 108 **5**: 16
    reductive amination, enantioselective **4**: 68
    sonogashira coupling **1**: 60, 175 **2**: 155, 185 (Cu only = Castro-Stephens) **3**: 33 (Fe only) **4**: 41 **5**: 30, 31, 129, 161
    spiroketal from alkene **3**: 99
    spiroketal from alkyne **3**: 95
    Stille coupling **1**: 7, 60, 155 **2**: 100, 150 **3**: 32, 111, 183 **4**: 45, 48, 65, 74, 81, 89, 174, 187 **5**: 55, 201
    Suzuki
        intermolecular **1**: 54, 85 **2**: 22, 39, 62, 79, 83, 126, 159, 188 **3**: 120, 122, 167, 179, 203 **5**: 21, 55, 136, 180
        intramolecular **1**: 33
    tetrahydrofuran construction **5**: 90
    Wacker oxidation of alkene to aldehyde **4**: 68
    Wacker oxidation of alkene to ketone **1**: 120 **2**: 90 **3**: 99, 209 **4**: 50
Pauson-Khand cyclization **1**: 201 **2**: 70 **4**: 103, 112, 146 **5**: 31, 145, 147, 173
Petasis condensation **4**: 105
phosphonate
    from acid **4**: 18
    from alkene **4**: 48
phosphine oxide, from alkene **3**: 39
phosponium salt
    from alcohol **2**: 85
    from alkene **2**: 125 **5**: 56
pinacol coupling **1**:64 **2**: 71
pinacol rearrangement **4**: 204 **5**: 74
piperidine synthesis **1**: 13, 30, 39, 49, 59, 70, 92, 93, 132, 134, 138, 139, 143, 164, 182, 192, 193 **2**: 33, 34, 65, 79, 80, 109, 111, 137, 138, 153, 165, 166,
168, 195, 196, 206 **3**: 56, 59, 160, 168, 169, 181, 184, 195, 201 **4**: 57, 60, 63, 103, 105, 107, 109–117 **5**: 38, 103, 104, 107, 109, 111, 113, 116, 119, 182, 188, 197, 207
polyene synthesis **1**: 162 **2**: 150, 153, 174, 199 **3**: 44, 47, 58, 123, 163, 176, 177, 182, 183 **4**: 9, 58, 59, 63, 65, 97, 99, 100, 101, 115, 139, 151, 153, 154, 164, 165, 167, 174, 175 **5**: 61, 190
prins cyclization **2**: 32, 96, 136, 197, 199 **3**: 88, 89 **4**: 91–93, 95, 100, 180 **5**: 92, 99
propargyl coupling **1**: 53 **3**: 76, 83, 85, 104, 164 **4**: 47 **5**: 90
protection
    of acid (ester, amide) **1**: 46, 100, 144, 156, 172 **2**: 7, 43, 48, 59, 89 **3**: 17, 19, 20, 22, 23 **4**: 21, 22, 24, 27, 29 **5**: 20
    of alcohol **1**: 4, 16, 34, 40, 86, 144, 145, 155, 156, 158, 177 **2**: 10, 47, 48, 87, 90, 91, 129, 130, 191 **3**: 18, 20, 21 **4**: 4, 8, 20, 23–26, 28, 29, 58, 167, 175 **5**: 6, 18, 20–24, 178
    of aldehyde **3**: 23 **4**: 22, 29 **5**: 21, 23
    of alkene **4**: 18, 21, 208 **5**: 21, 54
    of alkyne **2**: 129 **3**: 23 **5**: 19
    of allylic alcohol **4**: 26
    of amide **5**: 25
    of amine: **1**: 40, 56, 59, 100, 101, 144, 170, 193 **2**: 10, 48, 83, 130, 149 **3**: 19, 21–23, 116 **4**: 20, 21, 23, 25, 27, 28, 193, 209 **5**: 19, 20, 23–25, 27, 182
    of amino acid **5**: 25
    of ketone **2**: 80, 129 **3**: 19, 21 **4**: 22, 24, 27, 29, 190 **5**: 23, 25, 155, 189
    of phenol **1**:145 **2**: 112 **3**: 21 **4**: 21, 23, 26 **5**: 17, 19, 25
    of sulfonic acid **4**: 21
    of thiol **5**: 23
pyrazole synthesis **5**: 133
pyridine synthesis **1**: 10, 49, 123, 139, 171 **2**: 25, 42, 159, 188, 209 **3**: 102, 103, 105, 107–109, 111, 112, 114, 115, 117, 119, 129, 133, 135 **4**: 127, 129, 131, 133 **5**: 128–131, 135
pyrrole synthesis **1**: 170, 189 **2**: 41, 159, 187 **3**: 128, 130, 132, 134 **4**: 107, 126,

128–130, 132 **5**: 27, 128, 130, 132, 134, 135, 139
pyrrolidine synthesis **1**: 11, 31, 48, 59, 82, 83, 84, 92, 106, 138, 139, 143, 182, 184, 196 **2**: 33, 34, 37, 73, 74, 91, 92, 107, 108, 110, 111, 137, 138, 168, 196 **3**: 25, 48, 52, 102–113, 115–119, 147, 159, 187 **4**: 57, 64, 102–106, 108–112, 114–117 **5**: 15, 31, 39, 93, 104, 106–108, 111, 112, 113, 117, 183, 193, 193, 203, 207
pyrrolizidine synthesis **4**: 106, 114

quaternary center, stereocontrolled
  acyclic, alkylated **1**: 114, 196 **2**: 23, 24, 128, 164 **3**: 71, 73, 77, 81, 83, 85, 191 **4**: 32, 36, 75–79, 81, 87, 138 **5**: 73–76, 81, 83, 87, 95
  acyclic, aminated **2**: 23, 62, 69, 87, 107, 118, 163 **3**: 28, 63, 133 **4**: 36, 70, 72, 88 **5**: 64, 65, 67–69, 85–87, 104
  acyclic, oxygenated **2**: 53, 54, 61, 71, 72 **3**: 54, 61, 68, 203 **4**: 55, 70, 71, 73 **5**: 65, 66, 70, 71, 78, 84, 86, 87, 96, 160
  cyclic, alkylated **1**: 1, 5, 13, 15, 23, 24, 33, 43, 46, 47, 58, 67, 68, 78, 80, 97, 102, 121, 128, 134, 153, 165, 169, 176, 181, 197, 199, 205 **2**: 24, 26, 27, 34, 38, 45, 52, 60, 63, 65, 67, 68, 70, 71, 73, 97, 100, 101, 102, 104, 105, 108, 113, 120, 123, 125, 128, 131, 157, 159, 164, 167, 169, 172, 174, 183, 184, 196, 199, 204, 205, 206, 207, 208 **3**: 136–141, 143, 144, 148–155, 157, 158, 159, 160, 161, 178, 183, 189, 192, 205, 206, 208 **4**: 43, 63, 65, 75, 85, 107, 115, 117, 119, 125, 133, 137–151, 153, 155–161, 168–173, 176, 177, 182, 183, 186–191, 196–199, 202–209 **5**: 39, 87, 88, 102, 108, 113, 115, 117, 118, 136–138, 140–142, 144–150, 154–158, 161, 163, 164, 166, 170, 171, 174, 178, 180, 183, 186, 191, 193, 195, 197, 199, 200, 203, 205, 207–209
  cyclic, aminated **1**: 136, 196 **2**: 46, 138, 139, 140, 149, 196 **3**: 25, 28, 195, 203 **4**: 57, 69, 106–108, 111, 113, 116, 151, 158, 160, 161 **5**: 31, 68, 96, 100, 101, 104, 106, 107, 109–111, 113, 115, 116, 140, 143, 152, 163, 175, 179, 203, 204
  cyclic, oxygenated **1**: 14, 24, 32, 33, 43, 67, 80, 102, 121, 135, 137, 196 **2**: 34, 46, 65, 66, 71, 80, 88, 93, 94, 98, 100, 102, 104, 113, 119, 132, 134, 138, 154, 156, 158, 170, 175, 176, 184, 196, 200, 202, 206, 208, 210 **3**: 27, 59, 61, 90, 138, 139, 140, 142–144, 149, 156, 159, 161, 186, 188, 189, 193 **4**: 36, 51, 61, 63, 82, 91, 92, 95–97, 100, 111, 115, 119, 140, 151, 153, 155, 157, 158, 161, 164–167, 178–185, 188, 189, 192, 193, 196, 197, 204–207 **5**: 89, 90, 91, 94, 96, 97, 102, 103, 121, 136, 139, 143, 144, 148, 149, 154, 155, 159, 161, 163, 166–169, 179, 197, 201
quinolizidine synthesis **3**: 118, 185 **5**: 105

radical coupling **1**: 54 **2**: 56, 79, 127, 128, 188 **4**: 53–55
radical cyclization **1**: 10, 23, 36, 48, 69, 108, 196, 200 **2**: 12, 34, 172, 174, 201 **3**: 90, 92, 108, 117, 119, 160 **4**: 90, 97, 106, 112, 142, 143, 147, 148, 154, 157, 167, 176, 177, 193 **5**: 92, 151, 169, 171, 181, 186, 209
Ramberg-Bäcklund reaction **3**: 101, 115 **4**: 175 **5**: 50
resolution
  of alcohols **1**: 34, 88, 158 **2**: 124 **3**: 66
  of amines **3**: 63
Rh catalysis
  aldehyde homologation **2**: 7 **4**: 76 **5**: 87, 177
  aldehyde to amide **1**: 132 **3**: 7
  alkene acylation **3**: 43
  alkene aminoalkylation **3**: 41
  alkene aminohydroxylation **3**: 92
  alkene borylation **3**: 72 **4**: 52
  alkene carboxylation **3**: 41
  alkene epoxidation **1**: 35
  alkene homologation **1**: 122, 178 **3**: 39
  alkene hydroamination **2**: 92
  alkene hydroboration **4**: 53
  alkene hydroboration, enantioselective **4**: 87
  alkene hydroformylation **1**: 148 **2**: 59 **3**: 42, 108 **4**: 49, 50, 53 **5**: 55

Rh catalysis (Cont.)
  alkene hydroformylation,
    enantioselective 4: 78, 80 5: 72, 79
  alkene hydroformylation/aldol,
    enantioselective 3: 81
  alkene hydrosilylation, enantioselective
    5: 73
  alkyne to aldehyde 3: 5, 16
  alkyne addition 3: 105 5: 98
  alkyne cyclization 2: 138 3: 123
  alkyne homologation 2: 90, 195 3: 37
  alkyne to allylic alcohol 5: 32
  alkyne to amino ketone 5: 13
  alkyne to enamine 3: 5
  alkyne to alkynyl thioether 3: 36
  allene hydroacylation 4: 44
  allene hydroacylation, enantioselective
    3: 76
  allylic amination, enantioselective 3: 67
  allylic coupling 1: 66, 141 2: 74, 198
    3: 67 5: 66, 98
  allylic oxidation 1: 177 5: 67
  amine from ketone, enantioselective
    4: 72
  amine oxidation 2: 127
  arene coupling 3: 120 4: 122, 125 5: 87
  arene synthesis 5: 131
  C-C insertion 5: 52, 147
  C-H functionalization 2: 41 4: 32, 34
    5: 67, 75, 87
  conjugate addition 1: 98 2: 74, 120, 205
    3: 72 5: 28
  conjugate addition, enantioselective
    3: 74 4: 71, 76, 77, 81
  conjugate borylation 3: 66
  cycloheptane synthesis 3: 144, 208
  cyclohexane synthesis 3: 147, 149, 153
    5: 52, 147, 149
  cyclooctane synthesis 3: 147
  cyclopentane synthesis 3: 147, 149, 153,
    181 5: 35, 39, 40, 43, 148, 151
  cyclopropane synthesis 3: 145 5: 144, 146
  cyclopropene synthesis 5: 144, 146
  decarbonylation 3: 111
  Diels-Alder 2: 81
  dipolar cycloaddition 3: 103
  enantioselective hydrogenation 1: 161,
    174 2: 59, 119, 163 3: 74 4: 66, 71,
    72, 76
  enyne cyclization 2: 70, 73, 74 139

hydroacylation 2: 103, 178 4: 76 5: 61
indole synthesis 2: 188 3: 133 5: 131
intermolecular C-H insertion 2: 61, 106,
  209 3: 29 5: 75
intermolecular cyclopropanation 2: 106
  3: 150, 208
intramolecular C-H insertion 1: 8, 142,
  15 2: 173, 188, 209 3: 25, 88, 98,
  99, 112, 149 4: 70, 118 5: 35, 39–43,
  148, 151
intramolecular cyclopropanation 2: 70
intramolecular O-H insertion 4: 196
lactone formation 5: 43
Mannich 3: 63
nitrene insertion 1: 8 5: 42
nitrene insertion, enantioselective 4: 70
nitrile to hydride 4: 13
phthalimide reduction 2: 192
piperidine synthesis 5: 106, 107
polycarbocyclic construction 3: 147, 151
propargylic oxidation 3: 26
pyridine synthesis 3: 129, 132 5:
  128, 135
pyrrole synthesis 4: 126 5: 128, 135
reductive aldol, enantioselective 3: 83
ring expansion 3: 148, 149, 189
silylation 3: 18 5: 73
Sultam formation 5: 73
ring contraction 1: 12 2: 72, 100
ring expansion 5: 172, 194
Robinson annulation 5: 186
Robinson annulation, enantioselective
  4: 116, 135, 137, 139, 190 5: 118
Ru catalysis. See also Grubbs Reaction
  acid to aldehyde 5: 12
  acid to amine 5: 12
  alcohol to amide 3: 7
  alcohol to amine 3: 16 5: 3
  alcohol oxidation, to aldehyde 4: 14
  aldehyde allylation, enantioselective
    3: 77
  aldehyde from alkyne 4: 11
  aldehyde oxidation, to ester 3: 11
  aldol condensation 1: 107
  alkene addition 2: 178
  alkene aminohydroxylation 3: 92
  alkene dihydroxylation, enantioselective
    3: 82
  alkene homologation 4: 49
  alkene hydration 4: 54

alkene hydroboration, enantioselective
    4: 74
alkene migration **3**: 42
alkenyl halide from enol triflate **4**: 2
alkyne activation **1**: 123
alkyne cyclization **3**: 127 **5**: 93
alkyne homologation **4**: 33, 49 **5**: 57
alkyne hydration **2**: 86, 103, 146
alkyne to alcohol **5**: 17
allene carbonylation **3**: 159
allylic alcohol to ketone **5**: 2
allylic coupling **5**: 106
amide reduction **3**: 9
amine deprotection **5**: 19
amine formylation **5**: 24
amine from imine, enantioselective
    4: 72
amine to alcohol **5**: 8
arene amination **5**: 126
arene construction **2**: 40 **5**: 121, 164
arene coupling **2**: 82 **5**: 28, 121
arene hydrogenation **3**: 159
arene hydroxylation **5**: 125
azide to amide **5**: 6
azide to nitrile **5**: 28
aziridine formation **5**: 108
borylation **2**: 17
carbene insertion **3**: 104 **5**: 37
C-H functionalization **5**: 37
C-H to ketone **5**: 34
conjugate addition **1**: 204 **4**: 73 **5**: 72
cyclohexane synthesis **3**: 145, 151
cyclopentane synthesis **3**: 145 **5**: 37
cyclopropane synthesis **3**: 144 **5**: 148
decarbonylation **4**: 68
ester reduction **2**: 86 **3**: 8
ether oxidation **4**: 4 **5**: 43
Heck reaction **5**: 121
hydrogenation, enantioselective **3**: 104
    5: 68, 211
ketone from alkene **2**: 178
ketone to silyl enol ether **5**: 21
nitrene insertion **3**: 69
nitrile from alkyne **2**: 146
oxidation **1**: 88, **2**: 13, 78 **3**: 3, 40 **4**: 4
oxidative fragmentation **2**: 198
phthalimide reduction **2**: 192
polycarbocyclic construction **3**: 145
propargyl alcohol isomerization **2**: 146
pyridine synthesis **4**: 132 **5**: 129

pyrrole synthesis **5**: 134, 135
pyrrolidine synthesis **5**: 106
pyrrolidone synthesis **4**: 105
reduction of alkene **3**: 9
reduction of ketone **1**: 88, 162 **3**: 3
reduction of ketone, enantioselective
    3: 4, 85, 89, 202 **4**: 68, 103
ring construction **2**: 103, 104
triazole synthesis **3**: 132

Sakurai reaction **5**: 208
Schmidt reaction **5**: 208
Schmidt reaction, intramolecular **1**:113, 147
    2: 38 **4**: 111 **5**: 107
selenide
  alkylation **2**: 112
  elimination to alkene **2**: 112 **4**: 2, 6, 163
    5: 183, 201
  oxidation, to aldehyde
sharpless asymmetric aminohydroxylation
    4: 200
sharpless asymmetric dihydroxylation
    1: 84, 89, 141, 189 **2**: 54, 165, 194
    3: 13, 67, 84, 97 **4**: 57, 73, 96, 105,
    157 **5**: 201. *See also* osmylation;
    alkene dihydroxylation
sharpless asymmetric epoxidation **1**: 32,
    46, 67, 115, 141, 168, 172, 193
    2: 58, 61, 77, 112, 156, 197, 198
    3: 94, 162, 176 **4**: 95, 96, 185
    5: 149, 160, 162
silane, allylic synthesis **1**: 43 **2**: 78
    5: 36
silane
  from alkene **2**: 125 **3**: 39
  from ether **3**: 4
  to alcohol **2**: 36
singlet oxygen **5**: 26, 28
Sonogashira coupling. *See* Pd
  with Cu (*see* Castro-Stephens)
spiroketal construction **1**: 187 **2**: 88, 94,
    200, 204 **3**: 89, 91, 95, 97, 99, 101,
    172, 174, 190, 202 **4**: 59, 93 **5**: 34,
    100
stannane, α-alkoxy, from aldehyde,
    enantioselective **3**: 68
Stille coupling. *See* Pd
Strecker synthesis **1**: 26
Strecker synthesis, enantioselective **1**: 99
    2: 118 **3**: 62 **4**: 69

sulfide
- alkenyl, from alkenyl halide **4**: 7
- alkenyl, homologation **2**: 200
- allylic, to alcohol **2**: 4
- from acid **5**: 6
- from alkene **4**: 48
- to alkene **2**: 145, **4**: 9
- to hydride **3**: 15
- to ketone, homologation **3**: 30
- to sulfoxide **3**: 6

sulfonamide, vinylation **4**: 8
sulfonate, aryl to hydride **2**: 86
sulfone
- alkylation, intramolecular **3**: 87
- displacement **3**: 87
- to acid **5**: 11
- to alcohol **5**: 5
- to hydride **2**: 86, 140, 193
- to ketone **4**: 17
- unsaturated, conjugate addition, enantioselective **3**: 72 **5**: 66
- unsaturated, from allylic alcohol **4**: 6
- unsaturated, from alkene **5**: 54

sulfonic acid from halide **4**: 3
sulfonyl chloride, from thiol **4**: 17
sulfoxide
- homologation **3**: 32
- to alkene **2**: 22

Suzuki reaction. *See* Pd

Tebbe reaction **1**: 148 **2**: 50 **3**: 91, 97, 102 **4**: 11 **5**: 183, 205
tetrazole synthesis **1**: 17
thermolysis (flow) **5**: 29
thioacid to amide **5**: 6
thiocyanate α to ketone **3**: 5
thioketal desulfurization **3**: 18
thiol
- to alcohol **3**: 5
- to ketone **3**: 5
- to sulfonyl halide **4**: 17 **5**: 3

triazine synthesis **1**: 17
triazole synthesis **3**: 128, 132

Ullmann coupling **3**: 110

vinyl cyclopropane rearrangement **1**: 203 **3**: 151
vinylation, of sulfonamide **4**: 8

Wacker reaction. *See* Pd
Wharton fragmentation **4**: 178. *See* Grob
Wittig reaction **1**: 108 **5**: 27, 44, 185, 195
Wittig reaction intramolecular **3**: 143 **4**: 94, 135
Wolff rearrangement **4**: 106
Wolff-Kishner reduction. *See* ketone to methylene